普通高等教育电气工程及其自动化专业系列教材

电气工程概论

主　编　张雪君
副主编　孙晓波　胡海涛
参　编　张雪梅　陈　翠

机械工业出版社

本书是为"电气工程及其自动化"等电气工程类专业而编写，内容包括绪论、电力系统及其自动化技术、电机与电器技术、电力电子技术与电力传动、高电压与绝缘技术、电工新技术。本书从培养应用型创新人才的目标出发，各章重点介绍了电气工程各领域的发展现状、基本理论、实用新技术的应用、典型实例及未来的发展趋势。

本书内容涉及的知识面广，注重理论与实际相结合并突出应用。另外，每章都配有思考题，以指导读者深入地进行学习。

本书较好地平衡了工程应用与基础理论之间的关系，对电气工程类专业的学生全面了解电气工程及其学科、专业与课程体系，提高学习自主性有很大帮助，能进一步激发学生学习过程中的积极性与主观能动性。本书既可作为本科电气工程类相关专业学生的教材，也可用作工程技术人员的参考用书。

本书配有授课电子课件、教学大纲等配套资源，需要的教师可登录 www.cmpedu.com 免费注册，审核通过后下载，或联系编辑索取（微信：18515977506，电话：010-88379753）。

图书在版编目（CIP）数据

电气工程概论 / 张雪君主编. --北京：机械工业出版社，2025.7. --（普通高等教育电气工程及其自动化专业系列教材）. -- ISBN 978-7-111-77906-3

Ⅰ. TM

中国国家版本馆 CIP 数据核字第 202540AE03 号

机械工业出版社（北京市百万庄大街 22 号　邮政编码 100037）
策划编辑：汤　枫　　　　　责任编辑：汤　枫　王　荣
责任校对：王　延　薄萌钰　责任印制：单爱军
保定市中画美凯印刷有限公司印刷
2025 年 7 月第 1 版第 1 次印刷
184mm×260mm・15.5 印张・379 千字
标准书号：ISBN 978-7-111-77906-3
定价：59.00 元

电话服务　　　　　　　　　网络服务
客服电话：010-88361066　　机　工　官　网：www.cmpbook.com
　　　　　010-88379833　　机　工　官　博：weibo.com/cmp1952
　　　　　010-68326294　　金　书　网：www.golden-book.com
封底无防伪标均为盗版　　　机工教育服务网：www.cmpedu.com

序

　　电气工程是现代科技发展的基石，应用遍及能源、交通、通信、制造等国民经济的关键领域。随着"双碳"目标的推进和新型电力系统、智能电网、可再生能源等技术的快速发展，电气工程迎来了前所未有的机遇与挑战。

　　历经了几代人的努力与数十年的积淀，哈尔滨理工大学电气工程学科在电机与电器、电力系统及其自动化、高电压与绝缘技术等领域形成了鲜明的特色和优势。秉承"知行统一、博厚悠远"的校训，学校一直致力于培养能够适应行业需求、引领技术发展的工程技术人才。本书的编写，正是我校电气工程学科教学改革与课程建设的重要成果与具体体现。

　　本书以电气工程学科的基本框架为主线，系统介绍了电气工程的历史沿革、核心领域、关键技术及发展趋势。其特色在于：

　　1）基础内容与前沿发展并重。既涵盖电路、电机、电力系统等基础知识，又融入智能电网、电力电子、新能源等新兴技术。

　　2）理论教学与工程实践结合。通过工程案例与学科应用场景，帮助学生建立专业知识与工程实践的桥梁。

　　3）专业技术与人文素养相融。在专业知识传授中融入工程伦理、社会责任等思政元素，体现"新工科"教育的价值引领。

　　本书的编写团队由学校电气工程专业的一线教师组成，他们有着丰富的教学经验，确保内容科学性与教学适用性。希望本书能为电气工程及相关专业的学子提供深入浅出的入门指南，也为广大工程技术人员的继续教育提供参考。

　　最后，衷心感谢参与本书编写的各位教师、审稿专家以及出版工作者的辛勤付出。期待读者通过本书领略电气工程的魅力；更期待年轻一代学子以此为起点，投身于电气工程的创新与实践，为我国能源电力事业和科技强国建设贡献力量。

哈尔滨理工大学

前　言

随着电力工业的不断发展，传统电网逐渐向智能电网转变，从而对电气工程类专业的学生提出了更高的要求。但由于刚入学的新生接触的专业知识有限，所以对这个专业以及如何学好这个专业、需要哪些方面的专业技能、当今社会乃至世界这方面的发展情况如何等等，都不是很清晰，不能给自己一个学习和探索的定位。本书有助于学生厘清电气工程类专业的构建体系，明确学习目的，对电气工程类专业学生的学习可以起到"专业启蒙"作用，对专业课的学习起到承前启后的作用。

本书涵盖了电力系统及其自动化技术、电机与电器技术、电力电子技术与电力传动、高电压与绝缘技术、电工新技术等基本内容，通过对传统课程内容的整合、交融和改革，来满足各类学校特色办学的需要。根据应用型人才的培养要求，在内容编排上注意加强理论教学与工程实际的有机联系，在编写时注重基本理论和实际应用的结合，在叙述上力求深入浅出，通过实例加强对应用技术的介绍。本书图文并茂，文字通顺易懂，便于自学。

本书各章都融合课程思政元素，注重对读者的素质教育、工程应用和实践以及创新能力的培养，使读者具有专业使命感，塑造正确的工程价值观和辩证客观的思维意识，为今后走上工作岗位做好前期的铺垫。

本书是黑龙江省高等教育学会高等教育研究课题（23GJYBB083）及黑龙江省高等教育教学改革项目（SJGY20210409）的研究成果之一，可作为应用型本科院校电气工程及其自动化等相关专业的教材，也可供相关专业的工程技术人员参考。

本书由张雪君任主编，孙晓波、胡海涛任副主编。孙晓波编写了第3章、第6章，胡海涛编写了第1章、第5章，其余章节由张雪君编写并对全书进行统稿。张雪梅、陈翠负责收集相关素材、整理PPT等配套资源，并完善本书的辅助内容，包括案例设计、习题解答等。本书的顺利出版，要感谢哈尔滨理工大学的各位领导和老师给予的大力支持和帮助。

在此向所有支持和帮助完成本书的各位同仁表示衷心的感谢，也要感谢书中所引用的参考资料的各位作者。

由于时间仓促及编写水平有限，书中可能存在不少缺点甚至错误，请读者原谅，并提出宝贵意见，也敬请各位读者批评指正。

编　者

目 录

序
前言
第1章 绪论 ……………………… 1
1.1 电气工程的地位 ……………… 1
1.2 电气工程及其自动化专业的发展 … 3
1.2.1 电气科学与工程的起源 ……… 3
1.2.2 电气科学进入实用阶段 ……… 7
1.2.3 电力工业的演进与发展 …… 10
1.2.4 电气工程专业高等教育的形成 …… 11
1.3 电气工程及其自动化专业的展望 …… 15
1.4 电气工程的理论基础 ………… 18
1.4.1 电路理论的基本概念与基本定律 …… 18
1.4.2 电磁场及电磁学的基本概念与基本定律 …… 19
1.4.3 电气工程及其自动化专业常用计算机软件简介 …… 20
1.5 本科生培养目标及就业领域 …… 24
1.5.1 人才培养模式的发展历程 …… 24
1.5.2 培养目标与定位 …………… 25
1.5.3 素质和能力教育 …………… 26
1.5.4 师资队伍结构 ……………… 26
1.5.5 专业规模 …………………… 27
1.5.6 就业方向 …………………… 28
思考题 ……………………………… 29
第2章 电力系统及其自动化技术 …… 30
2.1 电力系统发展简史 …………… 30
2.1.1 电力工业概况 ……………… 31
2.1.2 中国电力系统的发展现状 …… 31
2.1.3 中国电力系统的展望 ……… 33
2.2 电力系统简介 ………………… 34
2.2.1 电力系统的功能与作用 …… 34
2.2.2 现代电力系统的特点 ……… 35
2.2.3 电力资源与负荷 …………… 35
2.2.4 电力系统的构成 …………… 43
2.2.5 电力系统设备 ……………… 44
2.2.6 交流系统与直流系统 ……… 46
2.2.7 电力系统的运行 …………… 49
2.3 现代发电技术 ………………… 53
2.3.1 火力发电 …………………… 53
2.3.2 水力发电 …………………… 55
2.3.3 核能发电 …………………… 60
2.3.4 新能源发电 ………………… 63
2.4 现代电网技术 ………………… 69
2.4.1 电力网的构成和功能 ……… 69
2.4.2 变配电所 …………………… 69
2.4.3 电力线路 …………………… 69
2.4.4 电网运行和调度 …………… 70
2.4.5 电网的安全稳定控制 ……… 73
2.4.6 电力企业的节能 …………… 77
2.4.7 输电技术及新输电方式 …… 78
2.5 电力系统供用电技术 ………… 79
2.5.1 电力负荷控制技术 ………… 79
2.5.2 电能质量 …………………… 80
2.5.3 节电技术 …………………… 82
2.6 电力系统可靠性 ……………… 84
2.7 电力系统继电保护 …………… 85
2.7.1 继电保护的基本知识 ……… 85
2.7.2 常用保护继电器及操作电源 …… 88
2.8 计算机技术在电力系统分析和自动化中的应用 …… 89
思考题 ……………………………… 91
第3章 电机与电器技术 …………… 92
3.1 电机技术 ……………………… 92
3.1.1 电机的发展历程 …………… 92
3.1.2 电机的分类 ………………… 94

  3.1.3 电机的制造材料 ·············· 95
  3.1.4 电机的作用和地位 ·············· 96
  3.1.5 电机的典型结构 ·············· 97
 3.2 变压器技术 ·············· 98
  3.2.1 变压器的基本结构 ·············· 98
  3.2.2 变压器的分类 ·············· 100
  3.2.3 变压器的基本原理 ·············· 101
  3.2.4 变压器的应用 ·············· 102
 3.3 电机的应用领域 ·············· 103
  3.3.1 发电厂与新能源发电设备中的
     发电机 ·············· 103
  3.3.2 工业领域中的电机应用 ·············· 110
 3.4 电器 ·············· 113
  3.4.1 电器的发展 ·············· 113
  3.4.2 高压电器 ·············· 113
  3.4.3 低压电器 ·············· 116
 思考题 ·············· 118

第4章 电力电子技术与电力传动 ·············· 119
 4.1 电力电子技术概述 ·············· 119
  4.1.1 电力电子技术的发展史 ·············· 119
  4.1.2 电力电子技术的经济和社会意义 ··· 120
  4.1.3 电力电子器件的发展历程 ·············· 121
  4.1.4 电力电子技术的地位 ·············· 125
 4.2 电力电子器件及功率集成电路 ···· 127
  4.2.1 不控型器件——二极管 ·············· 128
  4.2.2 半控型器件——晶闸管 ·············· 130
  4.2.3 全控型器件 ·············· 136
 4.3 电力电子变流技术 ·············· 144
  4.3.1 AC-DC 变换 ·············· 145
  4.3.2 DC-AC 变换 ·············· 146
  4.3.3 DC-DC 变换 ·············· 150
  4.3.4 AC-AC 变换 ·············· 152
  4.3.5 软开关技术 ·············· 154
 4.4 电力电子技术在电气工程
   领域的应用 ·············· 155
  4.4.1 电力电子技术在电源领域中的
     应用 ·············· 155
  4.4.2 电力电子技术在电力系统中的
     应用 ·············· 156
  4.4.3 电力电子技术在电机传动中的
     应用 ·············· 156
 思考题 ·············· 157

第5章 高电压与绝缘技术 ·············· 158
 5.1 高电压与绝缘技术的发展 ·············· 158
 5.2 电介质的电气强度 ·············· 160
  5.2.1 气体放电的物理过程 ·············· 161
  5.2.2 液体和固体介质的电气特性 ······ 162
  5.2.3 常用的绝缘材料 ·············· 166
 5.3 高电压试验技术 ·············· 175
  5.3.1 电气设备绝缘的预防性试验 ······ 176
  5.3.2 电气设备绝缘的耐压试验 ·············· 179
 5.4 电力系统过电压防护与绝缘
   配合 ·············· 183
  5.4.1 雷电过电压及防护 ·············· 183
  5.4.2 内部过电压与绝缘配合 ·············· 188
  5.4.3 电力系统绝缘配合 ·············· 191
 5.5 高电压新技术及应用 ·············· 192
  5.5.1 等离子体技术及其应用 ·············· 192
  5.5.2 静电技术及其应用 ·············· 192
  5.5.3 液电效应及其应用 ·············· 193
  5.5.4 电磁发射技术及应用 ·············· 196
  5.5.5 在环保领域的应用 ·············· 197
  5.5.6 其他应用 ·············· 197
 思考题 ·············· 198

第6章 电工新技术 ·············· 199
 6.1 超导电工技术 ·············· 199
  6.1.1 超导现象 ·············· 199
  6.1.2 超导技术发展历程 ·············· 199
 6.2 超导技术在各领域的应用 ·············· 203
 6.3 等离子体技术 ·············· 211
  6.3.1 等离子体概述 ·············· 211
  6.3.2 等离子体技术应用 ·············· 212
  6.3.3 聚变电工技术 ·············· 213
  6.3.4 磁流体发电技术 ·············· 216
  6.3.5 等离子发动机 ·············· 218
 6.4 高功率脉冲技术 ·············· 219

6.4.1 高功率脉冲技术概述 …………… 219
6.4.2 高功率脉冲电源发展历程 ……… 220
6.4.3 高功率脉冲技术的应用 ………… 221
6.5 环境保护中的电工新技术 ……… 223
　6.5.1 电磁环境技术 …………………… 223
　6.5.2 输变电工程电磁环境控制关键技术 ……………………………… 227
　6.5.3 环保电工技术 …………………… 227
6.6 生物、医学中的电工学新技术 …… 231
　6.6.1 生物领域电工新技术 …………… 231
　6.6.2 生物医学领域电工新技术应用 …… 231
思考题 ……………………………………… 236
参考文献 ……………………………………… 237

第 1 章 绪 论

电气工程作为现代科技进步的重要支柱,对工业、能源等关键领域产生了深远的影响。随着技术的不断演进,电气工程及其自动化专业正经历着日新月异的发展,其应用范围广泛,从微观的微电子到宏观的电网系统都有所涉猎。电气工程及其自动化专业致力于培养能够将理论知识和实践技能紧密结合的高素质人才,以满足社会对这一领域专业人才的渴求。通过深入学习电力系统的运作机制,掌握电机电力电子、高电压与绝缘技术的核心知识,学生们将获得扎实的专业基础,为未来在设计、制造等工程技术领域的职业生涯打下坚实的基石。电气工程的未来充满了无限可能性,它将不断引领科技创新的浪潮。结合人工智能、大数据等前沿技术,本专业的应用前景将变得更加宽广。

1.1 电气工程的地位

人类社会的发展离不开能源,能源是人类永恒的研究对象。而电能在现代社会中扮演着至关重要的角色。它是一种能够通过多种形式做功的能量,广泛应用于动力、照明、化学、纺织、通信、广播等多个领域。电能不仅是一种经济、实用、清洁且易于控制的能源形态,而且它是电力部门向电力用户提供的特殊产品,具备可测量、可预测、可保证或能够改善的特性。此外,电能可以从自然界中的一次能源(如煤炭、石油、天然气、水力、核燃料、风能等)转换而来,并可以转换为机械能、光能、热能等多种形式的能量,这使得它在工业、农业、交通运输、国防科技以及人民生活中成为不可或缺的能源。

电气工程是与电能生产和应用相关的技术,同时它也是工程教育体系中的一个学科。在我国高等学校的本科专业目录中,电气工程对应的专业是电气工程及其自动化或电气工程与自动化专业。1998 年之前,在我国的普通高等学校本科专业目录中,电工领域下共有 5 个专业,分别为电机电器及其控制、电力系统及其自动化、高电压与绝缘技术、电气技术和工业自动化。在 1998 年国家颁布的大学本科专业目录中,把上述的电机电器及其控制、电力系统及其自动化、高电压与绝缘技术和电气技术等专业合并为电气工程及其自动化专业。此外,在同时颁布的工科引导性专业目录中,又把电气工程及其自动化专业和自动化专业中的部分合并为电气工程与自动化专业。在随后的十几年中,一些大学又自主设置了 3 个目录外专业,即电气信息工程、电力工程与管理、电气技术教育,以及 1 个目录外试点专业,即电机电器智能化。2012 年,教育部对 1998 年制定的专业目录进行了修订,形成《普通高等学校本科专业目录(2012 年)》,其中,原专业目录中电气信息类的 1 个引导性专业和 4 个目录外专业全部纳入电气工程及其自动化专业,并以单一专业独立成为新的专业类别——电气类。在研究生学科专业目录中,电气工程是工学门类中的一个一级学科,包含电机与电器、电力系统及其自动化、高电压与绝缘技术、电力电子与电力传动、电工理论与新技术 5 个二级学科。

有人把电气工程、机械工程、土木工程、化学工程以及管理工程并称为现代五大工程。与其他工程相比，电气工程的特点在于：

1）科学发现驱动。电气工程的出现并非完全基于文明发展的自发需求，而是受到了科学发现的重要推动。这一点与其他工程领域有所不同，后者可能更多地受到实际需求或技术进步的驱动。

2）全新的能量形态。电气工程引领了能量形态的变革，通过电的使用和传输，为人类文明开辟了新的领域。这种能量形态的高效、清洁和灵活性，使得电气工程在现代社会中扮演着至关重要的角色。

3）广泛的应用范围。电气工程渗透到现代社会的各个领域，从庞大的电力系统到微小的电子器件，无所不在。这种广泛的应用范围使得电气工程成为一个高度多样化和复杂化的领域，需要不断的技术创新和专业知识支持。

4）系统与微观的结合。电气工程既关注庞大的系统，如覆盖多个国家的电力系统，又关注微小的器件，如需要用显微镜才能看清的微型电机。这种从宏观到微观的全方位关注使得电气工程成为一个既具有战略性又具有细节性的领域。

5）孕育多个工程领域。电气工程的发展不仅局限于自身领域，还催生了电子工程、通信、计算机、网络等多个相关工程领域。这些领域的出现为信息时代的到来奠定了基础，使得电气工程成为现代社会不可或缺的一部分。

电气科学发展至今，虽然从它衍生出的电子技术、计算机技术、通信技术和自动化技术都相继成为独立的学科和专业，但由于它们与电气工程学科之间难以分割的历史渊源，使得这些学科交叉的密切程度远非其他学科所能比拟。近几十年来，电气学科与生命科学、物理学、化学、军事科学等学科的许多领域存在广泛的交叉，形成了许多新的学科生长点。可以认为，学科交叉和相互渗透是电气科学之所以能保持长期生命力的重要因素。例如，电机的控制、电力电子系统与装置、高电压的在线监测技术、电力系统的稳定性分析、建筑智能化技术等几乎所有的电气新技术都势必涉及大量电子技术、计算机及其网络通信技术、自动控制技术的相关知识。可以说，当今的电气工程及其自动化专业是一个现代高科技综合应用的、多学科交叉的前沿学科专业，具有广阔的应用前景。

因此，电气工程在国家科技体系中具有特殊且重要的地位，它既是国民经济部分基本工业（电力、电工制造等）所依靠的技术科学，又是另一部分基本工业（能源、电信、交通、铁路、冶金、化工、机械等）必不可少的支持技术，也是一些高新技术的主要科技组成部分。在与生物、环保、自动化、光学、半导体等民用和军工技术的交叉发展中往往能出现尖端技术和新技术；在一些综合性高的科技成果（如卫星、飞船、导弹、空间站、航天飞机等）中，也必然会有电气工程的新技术和新产品。所以，在工农业和国防力量的发展以及民生水平的提高过程中，电气工程的发展水平具有巨大的作用和广泛的影响。

从 20 世纪后半叶开始，电气领域科学与技术的飞速发展确实推动了电气工程的巨大进步。这种进步不仅体现在电子技术、计算机技术、通信技术和自动化技术等分支领域的独立发展，更体现在电气工程本身在电能的生产、传输、分配和使用过程中的巨大变革。电力系统及设备的规模与质量得到了极大提升，同时检测、监视、保护和控制水平也达到了前所未有的高度。这种发展不仅展示了电气工程技术的巨大潜力，也凸显了电气工程在现代社会中的重要地位。随着这种发展，对高级电气工程人才的需求也日益增加。无论是建筑行业对建筑电气与智能化的需求，还是交通运输行业对电力牵引和电传动的依赖，抑或是机械制造行业对机电一体化和自动化生产线的追求，都反映了电气工程技术在各个领域的广泛应用和不可或缺的角色地位。此外，国防领域的全电化军舰、战车、电磁武器等也体现了电气工程技术在国家安全领域的重要性。这些领域的发展不仅要求电气工程人才具备深厚的专业知识，还要求他们具备创新思维和解决问题的能力，以适应不断变化的技术需求和市场环境。因此，电气工程领域的持续发展和广泛应用，将继续推动对高级技术人才的需求，并促进电气工程技术在未来社会中发挥更加重要的作用。

在我国当代高等工程教育中，电气工程及其自动化专业是一个宽口径综合性专业。它涉及电能的产生、传输、分配、使用以及其系统（网络）和设备的研发、设计、制造、运行、检测和控制等多方面各环节的工程技术问题，所以要求电气工程师掌握电工理论、电子技术、自动控制理论、信息处理、计算机及其控制、网络通信等多领域的工程技术基础和专业知识。

电气工程及其自动化专业不仅要为电力工业与机械制造业培养从事电气领域的科学研究及工程技术的高级人才，也要为国民经济其他部门（如交通、建筑、冶金、机械、化工等）培养相应的人才。所以说电气工程及其自动化专业是一个以电力工业及其相关产业为主要服务对象，同时辐射到国民经济其他各部门，应用十分广泛的专业。因而在此专业学习的学生有着大量和广阔的就业前景。

1.2 电气工程及其自动化专业的发展

1.2.1 电气科学与工程的起源

电气工程学科的发展是基于电气科学的研究，这一科学源自物理学中的电学和磁学。人类对于电磁现象的最早关注始于对自然界中雷电现象和天然磁石的观察。我国和古希腊的文献中都记载了琥珀摩擦后吸引轻物体和天然磁石吸铁的现象。公元前 1100 年—前 771 年的青铜器时期，我国的青铜器上就出现了篆文的"电"字，这标志着古代中国对电现象的初步认知。战国时期发明的司南（见图 1-1）成为中国古代四大发明之一，这种用天然磁石制成的指示方向的仪器是世界上最早的指南工具。公元 1 世纪，东汉时期学者王充在《论衡》中记载了"顿牟掇芥，磁石引针"的现象（"顿牟"指琥珀，"掇"意为吸引，"芥"指轻的物体），首次将静电和磁力现象放在同一文献中讨论，并对司南的形状和使用方法做了明确的记录。

图 1-1 司南模型

电磁学的研究在 16 世纪得到了突破。英国科学家威廉·吉尔伯特在 1600 年发表的著作《论磁石》（见图 1-2）中，首次提出地球本身是一个巨大的磁石，并明确了磁极的概念。他还创造了"Electricity"这个词，该词来源于希腊文"ηλεκτρον"（意为琥珀）。吉尔伯特的研究为电磁学奠定了理论基础。他设计制作了一台简单的验电器，用来检测各种物质摩擦后是否带电。他通过对玻璃、钻石、硫黄等物质的实验发现，许多物质在摩擦后都可以带电，从而将物质分为"带电体"和"非带电体"。

图 1-2　吉尔伯特和他的著作《论磁石》

17 世纪，摩擦起电机的发明推动了对静电现象的进一步研究。1660 年，德国物理学家奥托·冯·格里克发明了世界上第一台摩擦起电机；1729 年，斯蒂芬·格雷发现了导体与绝缘体之间的区别；1745 年，荷兰物理学家皮特·范·穆森布鲁克发明了莱顿瓶（见图 1-3），这是最早的电容器装置。1747 年，美国科学家本杰明·富兰克林通过风筝实验统一了雷电和摩擦电的概念，并提出了正电与负电的理论。1760 年，他发明了沿用至今的避雷针。

图 1-3　带有莱顿瓶的起电机

库仑、普里斯特里、泊松等科学家在随后进一步发展了电学理论。库仑在 1777 年发明了扭力天平，并通过它发现了著名的库仑定律，即电荷之间的作用力与电荷量成正比，与距离的二次方成反比（见图 1-4）。这些早期的电学研究，为电气工程学科的发展奠定了基础。

19 世纪初，意大利科学家亚历山德罗·伏特发明了伏打电池，这标志着电学从静电学转向了电流的研究。伏打电池能够提供持续的电源，是电学发展中的一个里程碑，图 1-5 展示了伏特与他发明的伏打电池。这一发明推动了电力学的研究与应用，极大地扩展了电的实用性。

图 1-4　库仑和他发明的扭力天平

图 1-5　伏特与伏打电池

1820 年，丹麦科学家奥斯特发现了电流产生磁场的现象，这为电磁学的发展奠定了基础。法国物理学家安培在此基础上进一步发现了通电导线之间的相互作用，提出了安培定律，成为电动力学的基础（见图 1-6）。德国科学家欧姆在 1826 年通过实验提出了电流、电压和电阻之间的关系，这就是著名的欧姆定律（见图 1-7）。

图 1-6　安培与他的实验装置

1831 年，英国科学家法拉第通过"电磁感应"实验，成功地揭示了电和磁之间的转化关系，提出了电磁感应定律。这一定律奠定了暂态电路研究的基础，也是后来电动机和发电机发明的关键理论支撑。法拉第还创造了世界上第一台感应发电机模型——法拉第盘（见图1-8），这为电力设备的实用化铺平了道路。

图1-7 欧姆与他的实验装置

图1-8 法拉第与最早的发电机——法拉第盘

19世纪中叶，韦伯、亨利、基尔霍夫等科学家在电气科学领域取得了进一步的进展，并推动了电气工程学科的形成。最终，英国科学家麦克斯韦通过一系列数学分析，将光和电磁现象统一在了一起，提出了麦克斯韦方程，这些方程至今仍是电磁学的理论基础，也是电气工程的重要理论依据。麦克斯韦的《电磁通论》是一部划时代的著作，图1-9展示了麦克斯韦与他的著作。

图1-9 麦克斯韦与他的著作《电磁通论》

1881 年，巴黎国际电气博览会上，科学家和工程师们统一了电学单位，并采用了早期为电气科学做出贡献的科学家名字作为电学单位的名称。这一决定标志着电气工程成为全球传播的新兴学科。

1.2.2 电气科学进入实用阶段

电气科学在 19 世纪进入了实用阶段，推动了现代电力设备的广泛应用。随着工业生产对电力的需求不断增加，发电机和电动机相继问世，并在实际应用中得到了持续改进和完善。发电机和电动机的发明并非单线发展，而是相互交叉、互为推动的过程。在早期，电力设备只能依靠伏打电池提供能源，但这种方式成本极高，且输出功率有限，难以满足实际需求。因此，科学家们开始致力于研发更为实用的发电设备。最初的发电机是永磁发电机，使用永久磁铁作为磁场来源。

1832 年，法国科学家皮克斯在受到法拉第电磁感应原理的启发后，成功发明了世界上第一台实用的直流发电机，如图 1-10 所示。这台发电机最关键的部件是换向器，它能将发出的交流电转换为直流电，而换向器的设计参考了安培的建议。1845 年，英国科学家惠斯通通过外接伏打电池为发电机线圈提供励磁电流，成功用电磁铁代替了原本的永久磁铁，制造出了第一台电磁发电机。惠斯通还进一步改进了电枢绕组的设计，使得发电机的效率得到了提

图 1-10 皮克斯发明的直流发电机

升。1866 年，德国科学家西门子成功研制出了第一台自励式发电机，如图 1-11 所示。这一发明突破了发电技术的瓶颈，免去了外部电源的需求，并标志着大容量发电机技术的成熟。西门子发电机的问世，在电气发展史上具有里程碑意义。

图 1-11 西门子与他的自励式发电机

与此同时，电动机的研发也在同步进行。1834 年，德籍俄国物理学家雅可比成功发明了世界上第一台实用的电动机，功率为 15W。这台棒状铁心电动机被认为是世界上首台具有

实际应用价值的电动机,如图 1-12 所示。1839 年,雅可比还在涅瓦河上进行了用电动机驱动船舶的实验,展示了电动机的应用潜力。与此同时,美国机械工程师达文波特在 1836 年成功用电动机驱动木工车床,并在 1840 年应用于印刷机的驱动。1885 年,意大利物理学家费拉里斯提出了旋转磁场原理,并在此基础上制造出两相异步电动机的实验模型。1886 年,美国科学家特斯拉也独立研发出两相异步电动机,如图 1-13 所示。1888 年,俄国工程师多利沃-多勃罗沃利斯基成功研制出了世界上第一台实用的三相交流异步电动机,这一发明进一步推动了交流电动机的普及。

图 1-12　雅可比发明的世界上第一台电动机模型(左)与实用电动机(右,复制品)

图 1-13　特斯拉与他发明的两相异步电动机

19 世纪后期,电动机已经在多个领域得到了广泛应用。例如,电锯、车床、起重机、压缩机和磨面机等工业设备都已经实现了电动机驱动,推动了工业化的进程。与此同时,牙钻、吸尘器等电器也开始使用电动机,提升了日常生活的便利性。电动机驱动的交通工具也逐渐出现,如电力机车、有轨电车和电动汽车在这一时期得到了快速发展。1873 年,英国人制造出了世界上第一辆用蓄电池驱动的电动汽车。随后在 1879 年,德国科学家西门子设计并制造了世界上第一列电力驱动列车,这列列车能容纳 18 人,由三节敞开式车厢组成,标志着电力列车技术的首次成功应用,如图 1-14 所示。1883 年,世界上第一条电气化铁路在英国正式投入运营。

图 1-14　德国 1879 年制造的世界上第一列电力驱动列车

除了在发电和驱动领域的突破，电能在照明方面的应用也经历了重要的发展。1809年，英国科学家通过调节木炭电极之间的距离，使之产生电弧光，实现了电力照明的早期应用。然而，电弧灯虽然亮度高，但光线不稳定，且伴随刺眼的强光和大量烟气，不适合用于室内照明。随着时间推移，科学家们开始探索通过电流的热效应来发光。1840 年，英国科学家通过将电流通过铂丝，使其在密封玻璃罩内发光，虽然成功实现了炽热发光，但由于灯泡寿命短且成本高，无法实际推广。

1879 年 2 月，英国发明家斯万成功发明了使用碳丝的真空电灯。然而，由于碳丝的电阻率较低，导致发光效率不高，制造难度大，斯万的电灯仍然未能实现商业化应用。同年 10 月，美国发明家爱迪生经过大量实验，成功制造出了使用碳化竹丝的真空电灯。这种灯泡不仅能够长时间稳定发光，而且制造成本低、工艺简单，迅速得到了商业化应用，如图 1-15 所示。尽管爱迪生的电灯与斯万的发明原理相似，但爱迪生在灯丝材料上的改进使其在商业化推广上取得了决定性成功。这一发明被认为是电能广泛进入人类日常生活的转折点，标志着人类从此进入了电气照明时代。

图 1-15　电弧灯（左）与爱迪生发明的白炽灯（右）

这一系列的发明和创新，不仅奠定了现代电气科学的基础，也推动了电能在各个领域的广泛应用与发展，极大地改变了人类的生产与生活方式，使得电力成为现代社会的核心动力源之一。

1.2.3 电力工业的演进与发展

19 世纪末期，随着电机制造技术的进步、电力应用范围的扩展，以及工业生产对电力需求的快速增长，对大规模供电的发电厂建设提出了迫切的需求。1875 年，世界上首座火力发电厂在法国巴黎火车站建立。1882 年，美国纽约的爱迪生电气照明公司建成了第一座商业化电厂和直流电力网系统，发电功率达到 660kW，最大送电距离为 1.6km，为 6200 盏白炽灯提供电力（见图 1-16）。同年，美国建成了第一座水力发电站，推动了水电逐渐发展。1898 年，纽约又建造了一座总装机容量达 3 万 kW 的火力发电站，采用 87 台锅炉驱动 12 台大型蒸汽机为发电机提供动力。

图 1-16 1882 年，爱迪生在纽约建立发电厂

1. 直流输电的尝试与局限

最早的发电厂普遍采用直流发电机，电能的传输距离成为提高经济效益的重要因素。最初的尝试也主要是直流输电。1873 年，首条直流输电线路出现，长度仅为 2km。1882 年，法国的物理学家德普勒在慕尼黑国际博览会上展示了世界上第一条远距离直流输电试验线路。这条线路由德国葛依吉工厂资助，利用一台水轮发电机将电能从米斯巴赫传输到 57km 之外的慕尼黑，驱动博览会上的一台水泵形成人工喷泉。此次实验成功地展示了电力远距离输电的潜力，线路起始电压为 1313V，末端电压下降到 850V，输送功率不到 200W，损耗较大。

随着技术的改进，直流输电的性能有所提升，电压可达 57.6kV，输送功率达到 4650kW，最大传输距离为 180km。由于焦耳-楞次定律的限制，输送相同容量的电能，电压越高则热损耗越小。因此，要增加输电距离和容量，最有效的方式是提高输电电压。然而，当时无法实现直流电的大幅度升压或降压，导致直流输电只能将发电机的高电压直接输送给用户，这样既不安全又不经济。

2. 交流输电的优势与兴起

1882 年，法国工程师高兰德与英国人吉布斯发明了第一台实用变压器，并获得了"照明和动力用电分配方法"的专利。这为交流电的广泛应用奠定了基础。与直流电相比，交流电可以方便地升压和降压，这样使得高压交流输电方式得以发展。大型交流发电机和电动机的发明，尤其是三相交流电机的研制成功，为远距离交流输电铺平了道路。同时，斯坦迈等科学家对交流电路理论的研究以及符号法的建立，简化了交流电路的计算，为交流输电提供了理论支持。

1888 年，英国工程师费朗蒂设计的位于泰晤士河畔的大型交流发电站投入运行，输出电压达到 10000V，经过两级变压将电能输送给用户。1892 年，法国建成了第一座三相交流发电站，将交流输电推进到新的阶段。1894 年，俄国建成了当时功率最大的单相交流发电站，功率达 800kW，由四台蒸汽机驱动发电。

3．"电流战争"与交流电的胜出

关于电力系统应采用直流输电还是交流输电，曾引发了一场激烈的争论，被称为"电流战争"。美国发明家爱迪生、英国物理学家威廉·汤姆孙，以及罗克斯·克隆普顿等人，主张发展直流输电。而英国工程师费朗蒂、高登以及美国工程师威斯汀豪斯、特斯拉、斯普拉戈等人，则支持交流输电。随着输电技术的发展，交流输电逐渐显示出其优越性，最终取代了直流输电。

4．三相交流输电的突破

远距离输电问题的根本解决，是三相交流电理论的形成及相关技术的突破。1887—1891 年，德国电机制造公司成功开发了三相交流输电技术。1891 年，在德国法兰克福电气技术博览会上，成功进行了远距离三相交流输电实验，将 18km 外的三相交流发电机输出的电能以 8500V 的高压输送，输电效率高达 75%。在当时的技术条件下，这样的效率是直流输电无法比拟的。高压交流输电的有效性和优越性得到了广泛认可。

由于交流输电的优势，美国在建设尼亚加拉水电站时决定采用三相交流输电系统。该电站的总容量近 10 万 kW，从 1891 年开始建设，至 1895 年建成，1896 年投入运行。发电站将 2200V 的电压升至 11000V，输送至 40km 外的布法罗市。此时，电力不仅用于照明，更成为工业发展的新动力源。

5．电力工业的多元化发展

电力的广泛应用和输电技术的进步，催生了大量新的工业部门。首先是与电力生产直接相关的产业，如电机、变压器、绝缘材料、电线电缆以及电气仪表等电力设备制造厂和电力安装、维修及运行部门。此外，以电力为动力和能源的行业也相继发展起来，包括照明、电镀、电解、电车和电报等企业和部门。而新的日用电器生产行业也随之诞生。这种电力工业的多元化发展反过来又推动了发电和高压输电技术的提高。1903 年，输电电压达到 60kV；到第一次世界大战前夕，输电电压已提高至 150kV。

总结而言，电力工业在 19 世纪末至 20 世纪初得到了快速发展，交流输电的技术突破是关键的转折点。这一转折不仅提高了输电效率和安全性，也奠定了现代电力系统的基础。

1.2.4　电气工程专业高等教育的形成

19 世纪，通过科学家、发明家和工程师的不懈努力，电气工程的科学和技术基础逐渐形成，其工程应用也取得了实质性进展。为了培养相关专业人才，在大学中设立电气工程专业变得势在必行。于是，从 19 世纪末到 20 世纪初，世界各国的大学相继设立了电气工程专业。表 1-1 列出了国外一些大学设立电气工程专业的时间。

表 1-1　国外一些大学设立电气工程专业的时间

国　家	大　学	年　份
英国	帝国理工学院	1878
美国	麻省理工学院	1882
德国	斯图加特大学	1882
美国	康奈尔大学	1883
美国	密苏里大学	1886
俄国	圣彼得堡电工大学	1886
日本	东京大学	1886
美国	哥伦比亚大学	1889
美国	普林斯顿大学	1889
美国	威斯康星大学	1891
美国	斯坦福大学	1892
日本	京都大学	1897
俄国	托木斯克理工大学	1903
日本	早稻田大学	1908
加拿大	多伦多大学	1909

我国较早设立电气工程专业的大学及年份见表 1-2。

表 1-2　我国较早设立电气工程专业的大学及年份

大　学	年　份	备　注
交通大学	1908	当时称邮传部上海高等实业学堂
同济大学	1912	当时称同济医工学堂
浙江大学	1920	当时称公立工业专门学校
东南大学	1923	
清华大学	1932	
天津大学	1933	当时称北洋大学

在我国，从 20 世纪初到 20 世纪 70 年代中期，大学中设置电气工程专业的学科与系科早期称为"电机科"，后来改称为"电机工程系"，这与当时的教学内容大体一致。1977 年之后，"电气工程"这一名称才逐渐被广泛采用。然而，例如在清华大学、香港大学、台湾一些大学，尽管专业内涵已经发生了很大变化，仍沿用"电机工程系"这一名称。

在发达国家，许多大学至今还保留"电气工程系"这一名称，或与计算机相关专业合并称为"电气工程与计算机科学系"。这些大学的电气工程系课程多偏向电子、通信等领域，传统的电力课程较少，甚至有的完全不包含电力相关内容。而在我国，电气工程专业仍然以学习电能的产生、传输、转换、控制、储存和利用为主，本书中的"电气工程专业"主要指这个方向的专业。

1949 年以后，我国出现了一大批以工科为主的综合性大学，这些学校大多数都设有电机工程系。1977 年恢复高考制度后，大部分高校将"电机工程系"陆续更名为"电气工程系"，随后又逐渐改称"电气工程学院"，或者与自动化、电子信息类专业组成"电气与电子工程学院"等。

1978 年以后，随着改革开放政策的实施，我国高等教育事业迎来了新的发展机遇，1984 年、1993 年、1998 年和 2012 年，国家先后对专业目录进行了 4 次重大调整。从专业设置口径来看，电气工程专业大体上与 1984 年和 1993 年专业目录中的"电工类"（二级类）相对应，属于 1998 年专业目录中的"电气信息类"专业之一。2012 年首次提出"电气类"的概念。

1984 年的专业目录共有 813 个本科专业。1993 年国家对专业目录进行了大规模修订，专业总数减少了 309 个，缩减为 504 个，并将专业划分为 10 个门类，与国家之前颁布的研究生学科门类基本一致，拓宽了专业口径和业务范围，调整归并了一批专业，充实扩大了专业内涵。同时根据社会对专业人才的需求和某些门类、专业的办学现状，保留了部分范围较窄的专业，并增设了少数应用性专业。1984 年与 1993 年电工类专业目录对照见表 1-3。

表 1-3　1984 年和 1993 年电工类专业目录对照（0806 电工类）

专业代码（1993）	专业名称（1993）	参考专业方向	原专业代码及名称（1984—1993）
080601	电机电器及其控制	电机及其控制 电器 微特电机及控制电器	工科 0801 电机 工科 0802 电器 军工 0603 微特电机及控制电器
080602	电力系统及其自动化	电厂及电力系统	工科 0804 电力系统及其自动化 工科 0805 继电保护与自动远动技术
080603	高电压与绝缘技术	高电压技术及设备 电气绝缘与电缆 电气绝缘材料	工科 0806 高电压技术及设备 工科 0803 电气绝缘与电缆 工科特 01 电气绝缘材料
080604	工业自动化	工业电气自动化 生产过程自动化 电力牵引与传动控制	工科 0807 工业电气自动化 工科 0808 生产过程自动化 工科 0811 电力牵引与传动控制 工科试 10 工业自动化
080605	电气技术	船舶电气工程 电机电气管理 铁道电气化	工科 1804 船舶电气管理 工科 0809 电气技术 工科 0810 铁道电气化

1998 年，国家再次对普通高等学校专业目录进行了修订，设置了哲学、经济学、法学、教育学、文学、历史学、理学、工学、农学、医学、管理学 11 个学科门类，包含二级类 71 个，大学本科专业总数由 1993 年的 504 个减少到 249 个。工学门类下设二级类 21 个、70 个专业，原来的"电工类"和"电子与信息类"二级类合并为"电气信息类"。在 1998 年颁布的专业目录中，原"电工类"的"电机电器及其控制""电力系统及其自动化""高电压与绝缘技术""电气技术"等专业合并为"电气工程及其自动化"专业；原"工业自动化"专业和"电子信息类"的"自动控制"专业合并为"自动化"专业。同时在工科引导性专业目录中，将"电气工程及其自动化"专业与"自动化"专业的部分内容（主要是原"工业自动化"专业）合并为"电气工程与自动化"专业。1998 年电气工程专业与 1993 年电工类专业对照见表 1-4，1998 年工科引导性专业与相关基本专业对照见表 1-5。

电气工程概论

表 1-4　1998 年电气工程专业和 1993 年电工类专业对照（0806 电气信息类）

专业代码（1998 年）	专业名称（1998 年）	原专业代码及专业名称（1993—1998 年）
080601	电气工程及其自动化	080601 电机电器及其控制 080602 电力系统及其自动化 080603 高电压与绝缘技术 080604 工业自动化（部分） 080605 电气技术（部分） 080718W 光源与照明 080606W（电气工程及其自动化）
080602	自动化	080312 流体传动及控制（部分） 080604 工业自动化 080607W 自动化 080605 电气技术（部分） 080711 自动控制 081806 飞行器制导与控制（部分）

表 1-5　1998 年工科引导性专业与相关基本专业对照

专业代码	专业名称	覆盖原专业代码及名称
080608Y	电气工程与自动化	080601 电气工程及其自动化 080602 自动化（部分）
080609Y	信息工程	080603 电子信息工程 080604 通信工程 080602 自动化（部分）

　　从上述专业目录的演变可以看出，电气工程及其自动化专业和引导性专业目录中的电气工程与自动化专业大体都和 1998 年前的电工类的口径相对应，其中引导性专业目录中的电气工程与自动化专业应包括自动化方面的更多内容。

　　0806 电气信息类除了包括 080601 电气工程及其自动化和 080602 自动化 2 个专业外，还包括 080603 电子信息工程、080604 通信工程、080605 计算机科学与技术、080606 电子科学与技术、080607 生物医学工程等专业。

　　2012 年，国家对普通高等学校的专业目录又进行了一次修订，这次调整与研究生教育的学科门类基本一致。分设哲学、经济学、法学、教育学、文学、历史学、理学、工学、农学、医学、管理学、艺术学 12 个学科门类，新增了艺术学门类。专业类由修订前的 73 个增加到 92 个；专业由修订前的 635 种调减到 506 种；其中工学门类下设专业类 31 个，169 种专业。专业包括基本专业（352 种）和特设专业（154 种），特设专业在专业代码后加"T"表示，以示区别。

　　1998 年 0806 为电气信息类专业代码，2012 年专业目录调整后，0806 为电气类专业代码，电气类专业包括：080601 电气工程及其自动化、080602T 智能电网信息工程、080603T 光源与照明、080604T 电气工程与智能控制等。自动化、电子信息工程、通信工程、计算机科学与技术、电子科学与技术专业调整到 0807 电子信息类、0808 自动化类、0809 计算机类。这些专业类中都包含若干个特设专业和新专业。2012 年，国家对普通高等学校的专业目录调整取消了引导性专业目录。我国现在执行的专业名称就是 2012 年国家颁布的普通高等学校的专业目录名称，见表 1-6（电气类之外的特设专业没有列出）。

第 1 章 绪 论

表 1-6 2012 年电气类及其他相关专业目录

专业代码	专业类	覆盖专业代码及名称
0806	电气类	080601 电气工程及其自动化 080602T 智能电网信息工程 080603T 光源与照明 080604T 电气工程与智能控制
0807	电子信息类	080701 电子信息工程 080702 电子科学与技术 080703 通信工程 080704 微电子科学与工程 080705 光电信息科学与工程 080706 信息工程
0808	自动化类	080801 自动化

2020 年，国家对普通高等学校的专业目录又进行了修订，电气类专业增设了 080605T 电机电器智能化和 080606T 电缆工程两个专业，其他没变。

1.3 电气工程及其自动化专业的展望

截至 2023 年底，我国发电装机总容量达到约 29.2 亿 kW，同比增长 13.9%。其中，非化石能源发电装机容量突破 15.7 亿 kW，占总装机容量的 53.9%，历史上首次突破 50%，超过了煤电的装机比重，标志着我国能源结构向绿色低碳转型迈出了重要一步。具体来看，风电装机容量达到 4.4 亿 kW，同比增长 20.7%，继续稳居全球第一；太阳能发电装机容量约 6.1 亿 kW，同比增长 55.2%，连续多年保持全球首位；水电装机容量为 4.2 亿 kW，同比增长 1.8%；核电装机容量达到 5691 万 kW，同比增长 2.4%。预计到 2030 年，我国发电装机总容量达到 38 亿 kW，其中清洁能源装机容量为 25.7 亿 kW、占比 67.5%，清洁能源发电量 5.8 万亿 kW·h，占比 52.5%；煤电装机容量为 10.5 亿 kW，风、光装机容量分别为 8 亿 kW、10.25 亿 kW，显示出清洁能源在未来电力发展中的重要地位。

除了以上叙述的电力工业高速发展，在电工制造业方面，由于微型计算机、电力电子和电磁执行器件的发展，使得电气控制响应快、灵活性高、可靠性强的优点越来越突出，因此电气工程正在使一些传统产业发生变革。例如，传统的机械系统与设备，在更多或全面地使用电气驱动与控制后，大幅改善了性能，"线控"汽车、全电舰船、多电/全电飞机等研究就是其中最典型的例子。

传统的内燃机汽车的驱动、导向、制动等都依靠机械（齿轮与液压）系统，体积大、响应慢、故障率高。现代汽车提出了"线控"（Wire Control），即通过导线控制的概念，使过去以齿轮、液压为主导的控制让位于柔软的导线控制。线控不仅节省空间，而且大幅提高了车辆的性能。图 1-17 所示是线控汽车的控制设备分布（不包括用电设备）。全电舰船取消了普通舰船的机械传动机构，不仅节约了能源，还可以节省出大量空间。特别是吊舱式（Azipod）全电力推进系统的采用，取消了过去舰船不可缺少的螺旋桨大轴，最大限度地发挥了全电力推进的优越性——商船可以多载运货物，军舰可以配备更多的武器装备。图 1-18 所示为 ABB 芬兰公司 1998 年下水的全电旅游轮船的电气设备分布图。我国江南造船公司在国内最大海洋监测船"中国海监 83"号上也成功安装了吊舱式全电力推进系统。多电飞机（More Electric Aircraft）主要是用电磁悬浮轴承取代发动机的机械轴承、用电磁执行器代替液压和气动执行器并且采用更多的电力电子装置。由于最大限度地减少了油润滑和油/气控制系统，多电飞机的效率与可靠性、易维护性、保障性和运行/保障费用都得到了明显的改善，并使飞机重量减轻、可用空间增加。图 1-19 所示是多电飞机的电气设备分布图。

图 1-17　线控汽车的控制设备分布

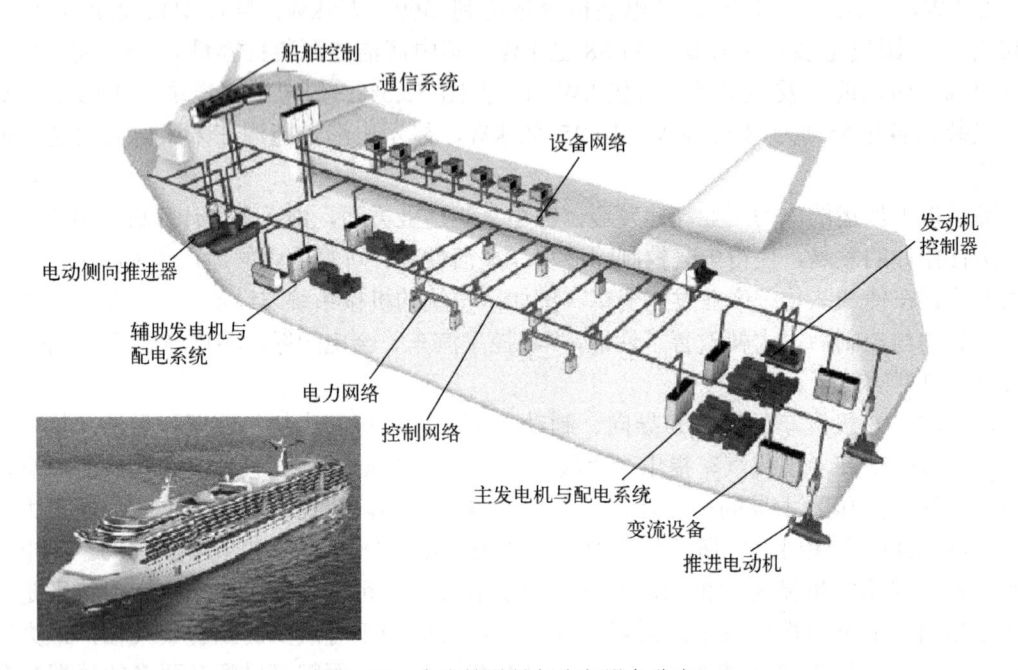

图 1-18　全电旅游轮船电气设备分布

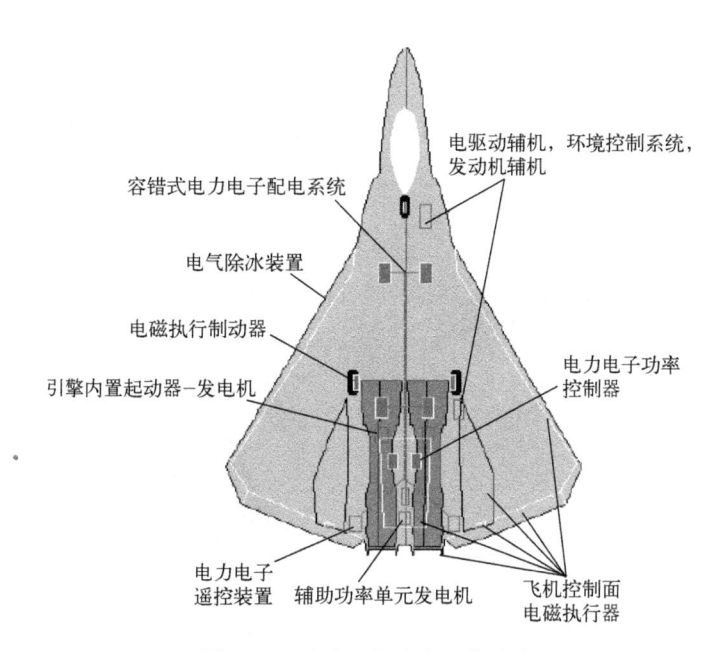

图 1-19 多电飞机电气设备分布

近年来，随着科技的不断进步和融合，楼宇自动化技术（也被称为智能楼宇技术）已经在建筑领域得到了广泛应用。这种技术综合运用了计算机技术、自动控制技术、通信技术和电气工程技术，为现代建筑赋予了更高的智能化水平。智能楼宇的建设主要围绕三大目标：提供安全、舒适、快捷的优质服务，建立先进的管理机制，以及节省能耗与降低人工成本。这些目标的实现，都离不开电气工程技术的支持。在智能楼宇中，电气工程涉及的内容繁多且关键，包括智能建筑的供配电、电驱动与自动控制、电气照明、通信技术、有线电视系统、广播音响系统、办公自动化系统、建筑物自动化系统、防火与防盗系统、综合布线系统、系统集成、电气安全以及节能等，如图 1-20 所示。在全球范围内，智能楼宇的发展势头强劲。特别是在美国和日本，智能建筑的数量和建设规模都位居前列。此外，法国、瑞典、英国、新加坡、马来西亚和我国也在智能建筑领域取得了显著进展。在我国，大多数城市都已相继建成了若干高水平的智能建筑，展示了我国在该领域的实力和潜力。

随着电气工程新原理、新技术与新材料的发展，出现了一些新兴的电工高新技术领域，包括超导电工技术、受控核聚变技术、可再生能源发电技术、磁悬浮技术、磁流体发电技术、磁流体推进技术等。电工高新技术的发展有着重大的国民经济发展和科技进步的意义。一些重要技术从其出现到成熟，形成产业，常常需要半个多世纪几代人的持续努力，需要有稳定的支持和重大国家项目的带动。

未来 20 年，我国电力工业和电工制造业将持续高速度发展。受此拉动，我国设置电气工程专业的高等学校也将持续高速度发展。正像我国正在成为世界制造业的中心，成为世界工厂一样，我国也必将成为世界电气工程高等教育、科学研究和技术开发的中心。

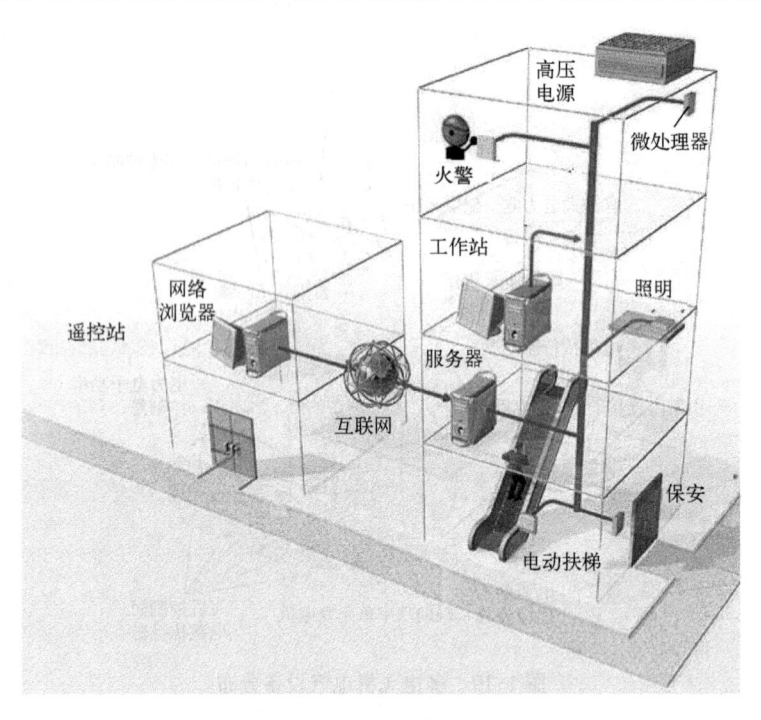

图 1-20 智能楼宇示意图

1.4 电气工程的理论基础

电气工程学科除具有其各分支学科的专业理论外，还具有本学科的共性基础理论（电路理论、电磁场理论、电磁计量理论等），它与基础科学（如物理、数学等）的相应分支具有密切的联系，但又具有明显的差别。因为基础科学的主要任务是认识客观世界的本质及其内在规律，而技术科学的目的则在于改造客观世界以达到人们的预定要求。

1.4.1 电路理论的基本概念与基本定律

电路理论研究电路中发生的电磁现象，并用电流、电荷、电压、磁通等物理量描述其中的过程。电路理论主要用于计算电路中各器件的端子电流和端子间的电压，一般不涉及内部发生的物理过程。实际电路的电路模型是由理想电路元件相互连接而成的，理想电路元件就是将实际电路元件理想化，在一定条件下突出其主要的电磁性质，而忽略其次要因素。由一些理想电路元件所组成的电路，就是实际电路的电路模型。理想电路元件（如电阻元件、电感元件、电容元件和电源元件等）分别由相应的参数来表征，用规定的图形符号来表示。

1．电路的基本物理量及其正方向

要分析电路，首先要讨论电路的几个基本物理量。电流、电压和电动势这几个物理量都已在物理课中学习过。电路理论中非常重视它们的正方向。正方向是电气工程中常用的一种分析方法，也是初学者不好理解的新概念。在以后电路、电机学课程中都要经常用到正方向，所以要反复巩固，才能深入理解。

在分析与计算电路时，通常这样规定电流、电压和电动势的方向：电流的方向规定为正电荷运动的方向或负电荷运动的相反方向；电压的方向规定为由高电位端指向低电位端，即为电位降低的方向；电源电动势的方向规定为在电源内部内低电位端指向高电位端，即为电位升高的方向；上述规定的方向，通常作为它们的实际方向。

电路中电流和电压的方向是客观存在的，但在分析较为复杂的电路时，往往难于事先判断某支路中电流和电压的实际方向；对交流而言，其方向随时间而变，在电路图上也无法用一个箭头来表示它们的实际方向。为此，在分析与计算电路时，常可任意选定某一方向作为电流或电压的正方向，或称为参考方向。所选的正方向不一定与实际方向一致。当所选的正方向与电流或电压的实际方向一致时，则电流或电压为正值；反之，则为负值。因此，在正方向选定之后，电流或电压之值才有正、负之分。

2. 欧姆定律

欧姆定律在中学物理课中早就学过，它是电路的基本定律之一，但在电路理论中处理这个定律时并不是简单重复过去所讲的内容，而是通过它进一步加深对电压、电流正方向的理解。要注意两点：第一，应用欧姆定律列式子时，首先要在电路图上标出电流、电压或电动势的正方向，当电压和电流的正方向选得相反时，表达式须带负号；第二，在正方向选定之后，电压和电流本身有正值或负值。所以这里有两套正、负号，如图 1-21 与图 1-22 所示。

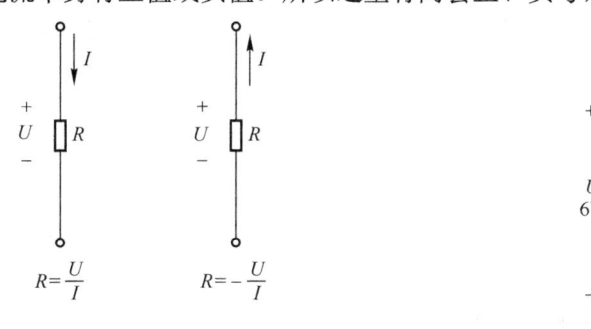

图 1-21　欧姆定律

图 1-22　电压与电流的正方向

3. 基尔霍夫定律

1）基尔霍夫电流定律。$\sum I=0$ 反映了各支路电流流入或流出电路中任一结点的代数和为零，说明了电流的连续性。即在任何一个无限小的时间间隔内，流入结点的电荷必然等于流出的电荷，在结点上不能聚集电荷。

2）基尔霍夫电压定律。$\sum U=0$ 反映了一个回路中各元件的电位升或电位降的代数和为零，其实质是电位单值性原理，即在任一瞬时，从回路中任意一点出发，沿回路绕行一周，电位升之和必然等于电位降之和，回到出发点时，该点的电位不会发生变化。

1.4.2 电磁场及电磁学的基本概念与基本定律

电磁场是广泛应用于技术与物理装置中传输与转换能量或信号的一种基本物理媒介。与电磁场有关的过程具有要求在时间和空间上对电磁场进行描述的特点。这就决定了建立电磁场理论方法的必要性。具体装置中电磁现象描述上的复杂性，迫使人们去寻求这些过程（随时间变化）的计算方法，而这些方法是与电路理论的发展相联系的。

在法拉第实验研究与分析的基础上，麦克斯韦于 1855 年把直观的物理现象用数学形式表达了出来，给出了电流和磁场之间的微分关系式。1861 年，麦克斯韦深入分析了变化磁场产生感应电动势的现象，独创性地提出了"分子涡旋"和"位移电流"两个著名假设。这两个假设对法拉第电磁学做出了实质性的增补。1864 年，麦克斯韦对以前有关电磁现象的理论进行了系统的概括和总结，提出了联系电荷、电流和电场、磁场的基本微分方程组。该方程组后来经 H. R. 赫兹、O. 亥维赛和 H. A. 洛伦兹等人整理和改写，成为经典电动力学的理论基础——麦克斯韦方程组。这一理论使得电、磁、光得到统一，被认为是 19 世纪科学史上最伟大的综合之一。1873 年，麦克斯韦经过对近百年电磁学研究成果的系统总结，出版了《电磁通论》。这一著作内容丰富、形式完备，体现出理论和实验的一致性，使他建立的电磁理论成为经典物理学的重要支柱之一。

由于电路理论能够简化电磁过程的计算，因而得到很大的发展。同时，这些简化过程的本身包含着一系列必须加以认识与评价的假设和推测，要认识和评价这些假设和推测，必须具有关于电磁现象基本物理定律及其推广的清楚知识。在电气工程学科中将深入学习电磁场分析与计算的数学方法。

1.4.3 电气工程及其自动化专业常用计算机软件简介

电气工程及其自动化专业是一个涉及电气设备与系统控制的领域，同时也要求能够应用计算机技术进行设计和分析。为了提高工作效率和质量，学生们需要掌握一系列的实用软件。

1. 电气设计软件

（1）AutoCAD Electrical

AutoCAD Electrical 是面向电气控制设计师的 AutoCAD 软件，专门用于创建和修改电气控制系统图档。该软件除包含 AutoCAD 的全部功能外，还增加了一系列用于自动完成电气控制工程设计任务的工具，如创建原理图、为导线编号、生成物料清单等。AutoCAD Electrical 提供了一个含有 650000 多个电气符号和元器件的数据库，具有实时错误检查功能，使电气设计团队与机械设计团队能够通过使用 Autodesk Inventor 软件创建的数字样机模型进行高效协作。AutoCAD Electrical 能够帮助电气控制工程师节省大量时间。

（2）Multisim 电子电路仿真设计软件

Multisim 是由美国国家仪器（NI）有限公司开发的仿真工具，专门面向板级的模拟/数字电路板设计工作。该软件支持电路原理图的图形输入和电路硬件描述语言的输入方式，具备丰富的仿真分析功能。Multisim 简化了 SPICE 仿真的复杂性，使得即使非专业人士也能快速进行电路的捕获、仿真和分析。这使得 Multisim 特别适合于电子学教育和初学者使用。

通过集成虚拟仪器技术和印制电路板（PCB）设计功能，Multisim 允许设计师完成从理论到原理图捕获与仿真，再到原型设计和测试的全方位设计流程。软件还提供了超过 17000 种的元器件库，并允许用户轻松编辑元器件的各种参数。此外，Multisim 还包括了丰富的测试仪器，如万用表、函数信号发生器、示波器和逻辑分析仪等，这些都可以直接在电路图中使用，并且具有与实际仪器相同的操作界面和响应。

（3）Altium Designer

Altium Designer 是一款由原 Protel 软件开发商 Altium 公司推出的全功能电子产品开发系统，主要运行于 Windows 操作系统。这款软件通过将原理图设计、电路仿真、PCB 绘制编辑、拓扑逻辑自动布线、信号完整性分析和设计输出等多种技术融合，为设计者提供了一种全新的设计解决方案，使设计工作更加高效和便捷。

此外，Altium Designer 还集成了现场可编程门阵列（FPGA）设计功能和可编程片上系统（SOPC）设计实现功能，允许工程设计人员将系统设计中的 FPGA 与 PCB 设计及嵌入式设计集成在一起，从而拓宽了板级设计的传统界面。

Altium Designer 提供了统一的设计环境和数据模型，从原理图输入到完成最终的设计文档和制造文件，支持从基本电路到复杂的多板系统等各类 PCB 项目的设计。它还提供了强大的设计复用工具、实时成本估算和跟踪、动态供应链智能、原生 3D（三维）可视化和间隙检查、灵活的发布管理工具等功能，以提高设计效率和质量。

Altium Designer 还支持协同设计功能和自动化协作工具，使设计人员能够通过 Altium 365 电子开发平台在不同的地点高效协作，优化资源配置，缩短设计时间，并降低错误、重新设计或高成本的风险。

2．自动化控制软件

（1）MATLAB/Simulink

MATLAB/Simulink 是一套强大的数学计算软件和模型设计工具，被广泛应用于电气工程及其自动化领域。该软件提供了丰富的工具箱，使得工程师能够进行系统建模、仿真和控制算法的设计与验证。同时，MATLAB/Simulink 还具备友好的用户界面和数据可视化功能，便于工程师进行实时数据监测和分析。

Simulink 是一个非线性动态系统仿真工具箱，由大量的积木式模块组成，采用交互式图形输入，可用于以这些模块为基本单元的控制系统仿真。MATLAB 广泛应用于电气工程领域，也可用于控制系统和信号处理。因此，在学习电气工程及其自动化课程时，最好要掌握 MATLAB 软件的使用方法。图 1-23 是 MATLAB 软件封面。

图 1-23　MATLAB 软件封面

（2）PLC 编程软件

PLC 编程软件是用于编写 PLC 程序的工具，能够将控制逻辑转换为可执行的指令，实现对工业设备的精确控制。常见的 PLC 编程软件包括西门子（Siemens）的 STEP 7、罗克韦尔自动化（Rockwell Automation）的 RSLogix 5000 等。

在工业自动化系统中，可编程逻辑控制器（PLC）起着至关重要的作用。PLC 编程软件是一种用于编写和调试 PLC 程序的工具。以下是几款常见的 PLC 编程软件及其特点。

1）西门子 TIA Portal：这是西门子工业自动化集团推出的一款全集成自动化软件。它提供了统一的技术工程组态和软件项目环境，适合各种自动化任务的开发和调试。用户可以通过这个平台快速、直观地创建和测试自动化系统。

2）西门子 STEP 7：也称为 STEP 7 Micro/WIN，是西门子推出的经典编程软件。它主要与西门子的 S7-300/400 系列 PLC 兼容，适用于西门子较旧的 PLC 设备。STEP 7 提供了一系列的功能，包括硬件配置和参数设置、通信组态、编程、测试、启动和维护、文件建档以及运行和诊断等。

3）三菱 GX Works：这是一款专为三菱 PLC 设计的编程软件。它可以支持梯形图、指令表、功能块图（FBD）、顺序功能图（SFC）等多种编程语言。此外，GX Works 还包含了网络参数设定的功能，允许在线修改和远程读取 PLC 程序，增加了程序的可维护性。

3. 电力系统分析软件

（1）EMTP

EMTP 是用于电力系统电磁暂态分析的仿真软件。EMTP 是 Electro-Magnetic Transient Program（电磁暂态程序）的首字母缩写。为了对高压直流输电系统仿真，程序中增加了模拟二极管和晶闸管等开关器件的功能。同时，现已有多种基于 EMTP 算法的仿真软件用于个人计算机，如 MicroTran、ATP、PSCAD/EMTDC 等。所有版本的程序都具有 BPA（美国邦纳维尔电力局，Bonneville Power Administration）的 EMTP 原版的大部分功能，而新版本都有非常方便的用户界面。

EMTP 基于梯形积分规则，用伴随模型作为动态元件，用结点法建立方程，用稀疏矩阵和 LU 因式分解法来解代数方程。积分步长由用户指定，并在整个仿真中保持不变。EMTP 中的开关表示为：当关断时为开路；接通时为短路，将两个相关联的结点合并为一个。EMTP 有一个称之为 TACS 和一个称之为 MODEL 的模块对控制器仿真。

EMTP 是电力系统中高电压等级的电力网络和电力电子仿真应用最广泛的程序，侧重的是系统级的运行情况而不是个别开关的细节。它包含用于变压器相传输线的模型，这些模型是通过现场测试证实的；它也适用于各种电机的模型。二极管、晶闸管和开关模型的通用性，再加上易于应用的控制器，使得 EMTP 成为这方面应用的强大工具。

（2）PSS/E

电力系统仿真软件 PSS/E（Power System Simulator for Engineering）是由美国电力技术公司（Power Technologies Inc.，PTI）开发的商业软件，主要用于电力系统仿真和计算。PSS/E 是一个集成化的交互式的软件，以潮流计算为核心，将稳定、短路电流分析等功能集成在一个软件包内，支持多种输出设备。该软件可以进行潮流计算的优化，并且可以进行故障分析计算和保护配置计算等，为电力工程师提供了强大的电力系统分析工具。

4. 有限元分析软件

（1）ANSYS

ANSYS 软件是美国 ANSYS 公司研制的大型通用有限元分析（FEA）软件，是世界范围内增长最快的计算机辅助工程（CAE）软件，能与多数计算机辅助设计（Computer Aided Design，CAD）软件接口，实现数据的共享和交换，如 Creo、NASTRAN、Algor、I-DEAS、

AutoCAD 等。ANSYS 是融结构、流体、电场、磁场、声场分析于一体的大型通用有限元分析软件，在电力工业、核工业、铁道、石油化工、航空航天、机械制造、能源、汽车交通、国防军工、电子、土木工程、造船、生物医学、轻工、地矿、水利、日用家电等领域有着广泛的应用。ANSYS 功能强大，操作简单方便，已成为国际最流行的有限元分析软件。

ANSYS 有限元软件包是一个多用途的有限元法计算机设计程序，可以用来求解结构、流体、电力、电磁场及碰撞等问题。软件主要包括三个部分：前处理模块、分析计算模块和后处理模块。前处理模块提供了一个强大的实体建模及网格划分工具，用户可以方便地构造有限元模型；分析计算模块包括结构分析（可进行线性分析、非线性分析和高度非线性分析）、流体动力学分析、电磁场分析、声场分析、压电分析以及多物理场的耦合分析，可模拟多种物理介质的相互作用，具有灵敏度分析及优化分析能力；后处理模块可将计算结果以彩色等值线、梯度、矢量、粒子流迹、立体切片、透明及半透明（可看到结构内部）等图形方式显示出来，也可将计算结果以图表、曲线形式显示或输出。

（2）COMSOL Multiphysics

作为业界领先的多物理场仿真平台，COMSOL Multiphysics 提供了仿真单一物理场以及灵活耦合多个物理场的功能，供工程师和科研人员来精确分析各个工程领域的设备、工艺和流程。软件内置的模型开发器包含完整的建模工作流程，可实现从几何建模、材料参数和物理场设置，到求解模型以及结果处理的所有仿真步骤。

COMSOL 软件内置的 APP 二次开发器支持在已有仿真模型的基础上，进一步定制开发用户界面，将其转换成直观易用的仿真 APP，分享给合作者使用。模型管理器可对仿真模型进行版本管理，节省仿真数据的存储空间，实现更便捷、高效的数据管理。

COMSOL 产品库中丰富的附加模块均可与 COMSOL Multiphysics 灵活地组合使用，正因为此，软件可以在同一个用户界面内，提供适用于不同工程领域的专业解决方案。图 1-24 是 COMSOL 软件界面及各模块示意图。

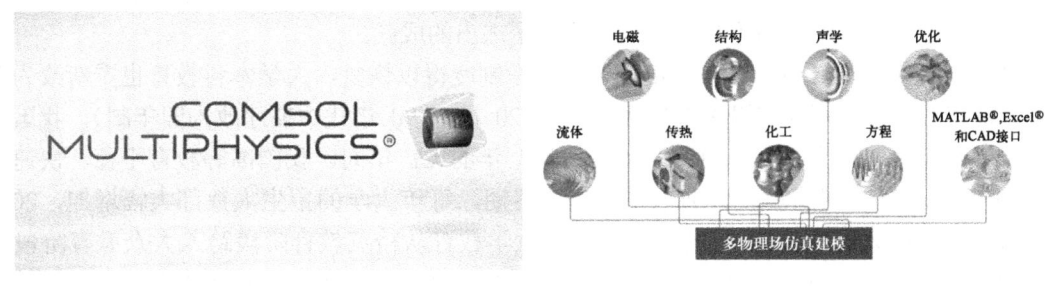

a) COMSOL软件封面　　　　　　　　b) COMSOL软件各模块示意图

图 1-24　COMSOL 软件

以上介绍的软件只是电气工程及其自动化专业中使用的一小部分，实际上还存在许多其他专业化的软件。这些软件的应用不仅提高了电气工程师的工作效率，同时也保证了工程质量和安全性。电气工程及其自动化专业的学生和从业人员应该熟练掌握这些软件的使用，以提升自身竞争力。

1.5 本科生培养目标及就业领域

1.5.1 人才培养模式的发展历程

1. 电气工程专业人才培养口径和学制的演变

1908 年我国高等学校最早设立电机专修科时，实行的是三年制，1917 年开始改为四年制。从那时起到 1949 年，我国大学各专业的人才培养规格主要是以西方为蓝本，其中较多采用了美国的做法。

1949 年以后的一段时间，以美国为首的西方国家对我国严加封锁，我国的高等教育自然也受到了影响。这一时期，我国大学从专业设置到培养模式，主要都是向苏联学习。这时期高等工程教育的鲜明特点之一是强调大学工程教育和国民经济的结合，大学的工程类专业基本上都是按照行业，甚至是按照产品来设置的。就电气工程而言，1952 年设置了工业企业电气化专业。1953 年设置了电气绝缘与电缆技术专业，电机工程专业也分为电机、电器两个专业方向。另外，发电厂专业、输配电专业也是在这一时期产生的。1956 年又新设置了高电压技术专业，而把发电厂和输配电两个专业合并为发电厂电力网及电力系统专业，这种格局一直延续到 1966 年。

就大学的学制而言，由于专业分得很细，专业课设置也较多，四年制本科教育的学制就显得难以满足要求。因此从 1954 年入学的新生起，开始改为五年制本科教育，这种五年制的本科教学体系一直延续到1965 年，清华大学甚至采用六年本科教育的体制。

就五年制大学本科而言，大体上是大学一、二年级学习基础课程，三年级学习专业基础课程，四年级和五年级上学期学习专业课程，最后一学期进行毕业设计。

从 1966 年开始，我国中断了高考制度，大学也停止了招生。1972 年开始招收工农兵学员，免试推荐入学，大学也改为三年制。这一制度延续到 1976 年，前后共招收了 5 届工农兵大学生。这 5 届学生中的不少人后来也取得了杰出的成就。

从 1977 年开始，中断达 11 年之久的高考制度得以恢复，大学本科教育也重新改为四年制（清华大学等个别高校沿用五年制，直到 20 世纪 90 年代中期才改为四年制），我国高等教育迎来了第二个春天。从 1977 年到 1998 年的 21 年间，我国高等教育平稳、快速发展。1999 年后，我国高等教育迎来了高速发展期，每年大学的招生人数都大幅增加，2003 年，大学新生毛入学率已突破 15%，使我国大学教育从精英教育阶段跨入大众教育阶段。2018 年，大学新生毛入学率达到 48.1%，与此同时，电气工程专业的高等教育也得到了很快发展。

2. 电气工程专业人才培养模式的演变规律

电气工程专业设立近一个多世纪以来，特别是近几十年来，人才培养模式的演变规律可以概括为以下几点：

1）人才培养模式经历了"博—专—博"的演变过程。20 世纪 50 年代以前，培养模式接近美国的"通才教育"，要求学生有扎实的基础和较宽的知识面，而专业课的设置则相对较少。20 世纪 50 年代以后，由于我国实行计划经济，国民经济行业的分工越来越细，电气工程领域专业的设置也越分越细，要求学生学的专业课程也越来越多。应该说这种培养模式和当时的国民经济发展需要大体是适应的,也促进了国民经济的发展。改革开放以来,人们逐渐认识到,在大学里所学习的知识不可能享用一生,大学主要还是打好基础。因此,高等工程教育应更重视基础和拓宽专业面。同时,对授课时数也严加限制。在专业设置上,把原电工类中的多个专业合为一个口径较宽的专业,这样原先的专业课大多变为了选修课。与此同时,考虑到电气工程专业的实践性很强,对教学实践环节应该十分重视。教改的另一个趋势是重视专业间的交叉、融合,强调复合型人才的培养。电气工程专业的学生还要学习更多的自动化技术、信息科学、计算机科学方面的知识,也要学习经济管理乃至人文科学的知识。

2)电机工程专业由最初的三年制、四年制、五年制甚至六年制,逐归到四年制,经历了"短—长—短"的演变过程。

3)研究生教育所占的地位日益重要。1977年以前,虽然也有研究生教育,但人数极少,几乎可忽略不计。因此,一般人都认为,大学本科教育就是最终的高等教育。近二十多年来,我国研究生教育迅猛发展。目前研究生办学规模已远远超过1966年前的本科招生规模,甚至大幅超过了1977年恢复高考前几年的本科招生规模。例如,1961—1965年,大学本科招生规模保持在每年13万~14万人(1962年仅招收7万人),1977年恢复高考头几年的大学本科招生规模大约在30万人。而到2005年我国招收硕士研究生的规模已突破31万人,近年来每年招收博士研究生的人数也达到了数万人。至2024年,硕士研究生招收规模已达到130.17万人,博士研究生招收超过15万人。大学本科教育不再是高等教育的最终阶段,许多大学生,特别是一流大学的本科生,毕业后还有许多人要进入研究生学习阶段。这样,本科阶段就有条件打好基础,拓宽知识面,而把更多的专业知识留待研究生阶段再继续学习。

1.5.2 培养目标与定位

在2012年新的高等学校本科专业目录颁布后,教育部高教司立即组织编写并出版了《普通高等学校本科专业目录和专业介绍》一书,书中对"电气工程及其自动化"专业的培养目标和培养要求做了明确的介绍,摘录如下。

培养目标:电气工程主要是研究电能的生产、传输、转换、控制、储存和利用的学科。本专业隶属于电气类,培养具备电气工程领域相关的基础理论、专业技术和实践能力,能在电气工程领域的装备制造、系统运行、技术开发等部门从事设计、研发、运行等工作的复合型工程技术人才。

培养要求:本专业学生主要学习电路、电磁场、电子技术、计算机技术、信号分析与处理、电机学和自动控制等方面的基础理论、专业知识和专业技能。本专业的主要特点是强弱电相结合、软件与硬件相结合、元件与系统相结合。本专业学生接受电工、电子、信息、控制及计算机技术方面的基本训练,掌握解决电气工程领域中的装备设计与制造、系统分析与运行及控制问题的基本能力。学校可根据情况设置专业方向,如电力系统及其自动化、电机及其控制、高电压技术、电力电子技术等。

毕业生应获得以下几方面的知识和能力:

1)掌握较扎实的高等数学和大学物理等自然科学基础知识,具有较好的人文社会科学和管理科学基础,具有外语运用能力。

2）系统地掌握电气工程学科的基础理论和基础知识，主要包括电工理论、电子技术、信息处理、控制理论、计算机软硬件基本原理与应用等。

3）掌握电气工程相关的系统分析方法、设计方法和实验技术。

4）获得较好的工程实践训练，具有较熟练的计算机应用能力。

5）具有本专业领域内 1~2 个专业方向的知识与技能，了解本专业学科前沿的发展趋势。

6）具有较强的工作适应能力，具备一定的科学研究、技术开发和组织管理的实际工作能力。

1.5.3 素质和能力教育

现代大学教育把对学生的培养分为传授知识、培养能力和提高素质三个层次。传授知识主要通过课程设置和授课来实现，它最为具体，对其把握也相对容易、清晰。而培养能力和提高素质就不是仅仅通过课程可以体现的。毫无疑问，知识的积累有助于增强能力、提高素质。但能力和素质绝不是简单地和知识成正比。能力的培养、素质的提高更多地依赖于人才培养的综合环境。例如学校的学习氛围和教学氛围，学校的自然环境和人文环境，教师的敬业精神、学术水平、授课水平，教学实践条件等都和学生的能力培养和素质提高有很大的关系。另外，学生入学时的基础条件差别很大。因此，不同的学校间在培养能力和提高素质方面的差距是十分明显的，即使是同一所学校，不同专业培养出来的人才也是有差别的。

在我国，提出强调"素质教育"的时间并不长，因此，要真正抓好素质教育还有很长的路要走，而且素质教育也并不仅是高等教育的事，高中、初中、小学、幼儿园乃至家庭教育都应该更加强调素质教育。

就能力而言，我国早在 20 世纪 50 年代的高等教育中，就开始非常注重能力的培养。对于不同的培养模式和培养目标，对能力的要求也是有一定差别的。我国电气工程专业的大学本科教育可分为科学技术型（研究型）和工程技术型（应用型）两种模式。对科学技术型而言，能力的要求主要体现在对基础理论的掌握和分析上，要求学生具有解决实际问题的能力。大学本科要求这部分学生掌握更为扎实的数理基础、电工电子和计算机知识基础，更多的专业知识学习主要放在研究生阶段。研究生阶段更侧重于科学研究能力的提升。对于工程技术型大学的学生而言，培养实践能力则显得尤为重要，因为这部分学生毕业后即面临就业的压力，其工作岗位要求具有更强的实践能力。目前的毕业生在这方面还是有欠缺的。

1.5.4 师资队伍结构

师资队伍的学历学位结构是师资水平的重要标志之一。在发达国家，电气工程专业的大学教师通常拥有博士学位。在我国，大规模开展研究生教育的历史相对较短，因此教师的学位水平普遍偏低。根据当前情况，在拥有博士学位授予权的学校，电气工程专业教师中具有博士学位者的比例一般较高，理想状态下应达到 80%以上。而不具备博士学位授予权的高校中，教师大多拥有硕士学位，其中具有硕士学位者应达到 80%以上，具有博士学位者通常少于 50%。新办院校教师博士、硕士占比可能更低。这些数据反映了对师资水平的预期目标,实际情况可能因学校类型和地区有所差异。2018 年发布的电气类专业教学质量国家标准对师资队伍数量和结构要求为:专任教师数量和结构满足本专业教学需要,专业生师比不高于 28∶1。对于新开办专业,至少有 10 名教师,在 240 名学生基础上,每增加 25 名学生,需增加 1 名教师。专任教师中具有硕士学位、博士学位的比例不低于 50%。专任教师中具有高级职称教师专任教师的比例不低于 30%,年龄在 55 岁以下的教授和 45 岁以下的副教授分别占教授总数和副教授总数的比例原则上不低于 50%,中青年教师为教师队伍的主体。但实际上,部分学校离这一基本的要求还有差距。近年来,绝大多数大学已要求新任教师具有博士学位,至少也要有硕士学位。因此,随着时间的推移,教师的学历学位结构必将大幅度改善。

不少研究型大学都存在重科研、轻教学的倾向,要求教师要有较强的科研能力,要发表高水平的学术论文,否则难以晋升。近几年,随着"双一流"和"六卓越一拔尖"的建设,国家十分强调本科教学的重要性,使得大部分高校过分重科研、轻教学的现象得以扭转,本科教学受到重视。

电气工程及其自动化专业是工程性、实践性很强的专业,因此要求教师最好有一定的工程背景。有些发达国家要求大学工科教授要有在公司里工作过的经历,而我国一般无此要求。近年来,本科→硕士→博士→大学任教的青年教师比例大增,缺乏工程背景的教师讲授工程课程有明显的弱点。弥补办法之一是,教师在任教后,多参加科研和工程实践,在工程实践中不断地锻炼自己,提高自身的工程实践能力。

1.5.5 专业规模

自 1998 年新的专业目录公布以来,全国设置电气工程专业的大学数量从 1999 年的 123 所增加到 2004 年底的 239 所,目前有近 600 所大学设有电气工程专业。表 1-7 给出了近年来我国设置电气工程专业的高等学校数量的变化情况。需要指出的是,表中所列的 1994 年设置电气工程专业的大学数量,仅包括了设置电机电器及其控制、电力系统及其自动化、高电压与绝缘技术、电气技术专业中至少一个专业的大学,而不包括只设置工业自动化专业的大学。当年,仅设置工业自动化专业的大学就有 155 所。其他各年设置电气工程专业的大学数量,既包括设置电气工程及其自动化的大学,也包括设置电气工程与自动化专业的大学。之所以这样统计,是为了便于比较。1998 年专业目录调整后,虽然又经历了 2012 年和 2020 年的专业目录调整,电气工程及其自动化专业名称没有变化。

表 1-7 近年来我国设置电气工程专业的高等学校数量的变化情况

年份(年)	1994	1999	2004	2013	2018	2024
大学数量(所)	90	123	239	300	444	579

电气类专业除电气工程专业外,还有特设专业,至 2024 年电气类特设专业高等学校数量见表 1-8。这些电气类特设专业的学科基础课,甚至专业课程都与电气工程专业类似。

表 1-8 至 2024 年电气类特设专业高等学校数量

专业名称	智能电网信息工程	光源与照明	电气工程与智能控制	电缆工程	电机电器智能化
大学数量(所)	40	4	42	1	3

应该指出的是，在 20 世纪 80 年代以前，国家对大学毕业生的就业按照指令性计划进行分配。从 20 世纪 80 年代末到 90 年代，我国对大学毕业生的就业逐步由计划分配过渡到按市场原则双向选择。因此，大学专业的设置必须适应市场的需要才能生存和发展。设置电气工程专业的大学数量不断增加，在很大程度上反映了随着改革开放的不断深入，市场对电气工程专业毕业生的需求越来越旺盛。

1.5.6　就业方向

电气工程专业对广大考生有很强的吸引力，属于热门专业之一，多数高校的电气工程专业高考录取分数段相对都比较高，甚至排在第一位或者前三位。电气工程专业适应范围非常广，小到一个家庭，大到整个社会，每个行业都离不开电气工程专业的知识，专业就业率比较高。电气工程专业的招生分数段和就业率在网上的专业排名始终是很高的，通常都能位居前 5 名。

与本专业完全对口的行业主要有两个，一个是电力系统行业，另一个是电气装备制造行业。对电力系统行业而言，就业的主要去向是电力运行企业，如电网公司、发电公司、供电公司（局）、电力工程公司（局）等；对电气装备制造行业而言，就业的主要去向是电控设备、开关断路器、电机变压器以及电力电子设备（如整流器、逆变器、无功补偿器和变频器等）及其他制造电气设备的工厂和公司。

另外，由于几乎所有的行业（如冶金、石油化工、汽车、铁道、通信、航空航天、国防、机械等）都离不开电力，这些行业也需要电气工程专业的应用人才。以机械设备制造行业为例，不但作为其产品的机械设备有电控部分，企业的生产装备也离不开供电和电气部分，因此，在这些企业从事与电气有关的技术工作是专业对口的，其他行业也大体如此。由于我国以特高压、智能电网为特征的电力系统的飞速发展，以及新能源、智能制造等领域的发展与需求，带动了电气工程的整体发展，社会对电气工程人才的需求很大，因此，近十几年来电气专业毕业生的就业情况一直是很好的。

计划经济时期，我国大学生毕业后的就业方式是指导性的按计划分配方式，现在已经是市场经济方式。毕业生和需求方双向选择，毕业生有更多的择业自由。不少人考虑到个人爱好、工作待遇、就业地域、就业环境等因素，不是把专业对口放在十分重要的地位。因此，就业行业的多样化，已成为现在毕业生就业的一个鲜明特点。一般来说，冷门专业的毕业生在就业时向热门行业的流动要多一些，但是热门专业毕业生在冷门行业就业的也有不少。一个专业的毕业生在就业时若有大部分毕业生专业对口，具有较高的就业率，就可以认为这个专业的就业率形势很好。

近几年，互联网、人工智能等信息产业的发展十分迅猛，对人才的需求量也很大。尽管这里面有过一些泡沫成分，其就业形势也出现过一些波动，但总体来说，信息产业对人才的需求还是呈持续上升的趋势。由于电气工程专业和电子信息类（弱电）专业的基础十分接近，因此电气工程专业的毕业生在就业时选择信息产业的例子也不在少数。这种情况一方面说明信息产业对电气工程专业毕业生有较强的吸引力，另一方面也说明电气工程专业毕业生有较强的适应性。

思 考 题

1-1 2012年教育部修订专业目录后,电气工程一级学科下包含哪几个二级学科?
1-2 与"现代五大工程"的其他工程相比,电气工程的突出特点是什么?
1-3 电气科学与电气工程的发展史给你哪些启发?
1-4 为什么在19世纪后半叶开始设立电气工程专业?
1-5 简述电气工程及其自动化专业的发展前景。
1-6 电气工程科学的基础理论包括哪些?
1-7 你认为有哪些计算机软件可以用于电气工程专业的学习?
1-8 简述电气工程及其自动化专业人才培养目标。
1-9 电气工程及其自动化专业的毕业生应获得哪几方面的知识和能力?
1-10 现今电气类专业除电气工程及其自动化专业外还有哪些特设专业?

第2章　电力系统及其自动化技术

电能是一种被极其广泛应用的二次能源。电能可以方便地转换成机械能、光能等其他形式的能量供人们使用。电能已成为工业、农业、交通运输、国防科技及人民生活等各方面不可缺少的能源。

一次能源是指自然界存在的，可直接提供光、热、动力等的能源，包括植物能源（柴草等）、矿物能源（煤、油、天然气等）、可再生能源（水、风、潮汐、地热、太阳能等）及核能（核裂变、核聚变）。二次能源是指由一种或多种一次能源经过转换或加工得到的能源产品，二次能源更具优越性，其利用效率高、清洁、方便。

2.1　电力系统发展简史

电力系统是指由发、变、输、配、用电设备和相应的辅助系统，按规定的技术和经济要求组成的一个统一系统。其发展简史如下。

1800年，意大利人伏特发明伏打电池，如图1-5所示。

1820年，法国人安培建立安培定律，如图1-6所示。

1826年，德国物理学家欧姆发现了电阻中电流与电压的正比关系，即著名的欧姆定律，如图1-7所示。

1831年10月17日，英国物理学家法拉第首次发现电磁感应现象，并进而得到产生交流电的方法。1831年10月28日，法拉第发明了圆盘发电机，是人类创造出的第一台发电机，如图1-8所示。

1875年，巴黎北火车站发电厂建立，标志电真正进入商业应用，主要用于灯塔和街道照明。

第一个完整电力系统（直流系统）由爱迪生在纽约城历史上有名的皮埃尔大街站建成，1882年9月投入运行，由1台蒸汽机拖动直流发电机供电给半径约1.5km的圆面积内的59家客户，如图1-16所示。

1891年，第一条三相交流高压输电线路在德国运行，该线路包括1台230kV·A发电机、1台95V/15200V升压变压器、2台13800V/112V降压变压器。

1913年，全世界的年发电量达500亿kW·h，电力工业已作为一个独立的工业部门，进入人类的生产活动领域。

20世纪30、40年代，美国成为电力工业的先进国家，拥有20万kW的机组31台，容量为30万kW的中型火电厂9座。

1950年，全世界发电量增至9589亿kW·h，是1913年的19倍。

1950—1980 年，发电量增长 7.9 倍，平均年增长率为 7.6%，相当于每 10 年翻一番。

20 世纪 70 年代，电力工业进入以大机组、大电厂、超高压乃至特高压输电，形成以联合系统为特点的新时期。

1973 年，瑞士 BBC 公司制造的 130 万 kW 双轴发电机组在美国肯勃兰电厂投入运行。

1976 年，英国率先推行电力市场化改革。

1978 年，Distributed Generation（分布式发电）技术诞生。

1984 年，杨奇逊院士研制出中国第一台微机保护装置。

1986 年，美国电科院的 N.G.Hingorani 提出 FACTS（Flexible Alternative Current Transmission System，灵活交流输电）概念。

1990 年，美国的 A. Phadke 教授提出 PMU/WAMS 概念。

2003 年，美国能源部发布 Grid2030。

2005 年，中国提出要建设特高压（UHV）电网。

2005 年，美国电科院提出 Intelligrid（智能电网）。

2006 年，欧盟提出 Smart Grid（灵巧电网）。

2009 年，中国提出建设"坚强智能电网"。

2010—2023 年间，全球电力系统经历了显著变革，新能源技术成为重要发展方向。

2.1.1 电力工业概况

电力工业是指生产和销售电能的行业，主要任务是为社会提供能源，即向用户提供安全、可靠、方便、优质、经济的电能，是现代社会不可或缺的一种公用事业。

电力工业的发展必须优于其他工业部门的发展，其建设和发展速度必须适应国民经济总产值的增长速度。电力工业的主要生产环节如图 2-1 所示。

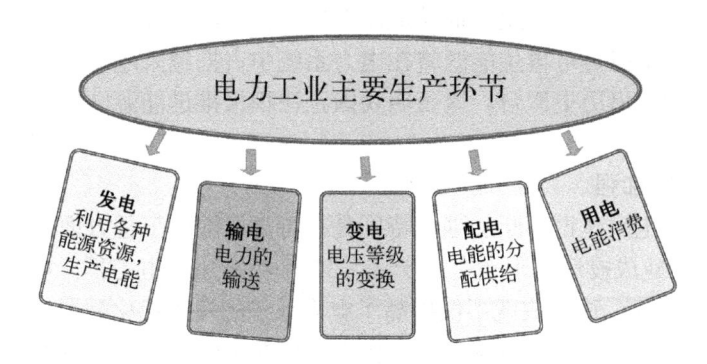

图 2-1 电力工业主要生产环节

电力工业还包括以下环节：规划、勘测设计、施工建设、运行调度、维护改造、安全监察、科研开发、设备制造、教育培训、法规标准、电力营销（电力市场）等。

2.1.2 中国电力系统的发展现状

我国电力工业自 1882 年在上海诞生以来，经历了艰难曲折、发展缓慢的 67 年，1949 年发电装机容量和发电量仅为 185 万 kW 和 43 亿 kW·h，分别居世界第 21 位和第 25 位。

1949 年以后，我国（大陆，下同）的电力工业得到了快速发展。1978 年发电装机容量达到 5712 万 kW，发电量达到 2566 亿 kW·h，分别跃居世界第 8 位和第 7 位。改革开放之后，电力工业体制不断改革，在实行多家办电、积极合理利用外资和多渠道资金，运用多种电价和鼓励竞争等有效政策的激励下，电力工业发展迅速，在发展规模、建设速度和技术水平上不断刷新纪录、跨上新的台阶，装机容量先后超过法国、英国、加拿大、德国、俄罗斯和日本，从 1996 年底开始一直稳居世界第 2 位。进入 21 世纪，我国的电力工业发展遇到了前所未有的机遇，呈现出快速发展的态势。

1. 电力建设快速发展

电力工业作为国民经济的基础能源产业和社会公用事业的重要组成部分，近年来得到了快速的发展。电力行业投资规模不断扩大，2021 年，全国主要电力企业合计完成投资 10786 亿元，比上年增长 5.9%。具体到电源工程建设，全国电源工程建设完成投资 5870 亿元，比上年增长 10.9%。这表明我国电力建设在投资规模上保持了稳定的增长态势。2010—2023 年我国发电装机容量的增长情况显著，其中风电和太阳能的装机容量增长尤为迅速。2023 年，风电装机容量约 4.4 亿 kW，同比增长 20.7%。这一增长表明风电作为一种清洁能源，在我国电力结构中的占比不断增加。2023 年，全国新增的发电装机容量达到了 3.7 亿 kW，其中并网太阳能发电新增装机容量为 2.2 亿 kW，占据了新增发电装机总容量的 58.5%。这一数据反映了太阳能发电在新增装机中的主导地位。

2. 电源结构多样化

电源建设重心继续向新能源和调节型电源转移，从结构上看，全国发电装机容量中火电和水电占比较大。但随着新能源的发展，风电、核电和太阳能发电等可再生能源的装机容量和发电量在总装机容量和总发电量中的占比逐渐增加。这表明我国电源结构正在向更加多元化和清洁化的方向发展。

我国电力系统的能源结构调整和低碳能源发展，旨在应对环境污染和资源瓶颈问题。未来，风能、太阳能、水能等可再生能源将在电力系统中占据越来越重要的地位，而煤炭、燃气等传统能源将逐步退出历史舞台。这表明我国正在积极推进能源结构的优化和升级，以实现可持续发展。

3. 电网建设不断加强

我国电力系统的电网建设不断加强，特别是在特高压输电工程方面取得了显著进展。截至 2022 年底，累计建成投运"十七交二十直" 37 个特高压输电工程，实现了"西电东送"输送能力超过 3 亿 kW。这一成就不仅提高了电力系统的资源优化配置能力，还提升了供电可靠性和效率。此外，我国电力系统的自动化水平也在不断提高，朝着稳定化、简单化、人性化、小型化、远程化、智能化的方向发展，逐步实现综合自动化。

4. 电力环保取得显著成绩

在环保方面，我国电力工业通过推进绿色转型和节能增效，取得了显著成效。电源结构由以煤为主向多元化、绿色化转变，到 2024 年 2 月底，我国非化石能源发电装机占总装机容量的比重进一步提升，达到了 54.6%，其中包括风电、太阳能发电和水电等多种形式。同时，通过提高煤电机组的发电效率和污染物排放控制，以及减少火电发电量中的二氧化碳排放，我国在减少温室气体排放和改善环境质量方面做出了积极贡献。此外，电力行业还通过市场优化配置资源的能力提升和全国碳市场建设，进一步推动了清洁能源的发展和减排目标

5. 电力供应保障能力稳步提升

我国已建成全球最大的清洁高效煤电供应体系,供电标准煤耗和全国线损率均达到世界先进水平。此外,跨区跨省输电通道加快推进,"西电东送"输送能力超过 3 亿 kW,供电可靠性保持高水平,全国用户平均供电可靠率从 2012 年的 99.858%上升至 2022 年的 99.896%。

6. 电力装备制造水平迈上新台阶

我国已经形成全球最大的清洁高效的煤电体系、最大的新能源发电体系、最大的特高压输电系统,充分展示了其机械制造行业的高能力和高水平。

2.1.3 中国电力系统的展望

未来 20 年,中国电力系统将向清洁、智能、高效、市场化方向发展,技术创新和政策支持将是关键驱动力。加快工业化、现代化进程对电力发展提出更高的要求。

1. 电力建设任务艰巨

资源条件制约发展。我国水能、煤炭较丰富,油、气资源不足,且分布很不均衡。水能资源居世界首位,但 3/4 以上的水能资源分布在西部。我国煤炭探明保有储量居世界第三位,人均储量为世界平均水平的 55%。我国天然气和石油人均储量仅为世界平均水平的 11%和 4.5%。风能和太阳能等新能源发电受技术因素限制,多为间歇性能源,短期内所占比重不可能太高,需要引导积极开发。

电力发展与资源、环境矛盾日益突出。电力生产高度依赖煤炭,大量开发和燃烧煤炭引发环境生态问题,包括地面沉陷、地下水系遭到破坏,酸雨危害的地理面积逐年扩大,温室气体和固体废料的大量排放等。火力发电需要耗用大量的淡水资源,而我国淡水资源短缺,人均占有量为世界平均水平的 1/4,且分布不均,其中华北和西北属严重缺水地区。同时,我国也是世界上水土流失、土地荒漠化和环境污染严重的国家之一。

经济增长方式需要转变。当前我国经济尚属于高投入、高消耗、高排放、不协调、难循环、低效率的粗放型增长模式。在持续、快速的经济增长背景下,经济增长方式中长期被 GDP 数字大幅上升掩盖的不足正逐渐显现,直接给经济运行带来隐忧。经济增长方式需要根本性转变,以保证国民经济可持续发展。

改革开放以来,通过科技进步和效率提高,我国产值单耗不断下降,单位产值电耗从 1980 年的 0.21kW·h 降至 2000 年的 0.151kW·h,下降了 0.059kW·h。2005—2018 年间,我国单位 GDP 电耗由 898kW·h/万元下降至 767kW·h/万元。2023 年全国单位 GDP 电耗为 731.73kW·h/万元。节能提效空间巨大。

电网安全要求不断提高。我国电网进入快速发展时期,大电网具有大规模输送能量、实现跨流域调节、减少备用容量、推迟新机组投产、降低电力工业整体成本、提高效率等优点。但随着目前电网进一步扩展,影响安全的因素增多,技术更加复杂,需要协调的问题更多,事故可能波及的范围更广,造成的损失可能会更大。8·14 美加电网事故造成大范围停电给全世界敲响了警钟,大电网的电力安全要求更高。

2. 电力发展需求强劲

经济增长率仍将持续走高。目前我国大部分地区仍处于工业化的阶段,重化工业产业发展迅速，全社会用电以工业为主，工业用电以重工业为主的格局还将持续一段时间。随着增长方式的逐步转变、结构调整力度加大、产业技术进步加快和劳动生产率逐步提高，第二产业单耗水平总体上将呈下降趋势。

从今后一个较长时期来看，一方面，随着工业化、城镇化进程以及人民生活水平的提高，我国电力消耗强度会有一个加大的过程，但另一方面通过结构调整，高附加值、低能耗的产业将加快发展，即使是高耗能行业，其电耗水平也应有较大下降。

用电负荷增长速度高于用电量增长。预计用电负荷增长速度高于电量增长，但考虑加强电力需求侧管理，负荷增长速度与电量增长速度的差距将逐步缩小。

3. 电力发展趋势特点鲜明

我国电力发展的基本方针是提高能源效率，保护生态环境，加强电网建设，大力开发水电，优化发展煤电，积极推进核电建设，适度发展天然气发电，鼓励新能源和可再生能源发电，带动装备工业发展，深化体制改革。在此方针的指导下，结合近期电力工业建设重点及目标，我国电力发展将呈现以下鲜明特点：

结构调整力度将会继续加大。将重点推进水电流域梯级综合开发，加快建设大型水电基地，因地制宜开发中小型水电站和发展抽水蓄能电站，使水电开发率有较大幅度提高。合理布局发展煤电，加快技术升级，节约资源，保护环境，节约用水，提高煤电技术水平和经济性。实现百万千瓦级压水堆核电工程设计、设备制造本土化、批量化的目标，全面掌握新一代百万千瓦级压水堆核电站工程设计和设备制造技术，积极推进高温气冷堆核电技术研究和应用。在电力负荷中心、环境要求严格、电价承受力强的地区，因地制宜建设适当规模的天然气电厂，提高天然气发电比重。在风力资源丰富的地区，开发较大规模的风力发电场；在大电网覆盖不到的边远地区，发展太阳能光伏电池发电；因地制宜发展地热发电、潮汐电站、生物质能（秸秆等）与沼气发电等；与垃圾处理相结合，在大中城市规划建设垃圾发电项目。

2.2 电力系统简介

2.2.1 电力系统的功能与作用

发电、变电、输电、配电、用电等设备称为电力主设备，也称为一次设备，由主设备构成的系统称为主系统，也称为一次系统；测量、监视、控制、继电保护、安全自动装置、通信，以及各种自动化系统等用于保证主系统安全、稳定、正常运行的设备称为二次设备，二次设备构成的系统称为辅助系统，也称为二次系统。

电力系统的基本任务是安全、可靠、优质、经济地生产、输送与分配电能，满足国民经济和人民生活需要。

为了发挥电力系统的功能和作用，应满足以下基本要求：

1) 满足用户需求（数量和质量要求）。电力系统应有充足的备用容量，能实现快速控制。出力不足时才考虑计划限电。事故紧急情况下可有选择地切除部分负荷，以保证交通、通信、保安系统、医院等重要负荷的供电和全系统的安全性。监测供电质量的指标主要是全网的频率和各供电点的电压。随着用户对供电质量要求的提高，现在还提出了电压和电流波形、三相不对称度和电压闪变等质量指标。

2）安全可靠性要求。一个安全可靠的系统应具有经受一定程度的干扰和事故的能力。即当出现预计的干扰或事故时，系统凭借本身的能力（合理的备用和网架结构）、继电保护装置和安全自动装置等的作用，以及运行人员的控制操作，仍能保持继续供电。但当事故严重到超出预计时，则可能使系统失去部分供电能力，这时应尽量避免事故扩大和大面积停电，尽快消除事故后果，恢复正常供电。

3）经济性要求。以最小发电（供电）成本或最小燃料消耗为目标的经济运行，进行并列发电机组间出力的合理分配。还需要考虑线损影响；对负荷变化进行相应的开、停机，以减少燃料消耗；水、火电混合系统中充分发挥水电能力，有效利用水资源，使发电成本最小等。

4）环保和生态要求。控制温室气体和有害物质的排放，控制冷却水的温度和速度，防止核辐射污染，减少输电线的高压电磁场、变压器噪声及其影响等。做到能源的可持续利用和发展，保护环境与生态。

2.2.2　现代电力系统的特点

电力系统技术上发展的特征可用"大机组、大电网、高电压"来描述，可靠性也已成为电力系统规划、设计、运行考虑的首要因素。20世纪60年代以来，以控制、通信和计算机技术的引入与广泛应用为标志，数字化、网络化、信息化、智能化技术日益提高了电力系统的自动化水平。以电力电子技术为基础，直流输电技术成为成熟技术，灵活交流输电技术也得到了重视和发展。以上这些构成了现代电力系统技术发展的新特征。现代电力系统的目标是更加可靠、更加有效、更加开放。

由于人类社会需求日益增长且不断变化、提高，随着世界经济、科技的发展，现代电力工业更注重能源开发与环境保护的协调，追求更高的电能质量标准，重视电源结构的优化配置，建设基于高新技术的现代能量管理系统，构建体现公平竞争和多元利益的电力市场。

洁净煤技术、水电开发、核电的发展将越来越得到重视。新能源的开发利用，特别是可再生能源的开发利用也是现代电力技术的发展趋势。

电力市场的引入，可以提高效率、降低成本，促进电力资产的合理利用与发展，并降低电价，使用户受益。引进市场竞争机制对电力行业的冲击，从管理上就面临着体制变革的要求，从行业垄断的纵向一体化管理，转向放松控制（Deregulation）、开放上网等更加灵活的横向协调的机制。厂网分开，独立经营，出现了独立发电人（Independent Power Producer，IPP）和独立电网管理中心（Independent System Operator，ISO）等新的独立实体。

分散发电系统（Decentralized Power System）及用户定制电力（Custom Power）等技术近来得到了越来越多的重视。

2.2.3　电力资源与负荷

1. 电力资源

中国电力资源与负荷分布呈逆向分布，电力资源主要分布在西部北部地区，而负荷则主要分布在东部地区，由此造成中国电力工业供电成本高昂、风电消纳困难、输电损耗严重、电力投资臃肿等窘况，对社会而言，造成一系列负外部性效应，其提高了社会用电成本，降低了能源利用效率，也加剧了大气污染程度。如何协调电力资源与负荷分布，实现电力资源的跨区域优化配置已经成为电力工业低碳化可持续发展的关键问题。

传统模式下电力资源的跨区域配置主要依赖一次能源运输的模式实现，远距离输电技术的发展在一定程度上缓解了传统能源运输通道的压力，丰富了电力资源跨区配置的形式。我国正致力建设跨区域输电通道，强化区域间电网架构，通过区域间的发电置换优化清洁能源的利用水平，缓解受端区域发电排污压力。

2. 负荷

负荷是指发电厂、供电地区或电网在某一时刻所承担的某一范围内耗电设备所消耗的电功率的总和（工作负载）。

负荷的分类如下。

（1）按照电能的产、供、销生产过程分类

1）发电负荷。发电负荷指电网或发电厂的实际出力（kW、MW）。

2）供电负荷。供电负荷=发电负荷-厂用电负荷+输入负荷-输出负荷（kW、MW）；或者供电负荷=用电负荷+线路损失负荷。

3）用电负荷。用电负荷指地区供电负荷减去线损功率后的负荷（kW或者MW）。

4）线路损失负荷。电能在从发电厂到用户的输配电过程中，不可避免发生一定量的损失，即线路损失，与这种损失相对应的电功率称为线路损失负荷。

5）厂用电负荷。发电厂在发电过程中自身要有许多常用电设备在运行，对应于这些用电设备所消耗的电功率，称为厂用电负荷。

（2）根据对供电可靠性的要求不同分类

1）一级负荷。符合下列情况之一时，应定为一级负荷：①中断供电将造成人身伤害；②中断供电将造成重大损失或重大影响；③中断供电将影响重要用电单位的正常工作，或造成人员密集的公共场所秩序严重混乱。特别重要场所不允许中断供电的负荷应定为一级负荷中的特别重要负荷。

2）二级负荷。符合下列情况之一时，应定为二级负荷：①中断供电将造成较大损失或较大影响；②中断供电将影响较重要用电单位的正常工作或造成人员密集的公共场所秩序混乱。

3）三级负荷。不属于一级和二级负荷的用电设备称为三级负荷。

（3）根据国际上用电负荷的通用分类原则分类

1）农、林、牧、渔、水利业。

2）工业。

3）地质普查和勘探业。

4）建筑业。

5）交通运输，邮电通信业。

6）商业，公共饮食业，物资供应和仓储业。

7）其他事业单位。

8）城乡居民生活用电。
（4）根据国民经济各个时期的政策和季节的要求分类
1）优先保证供电的重点负荷。
2）一般性供电的非重点负荷。
3）可以暂时限电或停电的负荷。

3．负荷曲线

（1）定义

所谓负荷曲线就是指负荷在某一段时间内随时间变化的曲线，如图 2-2 所示的日用电负荷曲线和如图 2-3 所示的年用电负荷曲线。

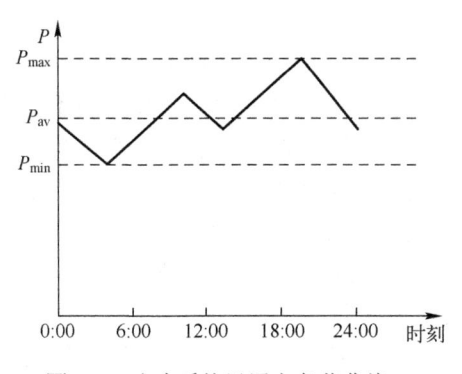

图 2-2　电力系统日用电负荷曲线 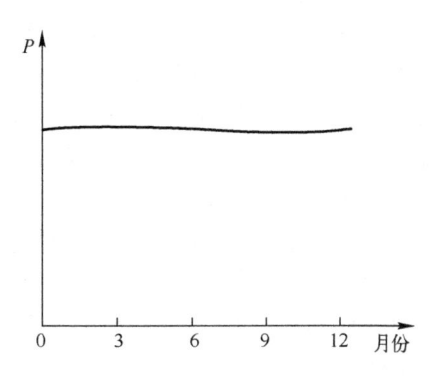　　　　图 2-3　电力系统年用电负荷曲线

（2）曲线用途

预测某一段时间内用户所需的电能，以及决定为满足峰值负荷要求必须有多大的装机容量，都必须研究负荷曲线。

（3）负荷率

负荷率是指在规定时间（日、月、年）内的平均负荷与最大负荷之比的百分数。

研究负荷率目的：衡量在规定时间内负荷变动的情况；考核电气设备利用的程度。

对日负荷曲线来说，可通过下式计算日负荷率：

$$K_L = \frac{P_{av}}{P_{max}} \times 100\% \tag{2-1}$$

式中，K_L 为日负荷率；P_{av} 为日平均负荷（kW）；P_{max} 为日最大负荷（kW）。

4．不同行业负荷特性介绍

（1）工业负荷特性

工业负荷是指用于工业生产的用电，一般工业负荷的比重在用电构成中居于首位，它不仅取决于工业用户的工作方式（包括设备利用情况、企业的工作班制等），而且与各行业的行业特点、季节变化和经济危机等因素都有紧密的联系，一般负荷是比较恒定的。

（2）商业负荷特性

商业负荷主要是指商业部门的照明、空调、动力等用电负荷，覆盖面积大，且用电增长平稳，商业负荷同样具有季节性波动的特性。虽然商业负荷在电力负荷中所占比重不及工业负荷和民用负荷，但商业负荷中的照明类负荷占用电力系统高峰时段。此外，商业部门由于商业行为在节假日会增加营业时间,从而成为节假日中影响电力负荷的重要因素之一。

(3) 农、林、牧、渔、水利业用电负荷特性

1) 受季节影响较大:春季和夏季排灌用电和水利业用电较多,在秋季以上两种用电会有所减少,但是农业用电(主要是场上作业)和农副产品加工用电增加,冬季这些用电会相对减少。

2) 受气候影响较大:在风调雨顺的年份,排灌用电和水利业用电减少。

(4) 城乡居民生活用电负荷特征

1) 主要是城乡居民的家用电器,在一日内变化大,具有年年增长的趋势。

2) 季节变化对居民用电负荷的影响大,还与居民的日常生活和工作的规律紧密相关。

5. 负荷计算及用电设备计算负荷的确定

进行供电系统设计时,首先遇到的是全单位要多大的供电量,即负荷大小问题。由于各种用电设备运行特性不同,其用电方式各有特点,一般各用电设备的最大负荷一般不会同时出现,甚至不同时工作。因此,精确地计算企业的用电负荷是非常困难的。若负荷统计过大,则所选导线截面及电气设备的额定容量就大,将造成投资和设备的浪费;若负荷统计过小,则所选导线截面及电气设备的额定容量就小,将造成导线及电气设备过热,使线路及各种电气设备的绝缘老化,寿命缩短,甚至无法正常工作。因此,负荷统计是重要的。通过负荷的统计计算求出的、用来按发热条件选择供电系统中各元器件的负荷值,称为计算负荷(Calculation Load)。根据计算负荷选择的电气设备和导线电缆,如果以计算负荷连续运行,其发热温度不会超过允许值。

由于导体通过电流达到稳定温升的时间需要 $(3\sim4)\tau$,τ 为发热时间常数。截面积在 16mm^2 及以上的导体,其 $\tau \geqslant 10\text{min}$,因此载流导体大约经 30min 后可达到稳定温升值。由此可见,计算负荷实际上与从负荷曲线上查得的 30min 最大负荷 P_{30}(即年最大负荷 $P_{\max}$)是基本相当的,所以计算负荷也可以认为就是 30min 最大负荷。

求计算负荷的这项工作称为负荷计算。负荷计算的意义在于能为合理地选择供电系统中的导线、开关电器、变压器等设备,使电气设备和材料既能得到充分利用又能满足电网的安全运行提供理论根据。另外,计算负荷也是选择仪表量程、整定继电保护的重要依据,并作为按发热条件选择导线、电缆和电气设备的依据。

求计算负荷时必须考虑用电设备的工作特征,其中工作制与负荷计算的关系较大,因为不同工作制下,导体的发热条件是不同的。

用电设备的工作制可以分为:

1) 连续工作制。连续工作制适用于工作时间较长(长到足以达到热平衡状态)、连续运行的用电设备,绝大多数设备属于此工作制,如通风机、空气压缩机、各种泵类、各种电炉、电解电镀设备、电动发电机组和照明等。

2) 短时工作制。短时工作制适用于工作时间很短(短于达到热平衡所需的时间)、停歇时间相当长(长到足以使设备温度冷却到周围介质的温度)的用电设备,如金属切削机床用的辅助机械(横梁升降、刀架快速移动装置等)、控制闸门用的电动机等,这类设备数量很少。求计算负荷一般不考虑短时工作制的设备。

3) 断续周期工作制。断续周期工作制适用于有周期性地时而工作、时而停歇、反复运行的用电设备,而每个工作周期不超过 10min,无论工作或停歇,都不足以使设备达到热平

衡，如起重机用电动机、电焊变压器等。

断续周期工作制的设备，可用"负荷持续率"（Duty Cycle，又称暂载率）来表示其工作特征。负荷持续率为一个工作周期内工作时间与工作周期的百分比值，用 ε 来表示，即

$$\varepsilon = \frac{t}{T} \times 100\% = \frac{t}{t+t_0} \times 100\% \tag{2-2}$$

式中，T 为工作周期；t 为工作周期内的工作时间；t_0 为工作周期内的停歇时间。

起重机电动机的标准暂载率有 15%、25%、40%、60% 共 4 种；电焊设备的标准暂载率有 50%、65%、75%、100% 共 4 种。

断续周期工作制设备的额定容量（铭牌功率）P_N，是对应于某一标称负荷持续率 ε_N 的。如果实际运行的负荷持续率 $\varepsilon \neq \varepsilon_N$，则实际容量 P_e 应按同一周期内等效发热条件进行换算。由于电流 I 通过电阻 R 的设备在时间 t 内产生的热量为 I^2Rt，因此在设备产生相同热量的条件下，$I \propto 1/\sqrt{\varepsilon}$，即设备容量与负荷持续率的二次方根值成反比。由此可知，如果设备在 ε_N 下的容量为 P_N，则换算到实际 ε 下的容量 P_e 为

$$P_e = P_N \sqrt{\frac{\varepsilon_N}{\varepsilon}} \tag{2-3}$$

（1）三相用电设备组计算负荷的确定

我国目前普遍采用的确定用电设备计算负荷的方法有需要系数法和二项式法。需要系数法是国际上普遍采用的确定计算负荷的方法，最为简便。二项式法的应用局限性较大，但在确定设备台数少而容量差别很大的分支干线的计算负荷时，较之需要系数法合理，且计算也较简便。本书只介绍这两种方法。

1）需要系数法。

① 基本公式。用电设备组的计算负荷，是指用电设备组从供电系统中取用的 30min 最大平均负荷 P_{30}。用电设备组的设备容量 P_e，是指用电设备组所有用电设备（不含备用设备）的额定容量之和，即 $P_e = \sum P_N$。而设备的额定容量 P_N，是设备在额定条件下的最大输出功率（出力）。但是用电设备组的设备实际上不一定都同时运行，运行的设备也不太可能都满负荷，同时设备本身和配电线路还有功率损耗，因此用电设备组的有功计算负荷（见图 2-4）应为

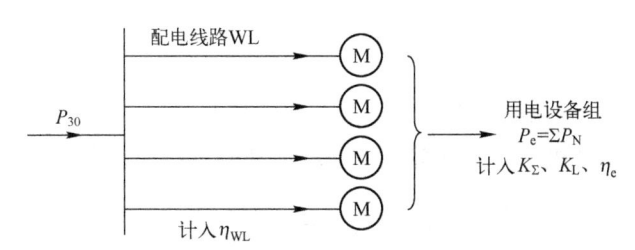

图 2-4 用电设备组的计算负荷说明

$$P_{30} = \frac{K_\Sigma K_L}{\eta_e \eta_{WL}} P_e \tag{2-4}$$

式中，K_Σ 为设备组的同时系数，即设备组在最大负荷时运行的设备容量与全部设备容量之

比；K_L 为设备组的负荷系数，即设备组在最大负荷时输出功率与运行的设备容量之比；η_e 为设备组的平均效率，即设备组在最大负荷输出功率与取用功率之比；η_{WL} 为配电线路的平均效率，即配电线路在最大负荷时的末端功率（即设备组取用功率）与首端功率（即计算负荷）之比。

令式（2-4）中的 $\dfrac{K_\Sigma K_L}{\eta_e \eta_{WL}} = K_d$，这里 K_d 称为需要系数（Demand Coefficient）。可知需要系数的定义式为

$$K_d = \frac{P_{30}}{P_e} \tag{2-5}$$

即用电设备组的需要系数，为用电设备组的 30min 最大负荷与其设备容量的比值。

由此可得，按需要系数法确定三相用电设备组有功计算负荷的基本公式为

$$P_{30} = K_d P_e \tag{2-6}$$

实际上，需要系数 K_d 不仅与用电设备组的工作性质、设备台数、设备效率和线路损耗等因素有关，而且与操作人员的技能和生产组织等多种因素有关，因此应尽可能地通过实测分析确定，使之尽量接近实际。

需要系数值与用电设备的类别和工作状态关系极大，因此在计算时，首先要正确判明用电设备的类别和工作状态，否则将造成错误。

求出有功计算负荷后，可按下式分别求出其余的计算负荷。

无功计算负荷为

$$Q_{30} = P_{30} \tan\varphi \tag{2-7}$$

式中，$\tan\varphi$ 为对应于用电设备组 $\cos\varphi$ 的正切值。

视在计算负荷为

$$S_{30} = \frac{P_{30}}{\cos\varphi} \tag{2-8}$$

式中，$\cos\varphi$ 为用电设备组的平均功率因数。

计算电流为

$$I_{30} = \frac{S_{30}}{\sqrt{3} U_N} \tag{2-9}$$

式中，U_N 为用电设备组的额定电压。

如果为一台三相电动机，则其计算电流应取为其额定电流，即

$$I_{30} = I_N = \frac{P_N}{U_N \eta \cos\varphi} \tag{2-10}$$

负荷计算中常用的单位：有功功率为千瓦（kW），无功功率为千乏（kvar），视在功率为千伏安（kV·A），电流为安（A），电压为千伏（kV）。

② 设备容量的计算。需要系数法基本公式 $P_{30} = K_d P_e$ 中的设备容量 P_e，不含备用设备的容量，而且要注意，此容量的计算与用电设备组的工作制有关。

a. 一般连续工作制和短时工作制的用电设备组：设备容量就是所有设备的铭牌额定

容量之和。

b. 断续周期工作制的用电设备组：设备容量是将所有设备在不同负荷持续率下的铭牌额定容量换算到一个规定的负荷持续率下的容量之和。

对于起重机电动机组，若负荷持续率 $\varepsilon \neq 25\%$，则应统一换算为 $\varepsilon = 25\%$ 时的设备容量，即

$$P_e = P_N \sqrt{\frac{\varepsilon_N}{\varepsilon_{25}}} = 2P_N \sqrt{\varepsilon_N} \tag{2-11}$$

式中，P_N 为起重机电动机的铭牌容量；ε_N 为与铭牌对应的负荷持续率；ε_{25} 为其值等于 25% 的负荷持续率（计算中用 0.25）。

对于电焊机组，若负荷持续率 $\varepsilon \neq 100\%$，则应统一换算为 $\varepsilon = 100\%$ 时的设备容量，即

$$P_e = P_N \sqrt{\frac{\varepsilon_N}{\varepsilon_{100}}} = P_N \sqrt{\varepsilon_N} \tag{2-12}$$

式中，P_N 为电焊机的铭牌容量；ε_N 为与铭牌对应的负荷持续率；ε_{100} 为其值等于 100% 的负荷持续率（计算中用 1）。

③ 多组用电设备计算负荷的确定。确定拥有多组用电设备的干线上或车间变电所低压母线上的计算负荷时，应考虑各组用电设备的最大负荷不同时出现的因素。因此在确定多组用电设备的计算负荷时，应结合具体情况对其有功负荷和无功负荷分别计入一个同时系数 $K_{\Sigma p}$ 和 $K_{\Sigma q}$。

对车间干线，取

$$K_{\Sigma p} = 0.85 \sim 0.95$$

$$K_{\Sigma q} = 0.90 \sim 0.97$$

对低压母线，分两种情况。

a. 由用电设备组计算负荷直接相加来计算时，取

$$K_{\Sigma p} = 0.80 \sim 0.90$$

$$K_{\Sigma q} = 0.85 \sim 0.95$$

b. 由车间干线计算负荷直接相加时，取

$$K_{\Sigma p} = 0.90 \sim 0.95$$

$$K_{\Sigma q} = 0.93 \sim 0.97$$

总的有功计算负荷为

$$P_{30} = K_{\Sigma p} \sum P_{30.i}$$

式中，$\sum P_{30.i}$ 为各组设备的有功计算负荷之和。

总的无功计算负荷为

$$Q_{30} = K_{\Sigma q} \sum Q_{30.i} \tag{2-13}$$

式中，$\sum Q_{30.i}$ 为各组设备的无功计算负荷之和。

总的视在计算负荷为

$$S_{30} = \sqrt{P_{30}^2 + Q_{30}^2} \quad (2-14)$$

总的计算电流为

$$I_{30} = \frac{S_{30}}{\sqrt{3}U_N} \quad (2-15)$$

注意：由于各组用电设备的功率因数不一定相同，因此总的视在计算负荷和计算电流一般不能用各组的视在计算负荷或计算电流之和来计算，总的视在计算负荷也不能按式（2-8）来计算。

2）二项式法。二项式法是考虑用电设备的数量和大容量用电设备对计算负荷影响的经验公式，一般应用在机械加工和热处理车间中用电设备数量较少和容量差别大的配电箱及车间支干线的负荷计算，弥补需要系数法的不足之处。但是，二项式系数过分突出最大用电设备容量的影响，其计算负荷往往较实际偏大。

① 对同一工作制的单组用电设备。

基本公式

$$\left. \begin{array}{l} P_{30} = bP_e + cP_x \\ Q_{30} = P_{30} \tan\varphi \\ S_{30} = \sqrt{P_{30}^2 + Q_{30}^2} \\ I_{30} = \dfrac{S_{30}}{\sqrt{3}U_N} \end{array} \right\} \quad (2-16)$$

式中，P_x 为该用电设备组中 x 台容量最大用电设备的额定容量之和；P_e 为该用电设备组的额定容量总和；b、c 为二项系数，随用电设备组类别而定（见表 2-1）；cP_x 为由 x 台容量最大用电设备所造成的使计算负荷大于平均负荷的一个附加负荷；bP_e 为该用电设备组的平均负荷。当用电设备的台数 n 等于最大容量用电设备的台数 x，且 $n = x \leqslant 3$ 时，一般将用电设备的额定容量总和作为计算负荷。

表 2-1 用电设备组的二项系数 b 及 c

用电设备组名称	b	c	x	$\cos\varphi$	$\tan\varphi$
小批生产金属冷加工机床	0.14	0.4	5	0.5	1.73
大批生产金属冷加工机床	0.14	0.5	5	0.5	1.73
大批生产金属热加工机床	0.26	0.5	5	0.65	1.17
通风机、泵、压缩机及电动发电机组	0.65	0.25	5	0.8	0.75
连续运输机械（联锁）	0.6	0.2	5	0.75	0.88
连续运输机械（不联锁）	0.4	0.4	5	0.75	0.88
锅炉房、机修、装配、机械车间的起重机（$\varepsilon = 25\%$）	0.06	0.2	3	0.5	1.73
铸工车间的起重机（$\varepsilon = 25\%$）	0.09	0.3	3	0.5	1.73
平炉车间的起重机（$\varepsilon = 25\%$）	0.11	0.3	5	0.5	1.73
轧钢车间及脱锭脱模的起重机（$\varepsilon = 25\%$）	0.18	0.3	3	0.5	1.73

(续)

用电设备组名称	b	c	x	$\cos\varphi$	$\tan\varphi$
自动装料的电阻炉（连续）	0.7	0.3	2	0.95	0.33
非自动装料的电阻炉（不连续）	0.5	0.5	1	0.95	0.33
实验室用的小型电热设备（电阻炉、干燥箱等）	0.7	0	—	1.0	0

② 对不同工作制的多组用电设备。

$$\left.\begin{aligned} P_{30} &= \sum(bP_e)_i + (cP_x)_{\max} \\ Q_{30} &= \sum(bP_e\tan\varphi)_i + (cP_x)_{\max}\tan\varphi_{\max} \\ S_{30} &= \sqrt{P_{30}^2 + Q_{30}^2} \\ I_{30} &= \frac{S_{30}}{\sqrt{3}U_N} \end{aligned}\right\} \quad (2-17)$$

式中，$(cP_x)_{\max}$ 为各用电设备组附加负荷 cP_x 中的最大值；$\sum(bP_e)_i$ 为各用电设备组平均负荷 bP_e 的总和；$\tan\varphi_{\max}$ 为与 $(cP_x)_{\max}$ 相对应的功率因数角正切值；$\tan\varphi$ 为各用电设备组相应的功率因数角正切值。

需要系数法是各国均普遍采用的确定计算负荷的基本方法，简单方便。二项式法的应用局限性较大，但在确定设备台数较少而容量悬殊的分支干线的计算负荷时，比需要系数法合理，且计算也简单。采用二项式法计算时，应注意将计算范围内的所有用电设备统一分组，不应逐级计算后再代数相加，并且计算的最后结果，不再乘以最大负荷同期系数。因为由二项式法求得的计算负荷是总平均负荷和最大一组附加负荷之和，它与需要系数法的各用电设备组 30min 最大平均负荷的概念不同。在需要系数法中，就要考虑乘以最大负荷同期系数。

（2）单相用电设备组计算负荷的确定

在供配电系统中，除了大量的三相设备，还应用有大量的单相设备。单相设备接在三相线路中，应尽可能均衡分配。在进行负荷计算时，如果三相线路中单相设备的总容量不超过三相设备总容量的 15%，则不论单相设备如何分配，单相设备可与三相设备综合按三相负荷平衡计算。如果单相设备总容量超过三相设备容量的 15%，则应将单相设备容量换算为等效三相设备容量，再与三相设备容量相加。

由于确定计算负荷的目的主要是选择线路上的设备和导线（包括电缆），使线路上的设备和导线在通过计算电流时不致过热或烧毁，因此在接有较多单相设备的三相线路中，不论单相设备接于相电压还是线电压，只要三相负荷不平衡，就应以最大负荷相有功负荷的 3 倍作为等效三相有功负荷。

2.2.4 电力系统的构成

按对象描述，由各级电压的电力线路将一些发电厂、变电所和电力用户联系起来，组成的统一整体称为电力系统（Power System）。

按过程描述，电力系统是由发电、输电、变电、配电和用电等设备和技术组成的，将一次能源转换成电能的统一系统。

图 2-5 是一个大型电力系统的简图。

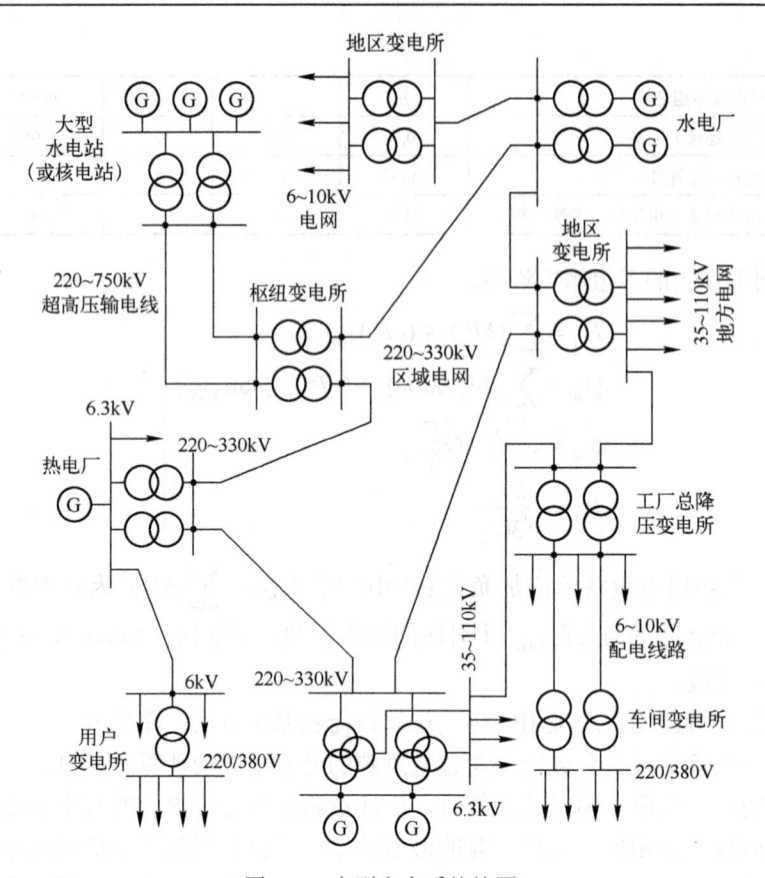

图 2-5　大型电力系统简图

2.2.5　电力系统设备

1. 概述

为了满足电力生产和保证电力系统运行的安全稳定性和经济性，发电厂和变电站中安装有各种电气设备，其主要任务是起停机组、调整负荷、切换设备和线路、监视主要设备的运行状态、发生异常故障时及时处理等。

（1）一次设备

通常把生产、变换、输送、分配和使用电能的设备，如发电机、变压器和断路器等称为一次设备，主要包括：

1）生产和转换电能的设备，如发电机、电动机、变压器等。

2）接通或断开电路的开关电器，如断路器、隔离开关、负荷开关、熔断器、接触器等。

3）限制故障电流和防御过电压的保护电器，如限制短路电流的电抗器和防御过电压的避雷器等。

4）载流导体，如裸导体、电缆等。

5）接地装置。电力系统中性点的工作接地、保护人身安全的保护接地，均同埋入地中的接地装置相连。

(2) 二次设备

对一次设备和系统的运行状态进行测量、控制、监视和保护的设备，称为二次设备，主要包括：

1) 测量表计，如电压表、电流表、功率表和电能表等，用于测量电路中的电气参数。

2) 继电保护及自动装置。这些装置能迅速反映系统不正常情况并进行监控和调节或作用于断路器跳闸，将故障切除。

3) 直流电源设备，包括直流发电机组、蓄电池组和晶闸管整流装置等，供给控制、保护用的直流电源和厂用直流负荷、事故照明用电等。

4) 操作电器、信号设备及控制电缆，如各种类型的操作把手、按钮等操作电器实现对电路的操作控制，信号设备给出信号或显示运行状态标志，控制电缆用于连接二次设备。

(3) 电气接线

在发电厂和变电站中，根据各种电气设备的作用及要求，按一定的方式用导体连接起来所形成的电路称为电气接线。

1) 电气主接线。由一次设备，如发电机、变压器、断路器等，按预期生产流程所连成的电路，称为一次电路，或称电气主接线。

2) 二次接线。由二次设备所连成的电路称为二次电路，或称二次接线。

电气主接线表明电能汇集和分配的关系以及各种运行方式。电气主接线通常用按相关标准规定的图形符号和文字符号画成电气主接线图来表示。电气主接线图可画成三线图，也可画成单线图。

2. 主要电力设备

1) 发电机。发电机是将其他形式的能源转换成电能的机械设备，由水轮机、汽轮机、柴油机或其他动力机械驱动，将水流、气流、燃料燃烧或原子核裂变产生的能量转化为机械能传给发电机，再由发电机转换为电能。发电机结构示意图如图 2-6 所示。

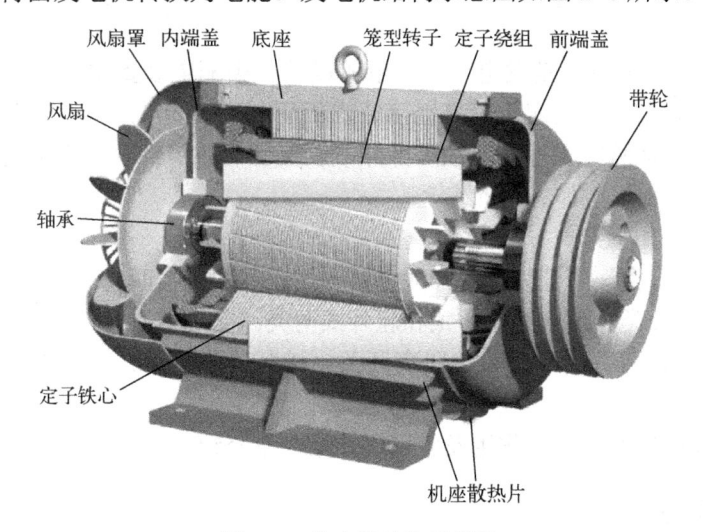

图 2-6 发电机结构示意图

2) 变压器。变压器（Transformer）是利用电磁感应的原理来改变交流电压的装置（见图 2-7）。

图 2-7　变压器实物图

3）互感器。互感器的作用是可以把数值较大的一次电流（电压）通过一定的电流（电压）比转换为数值较小的二次电流（电压），用来进行保护、测量等。如电流比为 400/5 的电流互感器，可以把实际为 400A 的电流转变为 5A 的电流。电压互感器如图 2-8 所示，电流互感器如图 2-9 所示。

图 2-8　电压互感器　　　　　　　　图 2-9　电流互感器

4）开关电器。开关电器是发电厂、变电所以及各类配电装置中不可缺少的电气设备，它们的作用是：①正常工作情况下可靠地接通或断开电路；②在改变运行方式时进行切换操作；③当系统中发生故障时迅速切除故障部分，以保证非故障部分的正常运行；④设备检修时隔离带电部分，以保证工作人员的安全。

开关电器的分类如下：

① 按电压等级分类，可分为高压开关电器和低压开关电器两类。

② 按安装地点分类，可分为屋内式和屋外式两类。

③ 按功能分类，可分为断路器、隔离开关、熔断器、负荷开关、自动重合器和自动分段器等。

各类高压开关电器的结构、作用及应用将在第 3 章介绍。

2.2.6　交流系统与直流系统

1. 直流电和交流电的定义

直流电是指大小和方向都不随时间而变化的电流；交流电是指大小和方向都随时间做周期性变化的电流。

2. 直流电和交流电的产生

（1）直流电的产生

直流电主要通过三种途径产生：

1）各种电池产生直流电。如干电池、蓄电池、太阳能电池等提供的都是直流电。

2）直流发电机直接发出直流电。这种发电机上有换向器，发出来的就是直流电。

3）交流电通过整流得到直流电。这种方法应用最多。

（2）交流电的产生

如今交流电的发电方式主要通过化学燃料燃烧、潮汐能、生物质能等转化为发电机转子的机械能，再由转子转动切割磁感线产生交变电流。

3. 交流电和直流电的优缺点

（1）交流电的优缺点

交流电的优点主要表现在发电和配电方面：利用建立在电磁感应原理基础上的交流发电机可以很经济方便地把机械能、化学能等其他形式的能转化为电能；交流电源和交流变电站与同功率的直流电源和直流换流站相比，造价更低廉；交流电可以方便地通过变压器升压和降压，这给配送电能带来极大的方便。这是交流电与直流电相比所具有的独特优势。交流电可以方便地变换电压；交流电机在结构上也比直流电机简单；在需要直流的地方还可以很方便地采用电子整流装置。交流电的缺点包括电磁辐射、电压波动、感应电流、谐波问题、电磁干扰以及对频率的敏感性。

（2）直流电的优缺点

1）输送相同功率时，直流输电所用线材仅为交流输电的 1/2～2/3。直流输电采用两线制，以大地或海水作为回线，与采用三线制三相交流输电相比，在输电线截面积相同和电流密度相同的条件下，即使不考虑趋肤效应，也可以输送相同的电功率，而输电线和绝缘材料可节约 1/3。如果考虑到趋肤效应和各种损耗（绝缘材料的介质损耗、磁感应的涡流损耗、架空线的电晕损耗等），输送同样功率交流电所用导线截面积大于或等于直流输电所用导线截面积的 1.33 倍。因此，直流输电所用的线材几乎只有交流输电的一半。同时，直流输电杆塔结构也比同容量的三相交流输电简单，线路走廊占地面积也少。

2）在电缆输电线路中，直流输电没有电容电流产生，而交流输电线路存在电容电流，引起损耗。

3）直流输电时，其两侧交流系统不需同步运行，而交流输电必须同步运行。交流远距离输电时，电流的相位在交流输电系统的两端会产生显著的相位差；并网的各系统交流电的频率虽然规定统一为 50Hz，但实际上常产生波动。这两种因素引起交流系统不能同步运行，需要用复杂庞大的补偿系统和综合性很强的技术加以调整，否则就可能在设备中形成强大的循环电流损坏设备，或造成不同步运行的停电事故。在技术不发达的国家，交流输电距离一般不超过 300km 而直流输电线路互连时，它两端的交流电网可以用各自的频率和相位运行，不需进行同步调整。

4）直流输电发生故障的损失比交流输电小。两个交流系统若用交流线路互连，则当一侧系统发生短路时，另一侧要向故障一侧输送短路电流，因此使两侧系统原有开关切断短路电流的能力受到威胁，需要更换开关。而直流输电中，由于采用晶闸管装置，电路功率能迅速、方便地进行调节，直流输电线路上基本上不向发生短路的交流系统输送短路电流，故障侧交流系统的短路电流与没有互连时一样,因此不必更换两侧原有开关及载流设备。在直流输电线路中,各极是独立调节和工作的,彼此没有影响。所以,当一极发生故障时,只需停运故障极,另一极仍可输送不少于一半功率的电能。但在交流输电线路中,任一相发生永久性故障,必须全线停电。

5) 直流电更容易储存,尤其使用现代化的不间断电源(UPS),加入蓄电池作为后备失电保护,可以实现直流电和交流电相互逆变整流,从而使得电力使用更加智能方便。

6) 直流电在整流和逆变的过程中,容易产生谐波,污染电能质量,这是它的一大缺点。

4. 高压交、直流输电

(1) 高压交流输电

交流输电线路中流动的是交流电流,由于电流发生规律性变化,加上交流电系统中会出现无功功率,占用线路容量,所以在线路上的损耗比较大,但交流电能够通过变压器很方便地改变电压,成本较低,所以广泛用于供电、配电和送电整个输电范围。

特高压交流输电是指 1000kV 及以上的交流输电,具有输电容量大、距离远、损耗低、占地少等突出优势。电力系统和输电规模的扩大,世界高新技术的发展,推动了特高压输电技术的研究。百万伏级交流线路单回的输送容量超过 5000MW,且具有明显的经济效益和可靠性,作为中、远距离输电的基干线路,在电网的建设和发展中起重要的作用。

(2) 高压直流输电

高压直流输电是将三相交流电通过换流站整流变成直流电,然后通过直流输电线路送往另一个换流站,再逆变成三相交流电的输电方式。它基本上由两个换流站和直流输电线组成,两个换流站与两端的交流系统相连接。在一个高压直流输电系统中,电能从三相交流电网的一点导出,在换流站转换成直流,通过架空线或电缆传送到接受点;直流在另一侧换流站转化成交流后,再进入接收方的交流电网。

高压直流输电用于远距离或超远距离输电,因为它相对于传统的交流输电更经济。应用高压直流输电系统,电能等级和方向均能得到快速精确的控制,这种性能可提高它所连接的交流电网性能和效率,直流输电系统已经被普遍应用。

直流输电线路造价低于交流输电线路,但换流站造价却比交流变电站高得多。一般认为架空线路超过 800km,电缆线路超过 60km 的直流输电比交流输电经济。随着高电压大容量晶闸管及控制保护技术的发展,换流设备造价逐渐降低,直流输电近年来发展较快。

高压直流输电的优点是不增加系统的短路容量,便于实现两大电力系统的非同期联网运行和不同频率的电力系统的联网;利用直流系统的功率调制能提高电力系统的阻尼,抑制低频振荡,提高并列运行的交流输电线的输电能力。它的主要缺点是直流输电线路难于引出分支线路,绝大部分只用于端对端送电。实现多端直流输电系统的主要技术困难是各种运行方式下的线路功率控制问题。目前,一般认为三端以上的直流输电系统技术上难以实现,经济合理性待研究。

5. 交、直流电的应用

(1) 交流电的应用

现代日常生产生活中广泛地使用着交流电。主要原因是与直流电相比,交流电在产生、输送和使用方面具有明显的优点和重大的经济意义。例如在远距离输电时,采用较高的电压可以减少线路上的损失。对于用户来说,采用较低的电压既安全又可降低设备的绝缘要求。这种电压的升高和降低,在交流供电系统中可以很方便而又经济地由变压器来实现。此外,异步电动机比直流电动机具有构造简单、价格便宜、运行可靠等优点。交流电的来源大致有两类:一类是由机械振动或其他非电信号转换为电振荡,如传声器将声音变为电振荡、压电晶体把机械振动变为电振荡等;另一类则是交流发电机电子振荡器,作为能源使用的都属于后一类型。电力网中所用的交流电源都是利用电磁感应原理制成的,称为交流发电机。这种将机械能转换为电能的装置,由于受到机械结构强度的限制,其转速不能太高,因此频率也就不可能很高,一般限于 10000Hz 以下。为了获得更高频率的交流电源,可以采用电子振荡器。广播电台、高频感应加热、电磁振动台、声呐等装置上所需用的较高频率交流电源就属这一类。目前,在动力方面,绝大部分电力网都是交流的,因为交流电可以方便地变换电压;交流电机在结构上也比直流电机简单;在需要直流的地方还可以很方便地采用电子整流装置。在信息传输方面也时常用到交流电,例如载波通信的载波电流就是交流电。

(2)直流电的应用

1)在直接面向用户的低压系统中,尤其 220V 和 110V 甚至更低的便携式电器设备上,多使用稳定的直流电;弱电控制系统尤其变电站的二次系统,信号回路及控制回路均采用了直流电控制(这里面也有蓄电池储能防止全站失电的原因)。

2)直流电不存在系统稳定的问题,因此近年来,尤其在两个大电网系统的互联方面得到了广泛应用。

3)在日常生活中,由"电池"提供的电流,就是直流电。电池有极性,分正极与负极。直流输电以其输电容量大、稳定性好、控制调节灵活等优点受到电力部门的欢迎,在我国将有进一步应用的前景。

2.2.7 电力系统的运行

1. 电力系统运行状态分类

电力系统运行状态示意图如图 2-10 所示。

1)正常状态:满足等式和不等式约束条件,是经济运行调度的基础。

2)警戒状态:满足等式和不等式约束条件,但不等式约束已经接近上下限,以安全调度为主。

3)紧急状态:不等式约束遭到破坏,等式约束仍能满足,系统仍能同步运行。

4)系统崩溃:不等式、等式约束同时不满足,系统将解列成几个独立的小系统。

5)恢复状态:使崩溃后的若干个小系统向并列的大系统运行状态过渡。

其中,等式约束条件主要涉及功率平衡,即系统发出的总的有功功率和无功功率在任何时刻都应与系统总的有功和无功功率消耗(包括网络损耗)相等。这保证了系统的功率平衡,是电力系统正常运行的基础。

不等式约束条件确保了系统各电气设备的运行参数处于允许值的范围内,从而保证了系统的安全运行。不等式约束条件包括电压和频率的限制,以及设备(如发电机和负荷)的最大和最小功率限制。这些条件的满足是防止设备过载、保证系统稳定运行的关键。

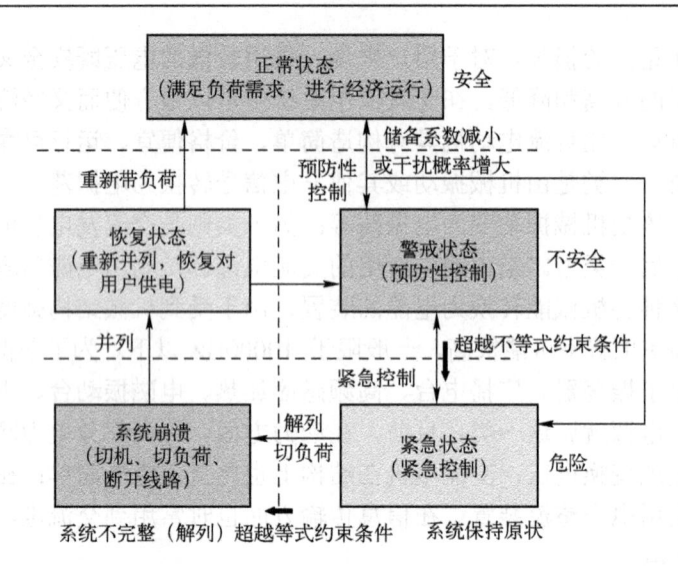

图 2-10 电力系统运行状态示意图

2. 电力系统运行方式

（1）电力系统运行方式的基本概念

1）电力系统运行方式：根据本系统实际情况，合理使用资源（化石、水力、核能、生物质能、风力、太阳能等），使整个系统在安全、优质、经济情况下运行的决策。

2）电力系统运行方式研究的对象包括：

① 网内电源与负荷的电力电量平衡。

② 主要厂站（所）的主接线方式及保护配合。

③ 各电网间的联网及联络线传输功率的控制。

④ 电网的调峰。

⑤ 无功电源的运行调度。

⑥ 各负荷情况下电网的运行特性。

⑦ 电网结构。

（2）电力系统运行方式的分类

1）按时域分，分为年度、季度和日运行方式（正常运行方式）。

年度运行方式是根据本电网在下一年度的检修计划、基建、技改工作计划、发电出力和负荷增长的预测，提前安排的运行策略。年度运行方式需上报上一级调度并批准后执行。

季度运行方式是为在次季内电力系统生产和运行而编制的运行方案。它涉及根据电力系统的实际情况，合理调配资源（如化石、水力、核能、生物质能、风力、太阳能等），以确保整个系统在安全、优质、经济的条件下运行。季度运行方式的制定是为了应对季节性变化对电力系统的影响，包括但不限于电网结构的变化、负荷需求的变化以及能源供应的调整等。

日运行方式是根据月度发电计划、设备检修计划及电网实际情况，综合考虑天气、节假日、近期水情、燃料供应、设备情况等因素，安排的运行策略；并且根据负荷预测进行安全分析，避免出现按预定方式运行存在设备过载或电压越限。

2）按系统状态分，分为正常运行方式、事故运行方式和特殊运行方式（也称为检修运行方式）。

① 正常运行方式。电力系统的正常运行方式是指正常计划检修方式和按负荷曲线及季节变化的水电大发、火电大发，最大/最小负荷和最大/最小开机方式，及抽水蓄能运行工况等可能较长期出现的运行方式。

正常运行方式能充分满足用户对电能的需求；电网所有设备不出现过负荷和过电压问题，所有输电线路的传输功率都在稳定极限以内；有符合规定的有功及无功功率备用容量；继电保护及安全自动装置配置得当且整定正确；系统运行符合经济性要求；电网结构合理，有较高的可靠性、稳定性和抗事故能力；通信畅通，信息传送正常。

② 事故运行方式。事故运行方式多是针对电网运行上的薄弱环节按可能发生的影响较大的事故而编制的，此时，电网运行的可靠性下降，因此，要求其持续时间应尽量缩短。事故运行方式的运行时间主要取决于以下几个方面：

a. 电网各级调度人员能否迅速正确地处理事故。
b. 备用设备投入的速度。
c. 事故损坏设备的修复或替代措施的速度。

因此，研究电网事故运行方式后的状态，并编制出运行方式，可以指导各级调度和运行人员正确处理事故，减少电网事故损失和对用户的影响，并可事先采取各种措施进行防范。

特殊运行方式是指主干线路、大的联络变压器等设备检修，以及其他对稳定运行影响较大的运行方式，包括节假日运行方式，主干线路、变压器或其他系统重要元器件、设备计划外检修，电网主要安全稳定控制装置退出，以及其他对系统安全稳定运行影响较为严重的方式。

③ 电网特殊运行方式（也称检修运行方式）。由于主要设备检修时，会引起电网运行情况的较大变化，因此在进行主要设备检修和继电保护装置校验之前，应编制好相应的运行方式，并制定提高电网安全稳定的措施。

3. 电力系统稳定性

（1）电力系统稳定性分类

20 世纪 60 年代前，苏联、我国将电力系统稳定性分为静态稳定和动态稳定。而西方国家分为静态稳定和暂态稳定。20 世纪 70 年代起，国际通用分类为静态稳定和暂态稳定。

（2）电力系统稳定性定义

静态稳定：在一个特定的稳定运行条件下，电力系统受到任何一个小的扰动，经过一段时间，能够自动恢复到或者靠近小扰动前的运行条件。

暂态稳定：在一个特定的稳定运行条件下，电力系统受到一个特定的大干扰后，能够从原来的运行状态不失去同步地过渡到另一个允许的稳定运行条件。

（3）提高静态稳定的方法

1）尽量缩短电气距离或等值电气距离（根本措施）具体方法有：

① 减小发电机或变压器电抗。

② 采用自动励磁装置［补偿电枢反应的去磁作用，保证了发电机输出电压自动调整（恒压）］。这种方法投资小，应优先考虑。

③ 减小线路电抗（分裂导线或双回输电线）。分裂导线一般是指将每相导线用 2～4 根

截面积较小的导线组成，分导线间相距 0.3～0.5m，可以起到增大导线直径的作用，比总截面积相同的大导线，更不容易产生电晕，送电能力提高。分裂导线主要应用于 330kV 及以上电压的线路上。分裂导线及导线用 4 分裂间隔棒如图 2-11、图 2-12 所示。

图 2-11　高压输电线路采用分裂导线 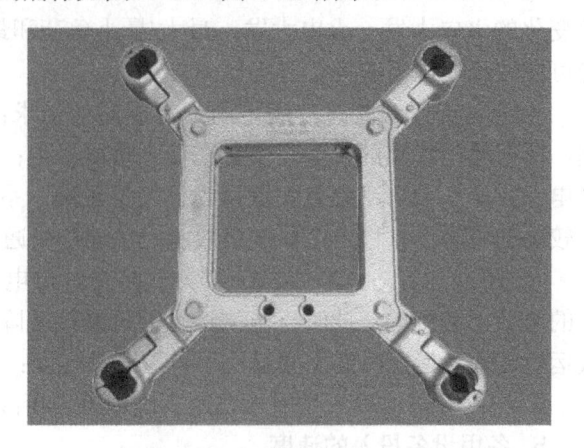　　　　图 2-12　导线用 4 分裂间隔棒

④ 串联电容补偿。串联电容补偿装置可以更有效地利用输电线路，使输电系统更加可靠、经济地运行。增加输电能力的要求意味着增加输电线路或者对线路进行补偿，串联补偿是一种提高线路输电能力既经济又有效的办法，可以改善线路电气参数，实现 2 条线路输送 3 条线路的功率。串联电容补偿装置外观如图 2-13 所示。

图 2-13　串联电容补偿装置外观

⑤ 改善电力系统结构，系统中间增设调相机。调相机在电力系统中的作用，就是发出无功或吸收无功，达到改善功率因数，同时兼有调整电压的作用。

在长距离输电线路中，线路电压降随负载情况的不同而发生变化，如果在输电线的受电端装一同步调相机，在电网负载重时，让其过励运行，减少输电线中滞后的无功电流分量，从而可降低线路电压降；在输电线轻载的情况下，让其欠励运行，吸收滞后的无功电流，可防止电网电压升高，从而维持电网的电压在一定的水平上。同步调相机还有提高电力系统稳定性的作用。随着电力电子技术的发展和静止无功补偿器（SVC）的推广使用，调相机现已很少使用。

2）减小机械与电磁、负荷与电源的功率或能量差额（紧急状态下的临时措施）。
3）解列、合理选择解列点（权宜措施）。
（4）提高暂态稳定的方法及措施
1）快速切除故障。
2）采用自动重合闸。
3）强行励磁（维持同步发动机出口电压 U_G 为常数不变）。
4）改善原动机调速系统的调节特性（如快速关闭进气阀门）。
5）同步发电机输出端采用电气制动控制。
6）变压器中性点经小电阻接地。
7）强行串联补偿和设置开关站控制。
8）连锁切除同步发电机。
9）调节直流输电功率控制。
10）设置合理的解列点或同步发电机异步运行。

2.3 现代发电技术

发电厂（Power Plant）又称发电站，是将自然界蕴藏的各种一次能源转换为电能（二次能源）的工厂。按照其所利用的能源不同，发电厂主要分为以下几种类型：火力发电厂、水力发电厂、核能发电厂、风力发电厂、潮汐发电厂、沼气发电厂、地热发电、太阳能发电厂等。

2.3.1 火力发电

以煤、石油或天然气作为燃料的发电厂统称为火力发电厂（简称火电厂）。火力发电厂的产品是电能，电能的生产过程是能量的转换过程。电能的生产是从燃料的燃烧开始的，燃料在炉膛中燃烧，其化学能转化为热能，锅炉中的水吸收热能后转变成高温高压蒸汽。这些蒸汽被送入汽轮机后冲动汽轮机转动，将热能转变为机械能，汽轮机转子带动发电机转动而发电，又将机械能转变为电能。由此可见，火力发电厂一般是以燃料为原料、以电能为产品的能源转换工厂，如图 2-14 所示。

图 2-14 火力发电厂

1. 火电厂的分类
（1）按燃料分类
1）燃煤发电厂，即以煤作为燃料的发电厂。
2）燃油发电厂，即以石油（实际是提取汽油、煤油、柴油后的渣油）为燃料的发电厂。
3）燃气发电厂，即以天然气、煤气等可燃气体为燃料的发电厂。
4）余热发电厂，即用工业企业的各种余热进行发电的发电厂。此外还有利用垃圾及工业废料作燃料的发电厂。
（2）按原动机分类
按原动机分类，可将火电厂分为凝汽式汽轮机发电厂、燃气轮机发电厂、内燃机发电厂和蒸汽-燃气轮机发电厂等。
（3）按供出能源分类
1）凝汽式发电厂，即只向外供应电能的电厂。
2）热电厂，即同时向外供应电能和热能的电厂。
（4）按发电厂总装机容量分类
1）小容量发电厂，总装机容量在100MW以下的发电厂。
2）中容量发电厂，总装机容量在100~250MW范围内的发电厂。
3）大中容量发电厂，总装机容量在250~600MW范围内的发电厂。
4）大容量发电厂，总装机容量在600~1000MW范围内的发电厂。
5）特大容量发电厂，总装机容量在1000MW及以上的发电厂。
（5）按蒸汽压力和温度分类
1）中低压发电厂，蒸汽压力在3.92MPa、温度为450℃的发电厂，单机功率小于25MW。
2）高压发电厂，蒸汽压力一般为9.9MPa、温度为540℃的发电厂，单机功率小于100MW。
3）超高压发电厂，蒸汽压力一般为13.83MPa、温度为540℃的发电厂，单机功率小于200MW。
4）亚临界压力发电厂，蒸汽压力一般为16.77MPa、温度为540℃的发电厂，单机功率为300~1000MW不等。
5）超临界压力发电厂，蒸汽压力大于22.11MPa、温度为550℃的发电厂，机组功率为600MW及以上。
6）超超临界电厂：蒸汽压力大于33.5MPa，温度可达600℃的发电厂，单机功率大于600MW。
我国现正研制1000MW级的超临界机组。
（6）按供电范围分类
1）区域性发电厂，在电网内运行，承担一定区域性供电的大中型发电厂。
2）孤立发电厂，是不并入电网内、单独运行的发电厂。
3）自备发电厂，由大型企业自己建造，主要供本单位用电的发电厂（一般也与电网相连）。

2. 火电厂的生产流程及特点

火电厂的种类虽很多，但从能量转换的观点分析，其生产过程是基本相同的，概括地说，是把燃料（煤）中含有的化学能转变为电能的过程。整个生产过程可分为三个阶段：

1）燃料的化学能在锅炉中转变为热能，加热锅炉中的水使之变为蒸汽，称为燃烧系统。

2）锅炉产生的蒸汽进入汽轮机，推动汽轮机旋转，将热能转变为机械能，称为汽水系统。

3）由汽轮机旋转的机械能带动发电机发电，把机械能变为电能，称为电气系统。

其基本生产流程如图 2-15 所示。

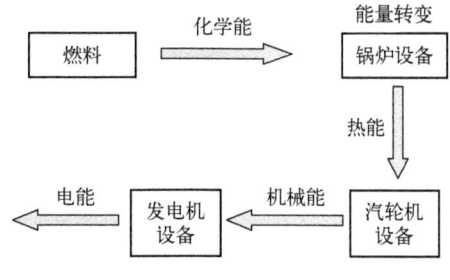

图 2-15 火电厂基本生产流程图

与水电厂和其他类型的电厂相比，火电厂有如下特点：

1）火电厂布局灵活，装机容量的大小可按需要决定。

2）火电厂建造工期短，一般为水电厂的一半甚至更短。一次性建造投资少，仅为水电厂的一半左右。

3）火电厂耗煤量大，目前发电用煤占全国煤炭总产量的 25%左右，加上运煤费用和大量用水，其生产成本比水力发电要高出 3~4 倍。

4）火电厂动力设备繁多，发电机组控制操作复杂，厂用电量和运行人员都多于水电厂，运行费用高。

5）汽轮机开、停机过程时间长，耗资大，不宜作为调峰电源用。

6）火电厂对空气和环境的污染大。

2.3.2 水力发电

水力发电是利用河流、湖泊等位于高处具有位能的水流至低处，将其中所含的位能转换成水轮机的动能，再以水轮机为原动力，推动发电机产生电能。水电厂全称水力发电厂，是把水的位能和动能转换成电能的工厂。它的基本生产过程是，从河流高处或其他水库内引水，利用水的压力或流速冲动水轮机旋转，将重力势能和动能转变成机械能，然后水轮机带动发电机旋转，将机械能转变成电能，如图 2-16 所示。

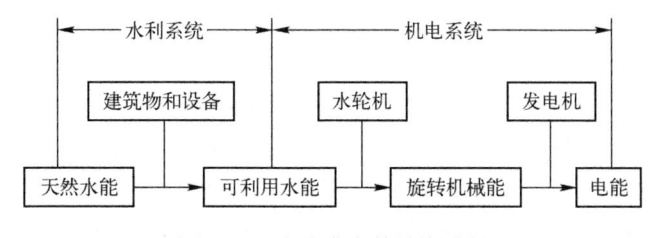

图 2-16 水力发电的转换过程

水电厂和水电站都是利用水的位能和动能转换成电能的设施。水电厂通过引水、水轮机和发电机等设备将水的重力势能和动能转换为电能。水电站则是由水力系统、机械系统和电能产生装置组成的设施，通过水库系统和水机电系统的配合，将水能转换为电能。水电站实景——三峡水电站如图 2-17 所示。

图 2-17 水电站实景——三峡水电站

1. 水力发电的优点和缺点

（1）优点

1）可综合利用水能资源（航运、养殖、灌溉、防洪和旅游组成水资源综合利用）。

2）发电成本低、效率高，厂用电率低。

3）运行灵活，启动快，适用于调峰、调频和事故备用。

4）水能可储蓄和调节。抽水蓄能电厂的工作体现了水能的储蓄和调节功能：在电力需求低时，使用电力驱动水泵将水从低处的蓄水池抽到高处的蓄水池，实现储能；在电力需求高时，释放上水库中的水，使其通过水轮机发电，实现释能。

5）不污染环境。水能是清洁的可再生能源。水力发电本身不排放有害气体、烟尘和灰渣，没有核废料。

（2）缺点

1）水电厂建设投资较大，工期较长。

2）水电厂的建设和生产受河流地形、水量及季节条件限制，有丰水期和枯水期之分，发电不均衡。

3）建水库需要淹没土地、搬迁居民，还可能破坏自然界的生态平衡。

2. 水电站的分类

水电站是一项综合性工程，修建方式多样，具有发电、防洪、调峰等多种功能，因此水电站的分类方式也有很多，主要有以下几种分类方法。

（1）根据水电站利用水源的性质分类

1）常规水电站，即利用天然的河流、湖泊等水能发电。

2）抽水蓄能电站，利用电网中负荷低谷时多余的电力，将地势低处的水抽到高处的水库中储存起来，等遇到电网负荷高峰时放水发电，从而满足电网调峰等电力负荷的需要。

3）潮汐电站，即利用海潮涨落所形成的潮汐能发电。按照对天然水流的利用方式和调节能力，水电站可以分为径流式水电站和蓄水式水电站。前者没有水库或库容很小，对天然水量没有调节能力或调节能力很小；后者设有一定库容的水库，对天然水流具有不同的调节能力。

（2）按开发方式分类

1）坝式水电站，如图 2-18 所示，是在河流上拦河筑坝，壅高水位，以形成发电水头的水电站。坝式水电站，按厂房与坝的相对位置，可分为河床式、坝后式、坝内式、厂房顶溢流式、岸边式和地下式等。

图 2-18 坝式水电站

2）引水式水电站，是采用引水建筑物集中天然河道落差以形成发电水头的水电站。根据引水道的水力条件，引水式水电站可分为无压与有压两类。无压引水采用明渠或无压隧洞明流引水，适用于中小型水电站；有压引水采用压力隧洞或压力管道引水，适用于大中型水电站。

3）混合式水电站，是由挡水建筑物和引水系统共同形成发电水头的水电站。发电水头的一部分靠拦河挡水闸坝壅高水位取得，另一部分靠引水道集中落差取得。混合式水电站通常兼有坝式和引水式水电站的工程特点，具有较好的综合利用效益。

4）抽水蓄能电站，是具有上、下水库，利用电力系统中低谷多余电能，把下水库的水抽到上水库内，以位能的形式蓄能，需要时再从上水库放水至下水库进行发电的水电站。按水源不同，抽水蓄能电站又可分为纯抽水蓄能电站、混合式抽水蓄能电站和调水式抽水蓄能电站。

（3）按工作水头分类

1）高水头水电站，通常指水头大于 200m 的水电站。高水头水电站一般建在河流上游的高山地区，多为引水式或混合式水电站。如为坝式水电站，坝的高度常在 250m 以上。

2）中水头水电站，通常指水头为 40～200m 的水电站，中水头水电站应用范围比较广泛，多数为坝式或混合式水电站。

3）低水头水电站，通常指水头在 40m 以下的水电站，也有将 2～4m 水头的水电站称为极低水头水电站。低水头水电站多建在河流坡降平缓的中下游河段，普遍采用河床式电站。

（4）按装机容量分类

1）大型水电站。电站总装机容量在 30 万 kW（300MW）及以上的水电站。大型水电站多建在大江大河上，需要研究解决的环境、社会、技术和经济问题也比较复杂。

2）中型水电站。电站总装机容量为 5 万～30 万 kW（不含 30 万 kW）的水电站。中型水电站多建在中小河流上，需要研究的问题相对较简单，易于解决。

3）小型水电站。电站总装机容量在 5 万 kW（50MW）以下的水电站。小水电资源多分布在山丘地区中小河流上，小水电的发展迅速，已成为我国广大农村生产、生活的重要能源设施。

(5) 按调节性能分类

1) 多年调节水电站，是具有足够调节库容的水库，可以使江河丰水年份多余的水量存储在水库里供枯水年份使用的水电站。多年调节水电站的水库调节周期一般在 2 年以上，有的多达数年。多年调节水库在一般水文情况下，库容系数在 0.3 以上，并可同时进行年调节、周调节和日调节。

2) 年调节水电站，是具有一定调节库容的水库，可将设计枯水年的年径流量调节为全年均匀分布的水电站，又称完全年调节水电站。年调节水库的库容系数一般为 0.25～0.30。

3) 季调节水电站，是具有一定调节库容的水库，能将设计枯水年丰水期一部分径流量储存起来，供枯水期使用的水电站，又称不完全年调节水电站。季调节水库的库容系数一般为 0.025～0.20。季调节所能达到的程度，取决于枯水年径流变化情况和调节库容大小两个因素，其调节时段长短不一，有的水电站可达半年，有的只有 1～2 个月。

4) 周调节水电站，是具有周调节的水库，能将一周内的天然来水量按周内各日负荷变化过程重新分配的水电站。周调节水电站可同时进行日调节。

5) 日调节水电站，是具有日调节的水库（或水池），能将一日内的天然来水量按日负荷变化过程重新分配的水电站。日调节常分为无限制日调节和有限制日调节，其中，无限制日调节，是指水电站的调节库容可按照本电站在日负荷图上合理的工作位置分配一天内的来水量，并通过水轮机下泄流量的过程不受任何限制；有限制日调节，是指因水库容积不够，或因下游用水部门的限制，不允许下游水位和流量变幅太大，水电站只能按照一定条件担负日负荷图上的工作位置。为了不受下游水位、流量的限制，有时修建反调节水库，将水电站下泄的不均匀流量按照下游用水部门的要求再调节一次。

6) 径流式水电站，是对天然径流无调节能力的水电站和仅能进行日调节水电站的通称。无调节径流式水电站是完全按照天然径流量发电，出力和发电量随着天然流量变化而变化，保证出力低，季节性电能比重大。只有在其上游有调节性能好的水电站，径流式水电站，才能获得良好的动能经济指标。

3．著名的水力发电站

(1) 三峡水电站（见图 2-19）

混凝土重力坝，共安装 32 台 70 万 kW 水轮发电机组，总装机容量 2250 万 kW。

图 2-19　三峡水电站

(2)伊泰普水电站(巴西,见图 2-20)

水电站主坝为混凝土空心重力坝,电站安装了 18 台发电机组,总装机容量 1260 万 kW。

图 2-20 伊泰普水电站

(3)溪洛渡水电站(见图 2-21)

混凝土双曲拱坝,总装机容量 1260 万 kW。

图 2-21 溪洛渡水电站

(4)阿斯旺水电站(埃及,见图 2-22)

12 组 175MW 发电机,总功率为 2100MW。

(5)古里水电站(委内瑞拉,见图 2-23)

总装机容量 1030 万 kW。

图 2-22 阿斯旺水电站

图 2-23 古里水电站

（6）萨杨-舒申斯克水电站（俄罗斯，见图 2-24）
总装机容量 640 万 kW。

图 2-24 萨杨-舒申斯克水电站

2.3.3 核能发电

核能发电也称原子能发电，是利用原子核裂变或聚变反应释放的能量生产电能。核能发电的能量来自核反应堆中可裂变材料（核燃料）进行裂变反应所释放的裂变能。裂变反应指铀-235、钚-239、铀-233 等重元素在中子作用下分裂为两个碎片，同时放出中子和大量能量的过程。反应中，可裂变物的原子核吸收一个中子后发生裂变并放出两三个中子。若这些中子除去消耗，至少有一个中子能引起另一个原子核裂变，使裂变自持地进行，则这种反应称为链式裂变反应。实现链式裂变反应是核能发电的前提。

核能发电能量转化过程如图 2-25 所示。

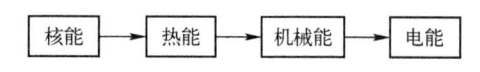

图 2-25 核能发电能量转化过程

1. 核电站

核电站是利用原子核内部蕴藏的能量大规模生产电力的新型发电站，也称核能发电厂（核电厂）。它大体上可分为两部分：一部分是利用核能产生蒸汽的核岛，包括核反应堆和一回路系统；另一部分是利用蒸汽发电的常规岛，包括汽轮发电机系统。后一部分与普通火电厂大同小异，而前一部分则截然不同。图 2-26 所示为田湾核电站。

图 2-26 田湾核电站

核电站使用的燃料称为"核燃料"。核燃料含有易裂变物质铀-235。一座 100 万 kW 的核电站每年只需要补充 30t 左右的核燃料，而同样规模的烧煤电厂每年要烧煤 300 万 t。目前国际上技术最为成熟的核岛设计多采用压水式反应堆。大亚湾核电站和岭澳核电站都是压水式反应堆。压水式反应堆核电站主要由核蒸汽供应系统和汽轮发电机系统组成，如图 2-27 所示。

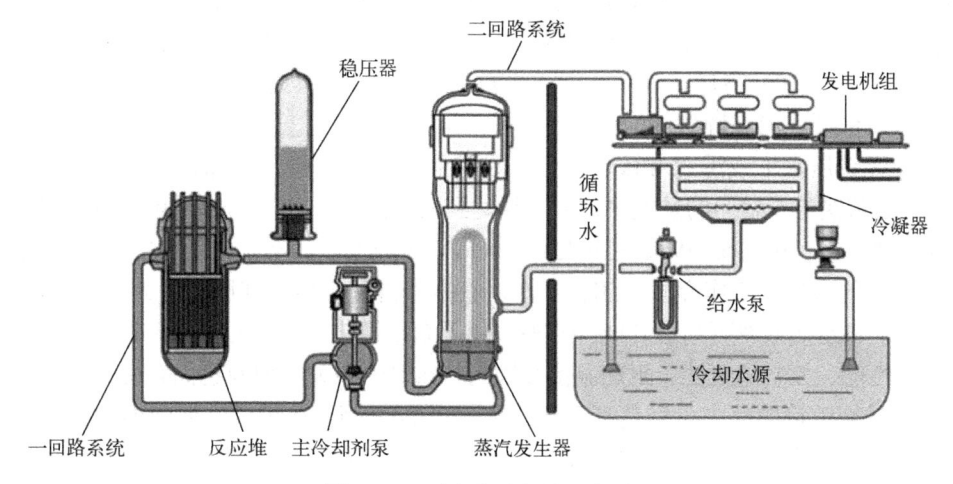

图 2-27 压水式反应堆示意图

2. 核能发电的特点

（1）优点

1）核能发电不像化石燃料发电那样排放巨量的污染物质到大气中，因此核能发电不会造成空气污染。

2）核能发电不会产生加重地球温室效应的二氧化碳。

3）核能发电所使用的铀燃料，除了发电外，没有其他的用途。

4）核燃料能量密度比起化石燃料高上几百万倍，故核能电厂所使用的燃料体积小，运输与储存都很方便，一座 1000MW 的核能发电厂一年只需 30t 的铀燃料，一航次的飞机就可以完成运送。

5）核能发电的成本中，燃料费用所占的比例较低，核能发电的成本较不易受到国际经济形势影响，故发电成本较其他发电方法为稳定。

（2）缺点

1）核电站会产生高低阶放射性废料，或者是使用过的核燃料，虽然所占体积不大，但因具有放射线，故必须慎重处理，且需面对相当大的政治困扰。

2）核电站热效率较低，因而比一般化石燃料电厂排放更多废热到环境中，故核电站的热污染较严重。

3）核电站投资成本太大，电力公司的财务风险较高。

4）核能发电厂较不适宜做尖峰、离峰的随载运转。

5）核电厂的反应器内有大量的放射性物质，如果在事故中释放到外界环境，会对生态及民众造成伤害。

3. 核能发电展望

核能利用是解决能源问题必由之路，它在能源中的比例将逐步加大，从而改善能源结构，并有希望在将来彻底解决人类对能源的需求。然而，核能的开发利用是一个循序渐进的长期进程，按其科技难度和实现产业化的前景展望，大致可分为三个阶段：第一阶段是热中子裂变堆，第二阶段是快中子裂变堆，第三阶段是可控聚变堆。这三个阶段需要互相衔接，逐步进入实用，实现产业化。

截至 2023 年底，世界上有 437 座核电机组在运行发电，总装机容量约 3.93 亿 kW，除个别是快堆外，都是热中子堆。这就是说，核能的产业化利用目前还处于第一阶段。热中子堆核电机组中，有 294 座是压水堆，占大多数。现在在世界上已能商用建造的第三代核电机组也都是压水堆型或沸水堆型的。

但是，无论压水堆或沸水堆核电机组，它们的汽轮机工作介质都是饱和蒸汽，温度不超过 280℃，这就决定了它们的发电热效率只能达到约 36%。压水堆和沸水堆的发展前景是走向超临界水冷堆（Supercritical Water-Cooled Reactor，SCWR，已不完全是热中子堆）。超临界水冷堆核电机组的汽轮机工作介质是超临界水，直接来自反应堆，其压力约为 25MPa，温度为 510～550℃。机组热效率可高达 44%～45%。由于系统简化，机组的单位千瓦造价也将显著降低。但堆芯性能、控制稳定性、耐高温抗腐蚀的材料等一系列关键问题尚有待克服。

另一有发展前途的热中子堆是高温气冷堆。在 20 世纪 80 年代，德国推出了模块式高温气冷堆的设计概念，以模块式小型化和具有固有安全性为特征，成为国际上高温气冷堆的技术走向。美、德、俄、日本、南非和我国都在积极研究，我国 10MW 模块式实验高温气冷堆已建成,它在技术上是走在世界前列的。2023 年 12 月 6 日,我国具有完全自主知识产权的国家科技重大专项——高温气冷堆核电站示范工程成功投入商运！该核电站位于山东省荣成市,电功率为 20 万 kW,这标志着我国建成世界首个实现模块化第四代核电技术商业化运行的核电站,真正打开了第四代核能系统技术从实验堆迈向商用市场的大门。

热中子堆的主要缺点是核燃料利用率很低,在开采精炼出来的天然铀中,只有 1%～2% 的核燃料能够在热中子堆中产生核能,其余 98%～99%的铀-238 都将积压下来,要等到快中子堆才加以利用。

快中子堆最大的优点就是能够充分利用核燃料,它在消耗裂变燃料来产生核能的同时,还能够产生相当于消耗量 1.2～1.6 倍的裂变燃料,使得热堆积压下来的铀-238 的 60%～70% 能在快堆中利用。

聚变堆是利用氢的同位素氘、氚等聚变成氦而释放核能的反应堆,氘即重水中的"重氢",而地球上的水中有 1/7000 是重水,总计含氘量有 40 万亿 t,故聚变反应堆成功后,水中氘足以满足人类几十亿年对能源的需求。然而,实现持续的可控聚变,难度非常大。关键问题是要把氘、氚原子核加温到至少几千万乃至上亿摄氏度(已是等离子体),并把它们约束在一起。目前主要研究的有磁约束、激光惯性约束等途径实现可控聚变。

各国已建造多种类型的试验装置共 200 多台,我国也已建成 4 台,向可控聚变目标探索,已露出胜利的曙光；国际上的磁约束聚变试验装置已得到了输出功率大于输入功率的成果,原则上证实了可控聚变堆的科学可行性。为此,美、俄、日、欧共同启动"国际热核聚变实验堆(ITER)"计划。专家估计到 2050 年前后人类有可能实现原型示范的可控聚变堆核电站发电。核聚变堆要发展到经济实用的阶段还有一段相当长的艰辛的道路,但它的前景是光明的。我国已参加 ITER 项目的建设和运行,在科技前沿上与国际合作,与国内的可控聚变研究紧密结合,推动我国聚变核能利用的发展。2020 年 7 月 28 日,ITER 计划重大工程安装启动仪式在法国举行。

我国已建成的实验高温气冷堆、实验快堆核电站和闭式核燃料循环(包括乏燃料后处理)系统等研究开发工作正推动着我国核能利用迈向更高的层次。我国在热核聚变方面取得的研究成果和积极参与国际合作的走向也是令人鼓舞的。

总之,我国核能利用的发展前景将越来越广阔。但这终究是一个长期的、巨大的系统工程,既要解决近期为国民经济服务的大量技术课题,又要为下一步和长远发展进行系统的预研,开展基础研究和应用研究；牵涉到的学科范围也十分广泛和相互交叉。因此,必须远近结合、高瞻远瞩、全面考虑、统筹安排、认真落实,力争在较短时间内能与国际先进水平并驾齐驱,走在前沿。我们相信,在国家的统一规划下,经过努力,我国不仅能成为核电大国,而且成为核电强国。

2.3.4 新能源发电

1. 风力发电

(1) 风能

风能就是指流动的空气所具有的能量,是由太阳能转化而来的。风能是一种干净的自然能源、可再生能源,同时风能的储量十分丰富,比世界上可利用的水能多 10 倍。风能的利用主要靠风力机,风力机是把风能转化为其他形式能量的旋转机械。

（2）风力发电机组

风力发电机组由风力机和发电机及其控制系统所组成，其中风力机完成风能到机械能的转换，发电机及其控制系统完成机械能到电能的转换。目前商用大中型水平轴风力发电机，由叶轮、升速齿轮箱、发电机、偏航装置（对风装置）、控制系统、塔架等部件所组成。实物如图 2-28 所示，组成示意图如图 2-29 所示。

图 2-28 风力发电机

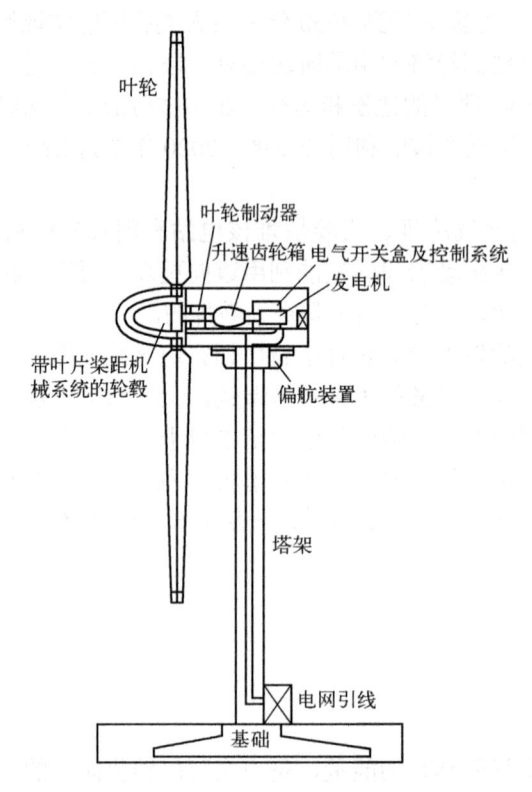

图 2-29 大中型水平轴风力发电机组成

（3）风力发电的运行方式

风力发电的运行方式通常可分为独立运行和并网运行。独立运行指机组生产的电能直接供给相对固定的用户的一种运行方式。并网运行是风力发电机与电网连接，向电网输送电能的运行方式。

2．太阳能发电

太阳能发电指利用太阳光能或太阳热能来产生电能，如图 2-30 所示。

图 2-30　太阳能发电

（1）太阳能

太阳能是地球上可以直接接收并利用的太阳辐射能；太阳本身的辐射能量只有 22 亿分之一到达地球大气层；太阳辐射能是一种巨大、无污染、洁净、安全的可再生能源，它是取之不尽、用之不竭的。

（2）太阳能发电系统的组成

一套基本的太阳能发电系统包括太阳电池板、充电控制器、逆变器、蓄电池。

（3）光伏效应

早在 1839 年，法国科学家贝克雷尔（Becqurel）就发现，光照能使半导体材料的不同部位之间产生电位差。这种现象后来被称为"光生伏打效应"，简称"光伏效应"。

太阳能电池工作原理的基础是半导体 PN 结的光生伏打效应。即当太阳光或其他光照射半导体的 PN 结时，就会在 PN 结的两边出现电压，叫作光生电压，使 PN 结短路，就会产生电流。太阳能电池发电原理如图 2-31 所示。

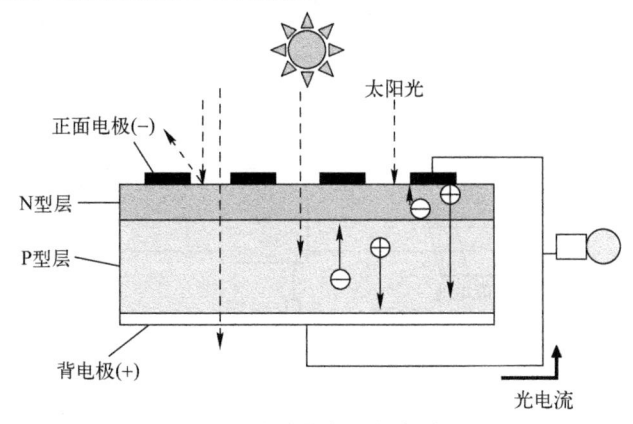

图 2-31　太阳能电池发电原理图

（4）太阳光发电方式

太阳光发电是指无须通过热过程直接将光能转变为电能的发电方式。人们通常所说太阳光发电就是太阳能光伏发电，亦称太阳能电池发电。

以晶体硅材料制备的太阳能电池主要包括：单晶硅太阳电池、铸造多晶硅太阳能电池、非晶硅太阳能电池和薄膜晶体硅电池。薄如纸片的太阳能电池如图 2-32 所示。

（5）太阳能发电系统

太阳能电源是由太阳能电池发电，经蓄电池储能，从而给负载供电的一种新型电源，广泛应用于微波通信、基站、电台、野外活动、高速公路，也可为无电山区、村庄、海岛提供电力。太阳能发电系统如图 2-33 所示。

图 2-32　薄如纸片的太阳能电池

图 2-33　太阳能发电系统

（6）太阳能供电系统的类型

1）按供电类型分：可分为直流供电系统（见图 2-34）、交直流供电系统（见图 2-35）。

2）按供电特点分：可分为独立光伏发电系统、并网光伏发电系统。

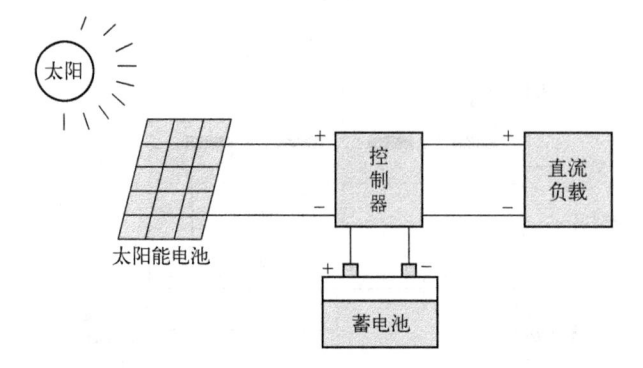

图 2-34　太阳能直流供电系统

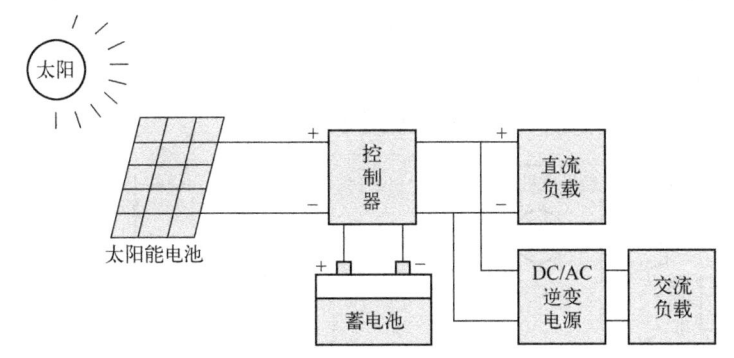

图 2-35 太阳能交直流供电系统

3．生物质能发电

（1）生物质能

生物质指通过光合作用而形成的各种有机体，包括所有的动植物和微生物。

生物质能是太阳能以化学形式储存在生物质中的能量形式，以生物质为载体的能量。

生物质能种类繁多，目前可被利用主要包括：木材和森林工业废弃物（树枝、树叶、树根等）；农业废弃物（秸秆、果核、玉米芯等）；水生植物（藻类等）；油料作物（棉籽、麻籽、油桐等）；城市与工业有机废弃物（垃圾和食品、屠宰、制酒、制纸工业的排泄物等）。

（2）生物质能发电

生物质能由太阳能转化而来，是可再生能源。

生物质能发电厂的种类较多，规模大小受生物质能资源的制约，主要有垃圾焚烧发电厂、沼气发电厂、薪柴发电厂、蔗渣发电厂等。

4．地热能发电

（1）地热能

地球本身就是一个巨大的热库，其内部蕴藏的热能即"地热能"，是取之不尽的可再生能源。地热资源根据其在地下储热中存在的不同形式，可以分为以下五种类型：蒸汽型地热资源、热水型地热资源、地压型地热资源、干热岩型地热资源、岩浆型地热资源。

（2）地热发电

地热发电是用高温地热资源进行发电的方式，其原理与常规火力发电基本相同，只不过高温热源是地下储热，如图 2-36 所示。

图 2-36 地热发电

根据地热资源的特点以及开发技术的不同,通常地热发电可分为以下几种:
1) 直接利用地热蒸汽发电。
2) 闪蒸地热发电系统(减压扩容法,见图 2-37)

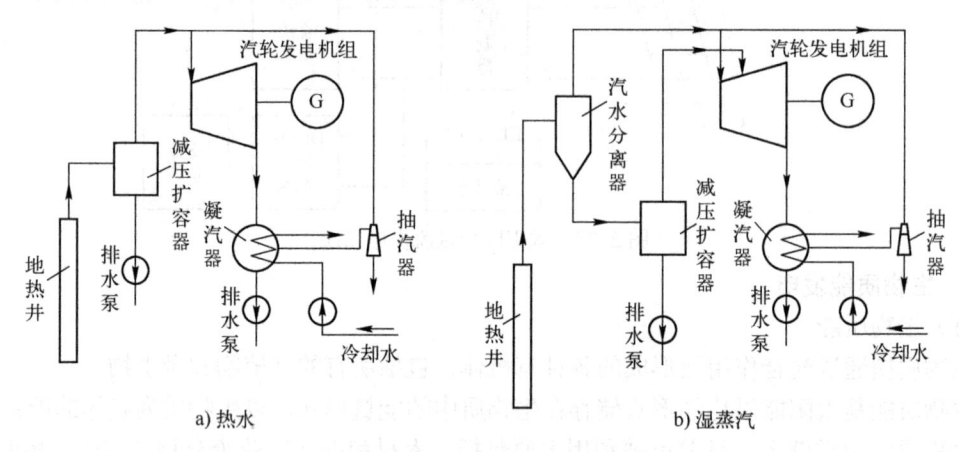

图 2-37 闪蒸地热发电系统

3) 双循环地热发电系统(低沸点工质循环,见图 2-38)。

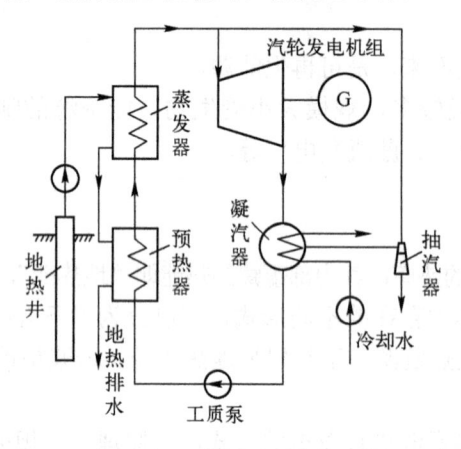

图 2-38 双循环地热发电系统

5. 海洋能发电

(1) 海洋能

海洋能通常指海洋中所蕴藏的可再生的自然能源,主要为潮汐能、波浪能、海流能(潮流能)、海水温差能和海水浓度差能。潮汐能和潮流能来源于太阳和月亮对地球的引力作用,其他海洋能均源于太阳辐射。

(2) 海洋能发电

1) 潮汐电站。潮汐能是指海水潮涨和潮落形成的水的势能,多为 10m 以下的低水头,平均潮差在 3m 以上就有实际应用价值,潮汐电站目前已经实用化。在潮差大的海湾入口或河口筑坝构成水库,在坝内或坝侧安装水轮发电机组,利用堤坝两侧潮汐涨落的水位差驱动水轮发电机组发电。

2）波浪能电站。波浪能是海洋表面波浪所具有的动能和势能，是被研究得最为广泛的一种海洋能源。波浪能电站是利用波浪的上下振荡、前后摇摆、波浪压力的变化，通过某种装置将波浪的能量转换为机械的、气压的或液压的能量，然后通过传动机构、汽轮机、水轮机或油压马达驱动发电机发电的电站。

3）海流能电站。海流能是海水流动的动能，主要是指海底水道和海峡中较为稳定的海水流动以及由于潮汐导致的有规律的海水流动。海流发电装置的基本形式和风力发电相似，又称为水下风车。

4）海水温差发电。海水温差能是指海洋表层海水和深层海水之间水温之差的热能。

海洋的表面把太阳的辐射能大部分转化成为热水（25～58℃）并储存在海洋的上层，而接近冰点（4～7℃）的深层海水大面积地在不到1000m的深度从极地缓慢地环流到赤道。

2.4 现代电网技术

2.4.1 电力网的构成和功能

电力系统中各级电压的电力线路及其联系的变电所，称为电力网或电网（Power Network）。但习惯上，电网和系统往往以电压等级来区分，如35kV电网或10kV系统。这里所指的电网或系统，实际上是指某一电压级相互联系的整个电力线路。

按电压高低和供电范围大小，电网可分为区域电网和地方电网。区域电网的范围大，电压一般在220kV及以上。地方电网的范围较小，最高电压一般不超过110kV。

2.4.2 变配电所

变电所是变换电压和接受分配电能的场所，分为区域变电所、地区变电所和终端变电所等。

区域变电所：电压等级高，变压器容量大，进出线回路数多，由大电网供电，高压侧电压为330～750kV，全所停电后，将引起整个系统解列甚至瓦解；

地区变电所：由发电厂或区域变电所供电，高压侧电压为110～220kV，全所停电后，将使该地区中断供电；

终端变电所：是电网的末端变电所，主要由地区变电所供电，其高压侧为35～110kV，全所停电后，将使用户中断供电。

配电所只接受和分配电能，不变换电压。

工厂供配电系统由总降压变电所、高压配电线路、车间变电所、低压配电线路及用电设备组成。

2.4.3 电力线路

电力线路是电能输送的通道和载体。一般按其功能将电力线路划分为输电线路和配电线路。

输电通常指的是将发电厂或发电基地（包括若干电厂）发出的电能输送到消费电能的地区（又称负荷中心），或者将一个电网的电能输送到另一个电网，实现电网互联，构成互联电网。

配电通常是指从降压变电站（所）将电能分配给各个用户。

输电线路通常指 35kV 及以上电压等级的电力线路，而 35kV 以下电压等级的电力线路常称为配电线路，前者构成输电网络，后者构成配电网络。

输电是用变压器将发电机发出的电能升压后，再经断路器等控制设备接入输电线路来实现。按照输送电流的性质，输电分为交流输电和直流输电。按结构形式，输电线路分为架空输电线路和电缆线路。架空输电线路如图 2-39 所示。

图 2-39　架空输电线路

架空输电线路是用电杆将导线悬空架设，直接向用户传送电能的电力线路，由线路杆塔、导线、横担、金具、绝缘子、拉线和接地装置等组成，架设在地面之上。其中裸导线如图 2-40 所示，绝缘导线如图 2-41 所示。

图 2-40　裸导线　　　　　　　　　　图 2-41　绝缘导线

电缆通常是由几根或几组导线（每组至少两根）绞合而成的类似绳索的线缆，每组导线之间相互绝缘，并常围绕着一根中心扭成，整个外面包有高度绝缘的覆盖层，如图 2-42 所示。

2.4.4　电网运行和调度

1. 电力工业生产的主要特点

1）电力生产的同时性：发电、供电、用电同时完成。

图 2-42　电缆结构示意图

2）电力生产的整体性：电力系统是由发电、供电和用电三者紧密连接起来的系统，任何一个环节配合不好，都会影响电力系统的安全、稳定、可靠和经济运行。

3）电力生产的快速性：电能输送过程迅速，达到 30 万 km/s，发、供、用电瞬间同时实现。

4）电力生产的连续性：电能质量需要实时、连续监视与调整。

5）电力生产的实时性：电网事故发展迅速涉及面大，需要实时安全监控。

6）电力生产的随机性：电网运行由于用电负荷的变化、异常情况及事故发生变化是随机性的，在电力生产过程中，需要实时电力调度及安全监控系统跟踪随机事件，以保证电能质量及电网安全运行。

2. 现代电网的发展及主要特点

电能从生产到使用要经过发电、输电、配电、用电四个环节，N 个发电厂及输变电设备构成输电网，所有配电、变电、用电设备构成配电网，共同输送电力到负荷中心，输电网和配电网统称为电网，发电厂、输电网、配电网、用电设备组成一个集成的整体，称为电力系统。

电网输电电压分为高压、超高压、特高压三种，高压（HV）为 35~220kV 电压等级，超高压（EHV）为 330~1000kV 电压等级，特高压（UHV）为 1000kV 以上的电压等级，高压直流为±600kV 及以下的直流输电电压，目前国内高压电网是指 110~220kV 电网，超高压电网是指 330kV、500kV、750kV 电网，特高压电网是指以 1000kV 交流及±800kV 直流输电网为骨架的电网。在理论上，输电线路的能力与输电电压的二次方成正比，输电电压提高一倍，输送能力提高至 4 倍，再选择更高一级电压时，因相邻电网输电电压之比等于 2，多数是大于 2，电网的输送能力可提高至 4 倍以上。实践证明，按以上原则组成的电网经济合理，有利于电网的发展及供电服务区域的扩大。

电力系统通过配电网直接向用户供电。从广义上讲，110kV 及以下电压的线路和设备构成的电力网均可称为配电网。国外一般将低于 1kV 的电压称为低压；1~36kV 的电压称为中压；36kV 以上的电压称为高压；300kV 以上的电压称为超高压。在我国，将低于 1kV 的电压称为低压，具体指 380V（三相）、220V（单相）；1~20kV 称为中压；35~110kV 则称为高压。

配电系统主要指 1~20kV 电压级的设备和线路构成的中压配电网。35~110kV 配电网称为高压配电网。配电系统由配电变电站、配电线路等构成。

配电变电站是变换供电电压、分配电力并对配电线路及配电设备实现控制和保护的配电设施。它与配电线路组成配电网，实现分配电力的功能。配电变电站接受电力的进线电压通常较高，经过变压之后以一种或两种较低的电压为出线电压输出电力。

现代电网的特点如下：

1）各电网之间联系较强。
2）电压等级简化。
3）具有较高的供电可靠性。
4）具有足够的调峰、调频、调压，能够实现自动发电控制。
5）具有相应的安全稳定控制系统。
6）具有高度自动化的监控系统。

7）具有高度现代化的通信系统。
8）具有适应电力市场运营的技术支持系统。
9）有利于合理利用能源。

3. 区域电网互联的意义及作用

为满足负荷中心用电的需要，电力从一个电网输送到另一个电网，实现电网互联，以提高电网的安全水平和供电可靠性。

区域电网互联的作用如下：

1）可以合理利用能源，加强环境保护，有利于电力工业的可持续发展。
2）可安装大容量、高效能火电机组、水电机组和核电机组，有利于降低造价，节约能源，加快电力建设速度。
3）可以合理利用时差、温差，错开用电高峰，利用各地区用电的非同实时性进行负荷调整，以减少备用容量和装机容量。
4）可以在各地区之间互供电力、互为备用，以减少事故备用容量，提高电网安全水平和供电可靠性。
5）能承受较大的冲击负荷，有利于改善电能质量。
6）可以跨区进行经济调度，以取得更大的经济效益。

4. 调度管理的任务

电网调度管理的任务是组织、指挥、指导和协调电网的运行，保证实现下列基本要求：

1）按最大范围优化配置资源的原则，实现优化调度，充分发挥本电网发、供电设备的能力，最大限度地满足社会和人民生活用电的需要。
2）按照电网的客观规律和有关规定使电网连续、稳定、正常运行，保证供电可靠性。
3）使电网供电的质量（频率、电压和谐波分量等）指标符合国家规定的标准。
4）使整个电网在安全、经济的方式下运行。
5）按照"公平、公正、公开"的原则，依据有关合同或者协议，保护发电、供电、用电等各有关方面的合法权益。

5. 电网调度的支持系统

1）调度自动化系统，主要完成电力系统运行参数的实时采集、分析和处理。该系统的开发和使用不仅实现了基本的监控与数据采集系统（SCADA）功能，而且实现了在线潮流计算、实时负荷预测、无功电压优化等高级应用功能。当电网发生接地和短路故障时，系统能够快速、准确地判断故障类型，对故障点进行定位和隔离，并在最短时间内恢复供电，有效提高了供电可靠性。

2）故障录波器联网系统。电网发生故障后，该套系统能够向主站提供电压、电流、开关量及故障测距等录波信号，为调度员正确地分析和判断电网故障，以及故障定位提供了科学依据。

3）雷电检测系统，能够实时地接收邻近地区的雷电活动。线路遭受雷击后，能迅速推出雷击线路画面，提供雷电的强度、极性、确切地理位置和线路杆塔号等信息。这些信息指导于电网生产，加快了事故处理的速度。

4）通信系统担负电网管辖输、变配电设备的数据监控，自动化设备的数据传送，电力调度的通信等工作。

5）气象信息系统，直接接收气象台发布的气象信息，结合卫星云图的变化趋势，可以提前、合理地安排电网生产，制定雷雨季节的反事故措施，提高了生产计划的实施率。

2.4.5 电网的安全稳定控制

1. 电力系统的性能指标

电力系统的任务就是不间断地向用户供应质量（电压和频率等）合格的电能。保持电力系统持续安全稳定运行是必要条件。描述电力系统的性能的重要指标包括可靠性、安全性和稳定性。

电力系统的可靠性指的是长期符合要求运行的概率，它表示连续地、长期不停电地为用户提供充足电力服务的能力。

电力系统的安全性指电力系统能够承受可能发生的各种扰动而不对用户中断供电的风险程度。

电力系统稳定性是指电力系统在给定的初始运行工况下受到一个物理扰动后重新回到运行平衡点，且在该平衡点大部分系统变量都未越限，从而整个系统保持完整性的能力。电力系统受扰动后保持系统完整运行的持续性，取决于运行工况和扰动性质，如图2-43所示。

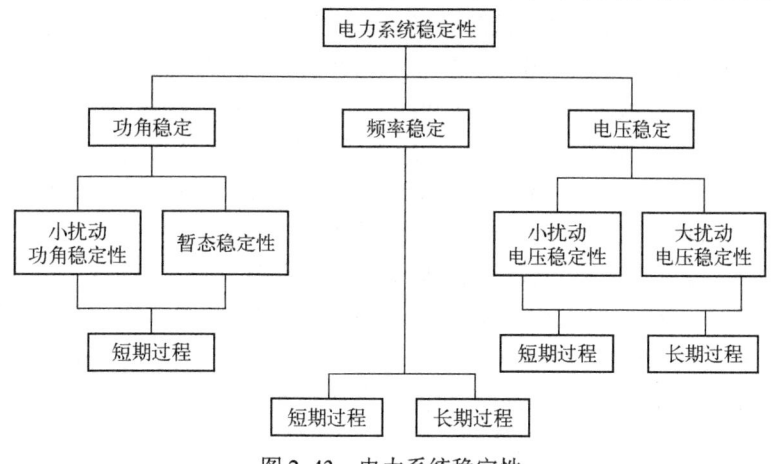

图2-43 电力系统稳定性

（1）功角稳定

功角稳定指的是互联电力系统中的同步发电机在正常运行状态下和受到扰动时维持同步运行的能力。

功角稳定性取决于系统中各台发电机在电磁转矩和机械转矩之间维持或恢复平衡的能力，失稳的形式表现为某些发电机相对其他发电机的功角摆动不断增大直至失去同步。功角稳定进一步分为小扰动（或小信号）稳定和大扰动（或暂态）稳定，前者指的是在小扰动情况下维持同步运行的能力，后者指的是系统遭受大扰动时维持同步运行的能力。

（2）电压稳定

电压稳定指的是电力系统在正常运行状态下和受到扰动时，系统电压能够保持或恢复到允许的范围内，不发生电压崩溃的能力。

电压稳定性取决于电力系统在负荷需求与系统向负荷供电之间维持/恢复平衡的能力。电压失稳的形式可表现为某些母线电压不断上升或下降。引起电压失稳的主要因素是系统不能够维持无功功率的平衡。发生电压失稳的后果可以是损失区域负荷，或保护系统动作引起输电线路和其他元件跳闸，进而导致连锁故障。

小扰动电压稳定性指的是小扰动情况下（如系统负荷逐渐增长时）系统对电压的控制能力。大干扰电压稳定性指的是系统在遭受大扰动（如系统故障或线路跳闸）后维持稳态电压的能力。

研究电压稳定性的时间可从几秒到几十秒，故电压稳定可以是短期或长期现象。

（3）频率稳定

频率稳定指的是电力系统在遭受严重扰动后，发电与负荷需求出现较大不平衡后（无论是否导致系统解列），系统频率能够保持或恢复到允许的范围内，不发生频率崩溃的能力。

频率稳定性取决于系统以最小的非计划负荷损失维持/恢复发电和负荷之间平衡的能力。频率失稳的形式是持续的频率振荡导致发电机和负荷跳闸。

2．电力系统的扰动

小扰动：由于负荷的正常波动、功率和潮流控制、变压器分接头调整和联络线功率自然波动等引起的扰动。

大扰动：系统元件短路、切换操作和其他较大的功率或阻抗变化引起的扰动。大扰动可按扰动严重程度和发生概率分为三类。

1）单一故障（出现概率较高的故障）：①任何线路单相瞬时接地故障重合成功；②同级电压的双回或多回线和环网，任一回线单相永久故障重合不成功及无故障三相断开不重合；③同级电压的双回或多回线和环网，任一回线三相故障断开；④任一发电机跳闸或失磁，任一新能源场站或储能电站脱网；⑤任一台变压器故障退出运行（辐射型结构的单台变压器除外）；⑥任一大负荷突然变化；⑦任一回交流系统间联络线故障或无故障跳开不重合；⑧直流系统单极闭锁，或单换流器闭锁；⑨直流单极线路短路故障。

2）单一严重故障（出现概率较低的故障）：①单回线或单台变压器（辐射型结构）故障或无故障三相断开；②任一段母线故障；③同杆并架双回线的异名两相同时发生单相接地故障重合不成功，双回线三相同时断开，或同杆并架双回线同时无故障断开；④直流系统双极闭锁，或两个及以上换流器闭锁（不含同一极的两个换流器）；⑤直流双极线路短路故障。

3）多重严重故障（出现概率很低的故障）：①故障时开关拒动；②故障时继电保护、自动装置误动或拒动；③自动调节装置失灵；④多重故障；⑤失去大容量发电厂；⑥新能源大规模脱网；⑦其他偶然因素。

电力系统扰动的发展和扩大示意图如图 2-44 所示。

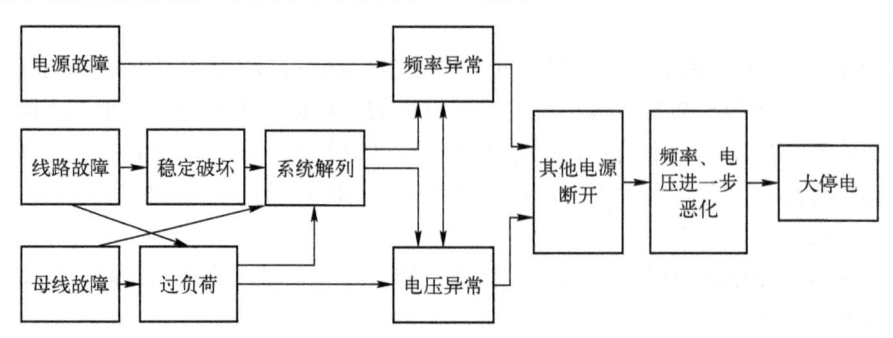

图 2-44 电力系统扰动的发展和扩大示意图

GB 38755—2019《电力系统安全稳定导则》将电力系统承受大扰动能力的安全稳定标准分为三级。

1）第一级安全稳定标准。正常运行方式下的电力系统受到前述的单一故障扰动后，保护、开关及重合闸正确动作，不采取稳定控制措施，应能保持电力系统稳定运行和电网的正常供电，其他元件不超过规定的事故过负荷能力，不发生连锁跳闸。

2）第二级安全稳定标准。正常运行方式下的电力系统受到前述的单一严重故障扰动后，保护、开关及重合闸正确动作，应能保持稳定运行，必要时允许采取切机和切负荷、直流紧急功率控制、抽水蓄能电站切泵等稳定控制措施。

3）第三级安全稳定标准。电力系统因前述的多重严重故障导致稳定破坏时，必须采取失步/快速解列、低频/低压减载、高频切机等措施，避免造成长时间大面积停电和对重要用户（包括厂用电）的灾难性停电，使负荷损失尽可能减少到最小，电力系统应尽快恢复正常运行。

3. 电力系统安全稳定控制

电力系统安全控制的主要内容包括对电力系统进行安全监视和安全分析，并提出安全控制对策并予以实施。

提高电力系统安全性的控制有两类。

1）预防性控制：系统稳定运行时安全裕度不够，为防止出现紧急状态采取的预防性控制。预防性控制措施包括正常运行时调整系统工作运行点，保持功角稳定运行并具有必要的安全稳定储备。主要方法是发电机功率调节、调节发电机励磁、直流输电的功率调制等。

2）预测性控制：系统已出现紧急状态，为防止事故扩大而采取的紧急控制（控制装置）。

一般而言，电力系统运行状态可分为三种：正常状态、紧急状态和恢复状态。DL/T 723—2000《电力系统安全稳定控制技术导则》给出电力系统运行状态的定义。

安全状态：电力系统能够保持充裕性和安全性的运行状态。充裕性是指电力系统在静态条件下，并且系统元件的负载不超出其定额，母线电压和系统频率维持在允许范围内，考虑系统元件计划和非计划停运的情况下，供给用户要求的总的电力和电量的能力。

警戒状态：电力系统的潜在不充裕和/或不安全状态。在此状态下，如出现特定可承受事件将导致损失负荷、系统元件的负载超出其定额、母线电压和系统频率超越允许范围、功角不稳定、连锁反应、电压不稳定或某些其他不稳定。

紧急状态：电力系统的异常状态。在此状态下，某些系统元件的负载超出其定额，某些母线电压或系统频率超越允许范围，出现稳定危机，可能损失部分负荷。紧急状态要求采取紧急控制作用以保持系统稳定，防止设备损坏和系统状态进一步恶化。

恢复状态：重建电力系统充裕状态采取的一系列控制作用，包括发电机快速起动、再同步并列、输电线重新带电、负荷再供电和电力系统解列的部分再同步运行。

电力系统运行状态及相互转换关系如图2-45所示。

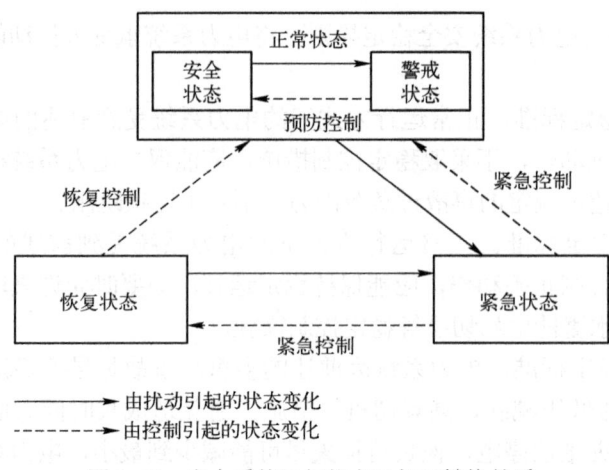

图 2-45 电力系统运行状态及相互转换关系

处于安全状态的电力系统受到某一由扰动引起的状态变化可能转入警戒状态。通过一些必要的控制如调整发电机电压或出力等，使系统转为安全状态，这种控制称为预防控制。

处于正常状态的电力系统受到较严重的扰动时，可能转为紧急状态。电力系统在紧急状态下为了维持稳定运行和持续供电，必须采取必要的控制措施，这种控制称为紧急控制或预测控制。

恢复状态下系统的完整性一般已受到破坏，如某些发电机或负荷被切除、系统某些部分被解列等，因而需要进行恢复控制。恢复控制包括启动备用设备，改变发电机组功率，重新投入被切机组、用户和线路等。

电力系统的预防控制、紧急控制和恢复控制总称为安全控制。安全控制是维持一个电力系统安全运行所不可缺少的。不过在电力系统发展初始阶段，这种控制比较容易实现，一般可使用比较简单的就地控制装置。随着电力系统的发展扩大，对安全控制提出了越来越高的要求，安全稳定控制成为电力系统控制和运行的一个极重要的课题。

4．电力系统安全稳定控制的基本原则

在 DL/T 723—2000《电力系统安全稳定控制技术导则》中，为保证电力系统安全稳定运行，二次系统配备的完备防御系统应分为三道防线。

第一道防线：由性能良好的继电保护装置构成，确保快速、正确地切除电力系统的故障元件，防止系统失去稳定。

第二道防线：由电力系统安全稳定控制系统（装置）构成，针对预先考虑的故障形态和运行方式，按预定的控制策略，实施切机、切负荷、局部解列等稳定控制措施防止系统失去稳定，一般为主动采取措施。

第三道防线：由失步解列、频率及电压紧急控制装置构成，当电力系统发生失步振荡、频率异常、电压异常等事故时，采取解列、切负荷、切机等控制措施，防止系统崩溃，避免出现大面积停电。这一防线一般与运行方式和故障形态无关，宜分散、就地配置。

电力系统状态转换及与三道防线关系如图 2-46 所示。电力系统稳定控制阶段示意图如图 2-47 所示。

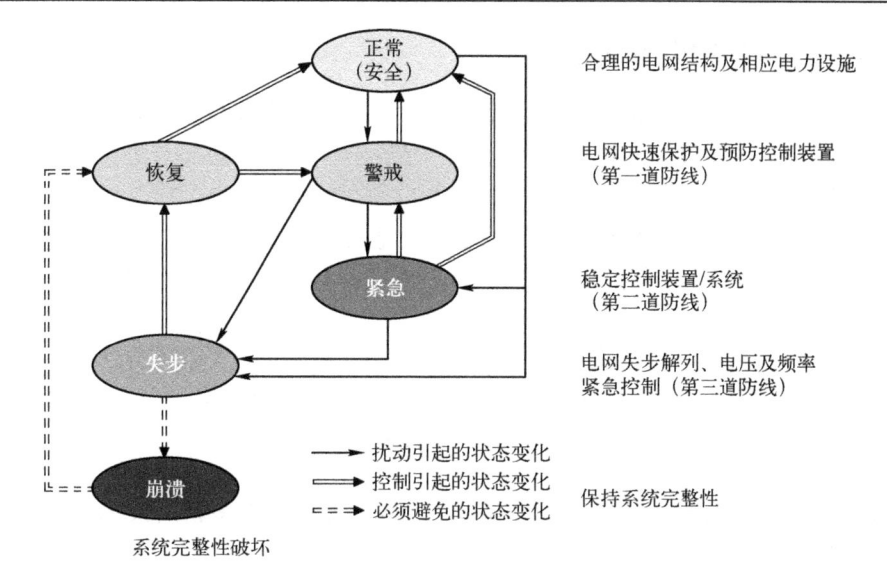

图 2-46 电力系统状态转换及与三道防线关系

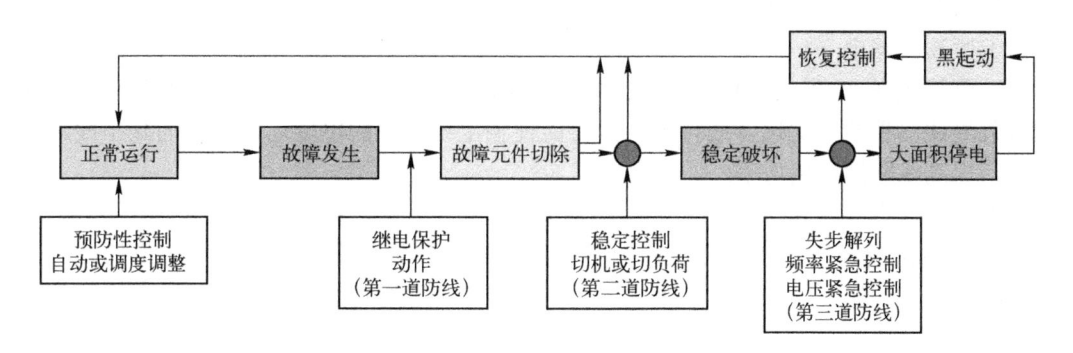

图 2-47 电力系统稳定控制阶段示意图

2.4.6 电力企业的节能

节能降损是电力企业节能工作的核心。电力企业的节能减排措施包括：①加强节能工作的制度化、规范化、标准化。②加强营销管理，降低管理线损。③加快电网改革步伐，降低技术线损。完善的电网结构、合理的供电方式、先进的技术设备，是电力企业发展的目标，同时也是电力企业降损节能，提高经济效益的基础。④加强综合资源规划和电力需求侧管理，促进降损节能。综合资源规划是将供、需双方的资源作为一个整体加以综合分析，充分考虑供需的能力及潜力，从而最经济、合理地利用资源。它的创新之处在于考虑广泛的资源及规划方案，最大限度地克服资源短缺、环境污染及电厂建设资金不足、规模限制等不利因素，是实现最低成本能源服务的重要途径。电力需求侧管理作为提高电能利用率、优化资源配置、保护环境的一项重要手段，是实现电力、经济、环境可持续性发展及节能减排的一项重要举措，是解决我国能源供应紧张，改善电力负荷特性，优化电网运行环境，全面建设电力和谐社会的必由之路。

2.4.7　输电技术及新输电方式

电力网络是当今世界覆盖面最广、涉及面最大、技术先进和装备复杂的人造系统，所具备的特点有同时性、同步性和随机性。

1．交流输电

交流输电的基本技术是运用变压器传输原理（见图2-48）。

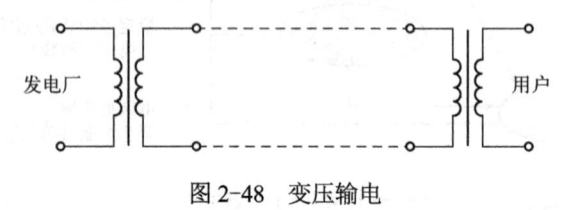

图 2-48　变压输电

近年来，为了提高传输效率，围绕提高传输的功率发展了很多新的技术。

（1）多相输电

多相输电在1972年由美国学者提出，即在输电过程中采用三相输电的整倍数相，如6、9、12相输电，以大幅度地提高输送功率极限。

（2）紧凑型输电

紧凑型输电在20世纪80年代由苏联学者提出。它从优化输电线和杆塔结构着手，通过增加分裂导线的根数，优化导线排列，尽可能使输电线附近的电场均匀，从而减小线路的线间距离，提高线路的自然功率。

（3）超导输电

超导输电是超导技术在电力工业中的应用，目前在国际上已能制造小容量的超导发电机、超导变压器和超导电缆，但是距离工业应用还有一段距离。

（4）无线输电

现代主要研究和有希望在未来实现工业化应用的无线输电方式包括微波输电、激光输电和真空管道输电。

2．新型输电技术

（1）高压直流输电（High Voltage Direct Current，HVDC）

在发电和变压上，交流有明显的优越性，但是在输电问题上，直流有交流所没有的优点。和交流输电相比，直流输电有三个主要优点：

1）当输电距离足够长时，直流输电的经济性将优于交流输电。

2）直流输电通过对换流器的控制可以快速地（时间为ms级）调整直流线路上的功率，从而提高交流系统的稳定性。

3）可以连接两个不同步或频率不同的交流系统。

一直以来，直流输电的发展与换流技术（特别是高电压、大功率换流设备）的发展有密切的关系。但是近年来，除了电力电子技术的进步推动，随着大量直流工程的投入运行，直流输电的控制、保护、故障、可靠性等多种问题也越发显得重要。因此多种新技术的综合应用使得直流输电技术有了新进展。1982年，我国开始对葛洲坝水电站向华东送电进行可行性研究，由于直流输电在远距离输电和联网方面的优点，最终选择了直流输电方案。该工程既解决了葛洲坝水电站向华东地区的送电问题，又实现了华中与华东两大电网的非同期联网，它具有输电和联网的双重性质。其原理是，将发电厂发出的交流电，经整流器变换成直流电输送至受电端，再用逆变器将直流电变换成交流电送到交流电网。直流输电系统主要由换流站（整流站和逆变站）、直流线路、交流侧和直流侧的电力滤波器、无功补偿装置、换流变压器、直流电抗器以及保护、控制装置等构成（见图 2-49）。其中换流站是直流输电系统的核心，它完成交流和直流之间的变换。

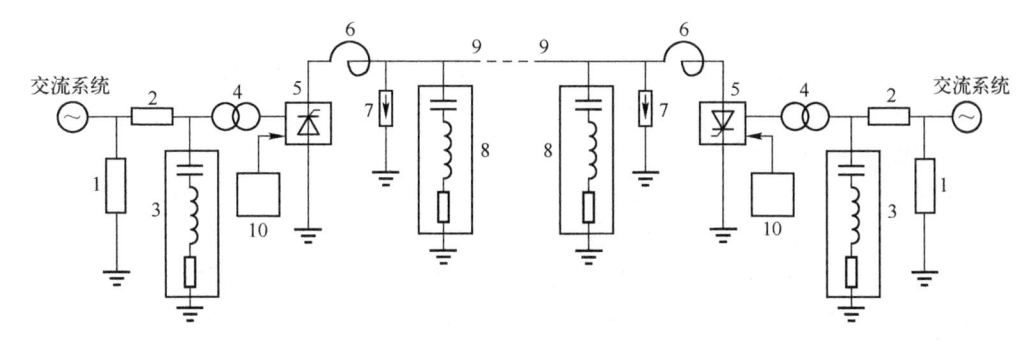

图 2-49 直流输电系统的基本构成

1—无功补偿装置 2—交流断路器 3—交流滤波器 4—换流变压器 5—换流装置
6—平波电抗器 7—避雷器 8—直流滤波器 9—直流输电线 10—保护和控制

（2）灵活交流输电（柔性输电）（Flexible AC Transmission Systems，FACTS）

灵活交流输电是利用大功率电力电子元器件构成的装置来控制或调节交流电力系统的运行参数或网络参数，从而优化电力系统的运行状态，提高电力系统输电能力的技术。

随着交流输电运行功能要求的扩展和电力电子技术的发展，柔性交流输电系统中所采用的电力电子补偿控制器的类型也越来越多，按技术实现途径分类，交流输电系统中现已使用的电力电子控制器可分为以下两类：

1）采用晶闸管开关电路的电力电子控制器。
2）采用全控型开关器件电压源或电流源变流器的电力电子控制器。

3．新型输电技术研究意义

高压直流输电和灵活交流输电的基本特点都是控制十分迅速，因而当系统中含有 HVDC 线路或 FACTS 装置时，电力系统的暂态和动态调控手段都大大加强。

研究 HVDC 和 FACTS 的原理和在各种运行工况下的分析方法、控制技术及含有 HVDC 和 FACTS 的电力系统的潮流计算方法及控制策略等成为电力科学研究的一个重要领域。

2.5 电力系统供用电技术

2.5.1 电力负荷控制技术

1．无线电力负荷控制技术

无线电力负荷控制技术采用无线电波作为信息传输通道，控制中心通过无线电台与中转站、接收执行站交换信息，向大中小各用户发送各种负荷控制指令，控制用户侧用电设备的控制系统，实现负荷控制目的。

2. 工频电力负荷控制技术

工频电力负荷控制技术要求在每个变电站装设一台工频信号发射机，应用配电网络作为传输通道。其基本原理是根据控制中心发来的控制信号，在配电变压器低压侧，在电源电压过零点前 25°左右时产生一个畸变，该畸变信号返送到 10kV 侧，再传输给该变电站的低压侧。

由于畸变是按照信息编码的要求产生的，所以在接收端通过判别电压过零前的畸变来接收编码信息，即可实现用户侧的负荷控制。

3. 载波电力负荷控制技术

传统的载波通信是把载波信号耦合到高压线的某一相上，经高压线传送，接收端通过从同一相的高压线上获取此载波信号来实现一对一的远方通信。而载波负荷控制技术是把频率调制到 10kHz 左右的控制信号耦合到配电网的 6～35kV 母线上，并随配电网传输到位于电网末端的低压侧。位于低压侧的载波负荷控制接收机从电源中检测出此控制信号，完成相应的控制操作。载波电力负荷控制能直接控制到千家万户，有很好的扩展性。

4. 音频电力负荷控制技术

音频电力负荷控制技术的基本原理与载波电力负荷控制技术相似。该控制技术是在系统内每个变电站装设一套信号注入设备，与变电站一次设备相连。注入设备包括载波式音频信号发射机、站端控制机与信号耦合装置。站端控制机接收来自控制中心的负荷控制命令，转入载波式音频信号发射机，发射机把此命令变成大功率的控制信号，经信号耦合至配电网中，实现载波（音频）控制信号叠加到配电网上，最后传输至用户侧。安装在用户侧的电力负荷控制终端从电源中检测出控制信号，完成相应的操作。

应用电力负荷控制系统进行电力需求侧管理能够有效缓解电力供需矛盾，引导电力用户优化用电方式，提高终端用电效率，最大限度地提高电力资源利用率，减少资源消耗，达到节约能源、保护环境、优化电力资源配置的目的，实现能源、经济、环境的可持续发展。

2.5.2 电能质量

电能质量指通过公用电网供给用户端的交流电能的品质。电能质量的指标是频率、电压和交流电的波形。当三者在允许的范围内变动时，电能质量合格；当上述三者的偏差超过容许范围时，不仅严重影响用户的工作，对电力系统本身的运行也有严重的危害。

1. 电压

电压质量是以电压偏离额定电压的幅度（电压偏差）、电压波动与闪变和电压波形来衡量的。

（1）电压偏差

电压偏差是电压偏离额定电压的幅度，一般以百分数表示，即

$$\Delta U\% = \frac{U - U_N}{U_N} \times 100\% \tag{2-18}$$

式中，$\Delta U\%$ 为电压偏差百分数；U 为实际电压（kV）；U_N 为额定电压（kV）。

(2) 电压波动与闪变

电压波动是指电压的急剧变化。电压波动程度以电压最大值与最小值之差或其百分数表示，即

$$\delta U = U_{\max} - U_{\min} \tag{2-19}$$

$$\delta U\% = \frac{U_{\max} - U_{\min}}{U_{N}} \times 100\% \tag{2-20}$$

式中，δU 为电压波动；$\delta U\%$ 为电压波动百分数；$U_{\max}$、$U_{\min}$ 为电压波动的最大值和最小值（kV）；U_{N} 为额定电压（kV）。

电压波动将影响电动机正常起动，甚至使电动机无法起动；对同步电动机还可能引起转子振动；将使电子设备和计算机无法工作；将使照明灯发生明显的闪烁，严重影响视力，使人无法正常生产、工作和学习。

电压闪变是人眼对灯闪的一种直观感觉。电压闪变对人眼有刺激作用，甚至使人无法正常工作和学习，严重的电压闪变还会增加事故的概率。

(3) 波形

波形的质量是以正弦电压波形畸变率来衡量的。在理想情况下，电压波形为正弦波，但电力系统中有大量非线性负荷，使电压波形发生畸变，除基波外，还有各项谐波，电力系统中主要以 3 次、5 次等奇次谐波为主。

谐波的危害如下：

1) 使变压器和电动机的铁心损耗增加，引起局部过热，同时振动和噪声增大，缩短使用寿命。
2) 使线路的功率损耗和电能损耗增加，并有可能使电力线路出现电压谐振，产生过电压，击穿电气设备的绝缘。
3) 使电容器产生过负荷而影响其使用寿命。
4) 使继电保护及自动装置产生误动作。
5) 使计算电费用的感应式电能表的计量不准。
6) 对附近的通信线路产生信号干扰，使数据传输失真等。

2. 频率

频率的质量是以频率偏差来衡量的。我国一般交流电力设备的额定频率为 50Hz，此频率通称"工频"（工业频率）。不同情况下对频率的要求见表 2-2。

表 2-2 各种情况下允许的频率偏差

运行情况		允许频率偏差/Hz
正常运行	300 万 kW 及以上	±0.2
	300 万 kW 及以下	±0.5
非正常运行		±1.0

3. 三相不平衡

三相不平衡指三相系统中三相电压（或电流）的不平衡程度，用电压（或电流）负序分量有效值 U_2 与正序分量有效值 U_1 的百分比来表示，即

$$\varepsilon U\% = \frac{U_2}{U_1} \times 100\% \qquad (2-21)$$

产生三相电压不平衡的原因是三相负荷不对称。

三相电压不平衡的危害如下：

1）使电动机产生一个反向转矩，降低输出转矩，同时总电流增大，绕组温升增高，加速绝缘老化，缩短使用寿命。

2）使变压器的容量得不到充分利用。

3）使整流设备产生更多的高次谐波，进一步影响电能质量。

4）使作用于负序电流的继电保护装置产生误动和拒动。

4．暂时过电压和瞬态过电压

过电压是指峰值电压超过系统正常运行的最高峰值电压时的工况。

暂时过电压：包括工频过电压和谐振过电压，其特征为在其持续时间范围内无衰减或弱衰减。

瞬态过电压：包括操作过电压和雷击过电压，其特征为振荡或非振荡衰减，且衰减很快，持续时间只有几毫秒或几十微秒。

过电压的危害：使电力设备故障、影响电力安全运行。

5．电能质量控制技术

电能质量的传统控制技术：控制频率偏差、电压偏差、三相电压不平衡以及保证供电的可靠性。

电能质量的现代控制技术：包括柔性交流输电技术和柔性配电技术等。

柔性交流输电技术又称为基于电力电子技术的灵活交流输电系统，通过控制电力系统的基本参数来灵活控制系统潮流，使电力传输容量更接近线路的热稳定极限。

柔性配电技术指将柔性交流输电系统中的现代电力电子技术及相关的检测和控制设备延伸应用于配电领域。

2.5.3　节电技术

1．决定用电设备电能浪费的几种要素

（1）供电电压

通常由于用电器具距离电源较远，在用电高峰期，势必引起电网供电线路末端电压下降。为了弥补这种损失，电网公司所输送的电网电压总是比用电设备所使用的额定电压高出一部分，这部分多出来的电压，就形成了电能的过剩供给，也就是通常说的"大马拉小车"现象。过剩电压施加于用电设备时，会使用电器具长期工作在超负荷的状态下，这不但造成电力电源的浪费，还会直接缩短用电设备的使用寿命。

（2）三相电源不平衡

由于目前用电设备，特别是单相大功率设备应用较为普遍，造成三相电源不对称，负载大的相偏低、负载小的相偏高，这种现象会造成逆相序旋转磁场，影响用电设备的输出功率。转子产生逆序电流，从而产生制动转矩，使用电设备温度升高，输出功率减小。三相不平衡越大，线损越大。

(3）谐波

电网上的高次谐波来源很多，如大气过电压、雷击、变频设备、晶闸管设备的投入运行等。由于电网中存在高次谐波，既增加了用电设备损耗，又会使效率降低，用电设备发热加剧、温升提高、使用寿命缩短。

（4）功率因数

功率因数的高低是影响电源利用率的关键因素，功率因数低，会降低电源利用率，降低设备的效率，增加电路上的损耗。

（5）负载电流大小

设备电机长时期工作在大电流状态下，会增加用电设备的损耗，提高设备工作温度，缩短使用寿命。

（6）瞬流和浪涌

企业内部用电设备产生大量的瞬流和浪涌，在小电网里迂回徘徊，产生电力污染，给用电设备造成损害，同时也造成了电能的大量浪费。

2．常用节电技术

针对引起电能浪费的几个方面，掌握各种节电技术的特点并合理应用，是降低电耗、提高节电效果与电网质量的前提条件。常用的节电技术主要体现在以下几个方面。

（1）晶闸管斩波技术

该节电技术使节电率有所提高，但同时产生大量谐波污染电网，增加电器损耗，使效率降低，电器发热加剧，因电流谐波损失的影响，节电效果比正弦波情况要差。

（2）抑制浪涌技术

采用高速微处理器、无谐波的新技术、动态调节用电设备在运行过程中的电流，能有效地抑制瞬变浪涌和谐波，使输入电机的能量尽可能多输入到用电设备上，将电机浪费的能量减少到最低值，有效地提高了用电设备在运行中的功率因数，这样既可以延长用电设备的使用寿命，又可以节约电费，实现节电。采用专用瞬变抑制元件及科学设计，利用标准的罐形电容在感性系统中加入电容容抗来使功率因数得到改善，并能逐渐消除因高次谐波在电路中冲击形成的沉积物炭（使电路老化发热的主要物质），从而有效降低线损，使电路平稳纯净，并有效过滤电网电路中的瞬变浪涌，提高设备运行效率，实现节电的目的。

（3）变频技术

变频调速技术是一种以改变电机频率和改变电压来达到电机调速目的的技术。采用交流电机变频调速技术，可产生节电及增产的效果。运用变频控制技术的变频空调，可根据环境温度自动选择制热、制冷和除湿运转方式，使居室在短时间内迅速达到所需要的温度，并在低转速、低能耗状态下以较小的温差波动，实现了快速、节能和舒适控温效果。

用调速控制代替挡风板或节流阀控制风流量，是风机水泵节电的一个有效途径。变频空调通过提高压缩机工作频率的方式，提升了在低温时的制热能力，最大制热量可达到同类空调器的 1.5 倍，低温下仍能保持良好的制热效果。此外，一般的分体机只有 4 档风速可供调节，而变频空调器的室内风机自动运行时，转速会随压缩机的工作频率在 12 档风速范围内变化，由于风机的转速与空调器的能力配合较为合理、细腻，因此实现了低噪声的宁静运行，最低噪声只有 30dB 左右。

(4) 电磁调控技术

运用最新高科技电磁调控原理，采用电磁调压、电磁移相、电磁平衡变换等高尖端自有专利技术与微计算机智能控制电路完美组合，针对目前电网实际参数，抓住着重有效解决影响用电设备电能浪费的几种要素，通过实时监测电器负载变化的情况，应用最优化控制原理，自动控制输出功率，控制供给电器设备的功率为实际需要的功率，达到精确匹配；并将多余的能量反馈给电网，提高电器设备的功率因数，降低线损，提高系统用电效率，增大线路容量，使电压平衡得到改善，减少电器设备附加损耗，延长电器设备的使用寿命，从而有效实现了系统综合节电，大幅提高了节电效率。

(5) 单片机控制技术

单相异步电机在设计时一般会加大电机功率的容量，以保证电机正常运行。而起动后，电机一般在额定负荷的 40%~60%运行，尤其在电机空载时甚至只在 20%~30%的额定容量下运行，此时的电机处在低效运行区，造成很大的浪费。采用单片机控制，自动检测电机负载及功率因数，适时调整输出功率，使电机在空载情况下降低输出功率和端电压，在刚好维护电机能正常运转的条件下工作；在检测电路检测到负载增加时，自动提高输出功率和端电压使之与功率需求相匹配，达到节能节电的目的。在正常供电条件下，空载时节电率可高达 70%，有负载时也高于 20%；如果电机的功率较大，电机的效率较低，或现场电压高于 220V 等情况，其节电效率更佳。

电能既是最重要的能源，又是消耗其他能源生产的能源产品，节约能源已经被专家视为与煤炭、石油、天然气和电力同等重要的"第五能源"。为此，节约电能尤为重要。节电是节能的重要内容，国内的节电公司如北京中科宇杰节电设备有限公司，通过所掌握上述各种节电技术的特点，对用电企业进行节电审计，根据企业的现实情况，最大限度地针对用电企业，合理地采用上述技术对用电企业进行节电改造，使企业获取最大的经济效益。

2.6 电力系统可靠性

电力系统的任务是向用户提供源源不断、质量合格的电能。由于电力系统各种设备，包括发电机、变压器、输电线路、断路器等一次设备及与之配套的二次设备，都会发生不同类型的故障，从而影响电力系统正常运行和对用户正常供电。电力系统故障，对电力企业、用户和国民经济某些环节，都会造成不同程度的经济损失。随着社会现代化进程的加快，生产和生活对电源的依赖性也越来越大，而停电造成的损失也日益增大。因此，要求电力系统应有很高的可靠性。

电力系统可靠性是指电力系统按可接受的质量标准和所需数量不间断地向电力用户供应电力和电能量的能力的量度，电力系统可靠性包括两方面的内容，即充裕度和安全性。前者是指电力系统有足够的发电容量和足够的输电容量，在任何时候都能满足用户的峰荷要求，表征了电网的稳态性能，又称为静态可靠性，即在静态条件下电力系统满足用户电力和电能量的能力。后者是指电力系统在事故状态下的安全性和避免连锁反应而不会引起失控和大面积停电的能力，表征了电力系统的动态性能，也称为动态可靠性，即在动态条件下电力系统经受住突然扰动且不间断地向用户提供电力和电能量的能力。

电力系统可靠性是通过定量的可靠性指标来量度的，一般可以由故障对电力用户造成的不良后果的概率、频率、持续时间、故障引起的期望电力损失及期望电能量损失等指标描述，不同的子系统可以有不同的可靠性指标。电力系统规模很大，习惯上将电力系统分成若干子系统，根据这些子系统的功能特点分别评估各子系统的可靠性。

2.7 电力系统继电保护

2.7.1 继电保护的基本知识

电力系统运行过程中可能出现各种故障和不正常运行状态，这会使系统的正常工作遭到破坏，造成对用户少送电或电能质量难以满足要求，甚至造成人身伤亡和电气设备损坏（事故）。除应采取各项积极措施消除或减少发生故障（或事故）的可能性以外，一旦故障发生，必须迅速而有选择性地切除故障元件，完成这一功能的电力系统保护装置称为继电保护装置。

1. 继电保护的基本原理及构成

（1）继电保护基本原理

要完成电力系统继电保护的基本任务，首先必须"区分"电力系统的正常、不正常工作和故障三种运行状态，"甄别"出发生故障和出现异常的元件。而要进行"区分"和"甄别"，则必须明确电力元件在这三种运行状态下可测参量的差异，提取和利用这些可测参量的差异，从而实现对正常、不正常和故障元件的快速区分。依据可测电气量的不同差异，可以构成不同原理的继电保护。目前已经发现不同运行状态下具有明显差异的电气量有：流过电力元件的相电流、序电流、功率及其方向；元件的运行相电压幅值、序电压幅值；元件的电压与电流比值即"测量阻抗"等。发现并正确利用能可靠区分三种运行状态的可测参量或参量的新差异，就可以形成新的继电保护原理。

利用每个电力元件在内部与外部短路时两侧电流相量的差别可以构成电流差动保护；利用两侧电流相位的差别可以构成电流相位差动保护；利用两侧功率方向的差别可以构成方向比较式纵联保护；利用两侧测量阻抗的大小和方向等还可以构成其他原理的纵联保护；利用某种通信通道同时比较被保护元件两侧正常运行与故障时电气量差异的保护，称为纵联保护。它们只在被保护元件内部故障时动作，可以快速切除被保护元件内部任意点的故障，被认为具有绝对的选择性，常被用作220kV及以上输电网络和较大容量发电机、变压器、电动机等电力元件的主保护。

除反应上述各种电气量变化特征的保护外，还可以根据电力元件的特点实现反应非电气量特征的保护。例如，当变压器油箱内部的绕组短路时，反应于变压器油受热分解所产生的气体，构成气体保护；反应于电动机绕组温度的升高而构成的过热保护等。

（2）继电保护装置的构成

一般继电保护装置由测量比较元件、逻辑判断元件和执行输出元件三部分组成，如图2-50所示。

相应输入 → 测量比较元件 → 逻辑判断元件 → 执行输出元件 → 跳闸或信号

图2-50 继电保护装置的组成框图

现分述如下：

1）测量比较元件。测量比较元件用于测量通过被保护电力元件的物理参量，并与其给定的值进行比较，根据比较的结果，给出"是""非""0""1"性质的一组逻辑信号，从而判断保护装置是否应该启动。根据需要，继电保护装置往往有一个或多个测量比较元件。常用的测量比较元件有：被测电气量超过给定值动作的过量继电器，如过电流继电器、过电压继电器、高周波继电器等；被测电气量低于给定值动作的欠量继电器，如低电压继电器、阻抗继电器、低周波继电器等；被测电压、电流之间相位角满足一定值而动作的功率方向继电器等。

2）逻辑判断环节。逻辑判断元件根据测量比较元件输出逻辑信号的性质、先后顺序、持续时间等，使保护装置按一定的逻辑关系判定故障的类型和范围，最后确定是否应该使断路器跳闸、发出信号或不动作，并将对应的指令传给执行输出部分。

3）执行输出元件。执行输出元件根据逻辑判断部分传来的指令，发出跳开断路器的跳闸脉冲及相应的动作信息、发出警报或不动作。

2. 继电保护的基本要求

动作于跳闸的继电保护，在技术上一般应满足四个基本要求，即可靠性（安全性和信赖性）、选择性、速动性和灵敏性。这个基本要求之间紧密联系，既矛盾又统一，必须根据具体电力系统运行的主要矛盾和矛盾的主要方面，配置、配合、整定每个电力元件的继电保护，充分发挥和利用继电保护的科学性、工程技术性，使继电保护为提高电力系统运行的安全性、稳定性和经济性发挥最大效能。

（1）可靠性

可靠性包括安全性和信赖性，是对继电保护性能的最根本要求。所谓安全性，是要求继电保护在不需要它动作时可靠不动作，即不发生误动作。所谓信赖性，是要求继电保护在规定的保护范围内发生了应该动作的故障时可靠动作，即不发生拒绝动作。

安全性和信赖性主要取决于保护装置本身的制造质量、保护回路的连接和运行维护的水平。一般而言，保护装置的组成元件质量越高、回路接线越简单，保护的工作就越可靠。同时，正确的调试、整定，良好的运行维护以及丰富的运行经验，对提高保护的可靠性具有重要的作用。

继电保护的误动作和拒绝动作都会给电力系统造成严重危害。然而，提高不误动作的安全性措施与提高不拒动的信赖性措施往往是矛盾的。由于电力系统结构不同，电力元件在电力系统中的位置不同，误动和拒动的危害程度不同，因而提高保护安全性和信赖性的侧重点在不同情况下有所不同。例如，对 220kV 及以上电压的超高压电网，由于电网联系比较紧密，联络线较多，系统备用容量较多，如果保护误动作，使某条线路、某台发电机或变压器误切除，给整个电力系统造成直接经济损失较小。但如果保护装置拒绝动作，将会造成电力元件的损坏或者引起系统稳定的破坏，造成大面积的停电事故。在这种情况下，一般应该更强调保护不拒动的信赖性，目前要求每回 220kV 及以上电压输电线路都装设两套工作原理不同、工作回路完全独立的快速保护，采取各自独立跳闸的方式，提高不拒动的信赖性。而对于母线保护，由于它的误动将会给电力系统带来严重后果，则更强调不误动的安全性，一般采取两套保护出口触点串联后跳闸的方式。

即使对于相同的电力元件，随着电网的发展，保护不误动和不拒动对系统的影响也会发生变化。例如，一个更高一级电压网络建设初期或大型电厂投资初期，由于联络线较少，输送容量较大，切除一个元件会对系统产生很大影响，防止误动是最重要的；随着电网建设的发展，联络线越来越多，联系越来越紧密，防止拒动可能变成最重要了。在说明防止误动更重要的时候，并不是说防止拒动不重要，而是说，在保证防止误动的同时要充分防止拒动；反之亦然。

（2）选择性

继电保护的选择性是指保护装置动作时，在可能最小的区间内将故障从电力系统中断开，最大限度地保证系统中无故障部分仍能继续安全运行，它包含两种意思：①只应由装在故障元件上的保护装置动作切除故障；②要力争相邻元件的保护装置对它起后备保护作用。

如图 2-51 所示电网，当 k_1 点发生短路故障时，应由故障线路上的保护装置 1 和 2 动作，将故障线路切除，这时变电所 B 仍可由另一条非故障线路继续供电。当 k_3 点发生短路故障时，应由线路的保护装置 6 动作，使断路器 6QF 跳闸，将故障线 C—D 切除，这时只有变电所 D 停电。由此可见，继电保护有选择性的动作可将停电范围限制到最小，甚至可以做到不中断对用户的供电。

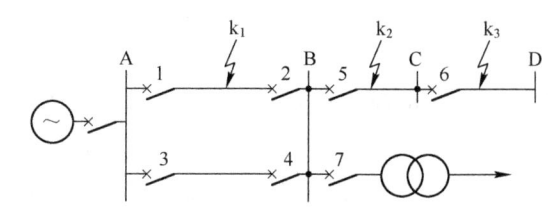

图 2-51 保护选择性说明图

在要求保护动作有选择性的同时，还必须考虑保护或断路器有拒动的可能性，因而就需要考虑后备保护的问题。如图 2-51 所示，当 k_3 点发生短路故障时，距短路点最近的保护装置 6 应动作切除故障，但由于某种原因，该处的保护或断路器拒动，故障便不能消除，此时如其前面一条线路（靠近电源侧）的保护装置 5 动作，故障也可消除。此时保护装置 5 所起的作用就称为相邻元件的后备保护。同理，保护装置 1 和 3 又应该作为保护装置 5 和 7 的后备保护。由于按以上方式构成的后备保护是在远处实现的，因此又称为远后备保护。

若 k_2 点发生故障的时候，保护装置 5 本来能够动作跳开断路器，而线路 A—B 段的保护装置 1 和 2 抢先动作跳开断路器，则该保护动作是无选择性的。这种选择性的保证，除利用一定的延时使本线路的后备保护和主保护正确配合外，还必须注意相邻元件后备保护之间的正确配合：①上级元件后备保护的灵敏度要低于下级元件后备保护的灵敏度；②上级元件后备保护的动作时间要大于下级元件后备保护的动作时间。在短路电流水平较低、保护处于动作边缘的情况下，此两个条件缺一不可。

（3）速动性

继电保护的速动性是指尽可能快地切除故障，以减小设备及用户在大短路电流、低电压下运行的时间，降低设备的损坏程度，提高电力系统并列运行的稳定性。动作迅速而又能满足选择性要求的保护装置，一般结构都比较复杂，价格比较昂贵，对大量的中、低压电力元件，不一定都采用高速动作的保护。对保护速动性的要求应根据电力系统的接线和被保护元件的具体情况，经技术经济比较后确定。一些必须快速切除的故障有：①使发电厂或重要用户的母线电压低于允许值（一般为额定电压的 70%）；②大容量的发电机、变压器和电动机内部发生的故障；③中、低压线路导线截面积过小，为避免过热不允许延时切除的故障；④可能危及人身安全、对通信系统或铁路信号系统有强烈干扰的故障。

在高压电网中，维持电力系统的暂态稳定性往往成为继电保护快速性要求的决定性因素，故障切除越快，暂态稳定极限（维持故障切除后系统的稳定性所允许的故障前输送功率）越高，越能发挥电网的输电效能。

故障切除时间包括保护装置和断路器动作时间，一般快速保护的动作时间为 0.04～0.08s，最快的可达 0.01～0.04s；断路器的跳闸时间为 0.06～0.15s，最快的可达 0.02～0.06s。

但应指出，要求保护切除故障达到最短时间并不是在任何情况下都是合理的，故障必须根据技术条件来确定。实际上，对不同电压等级和不同结构的电网，切除故障的最短时间有不同的要求。例如，对于 35～60kV 配电网络，一般为 0.5～0.7s；110～330kV 高压电网，为 0.15～0.3s；500kV 及以上超高压电网，为 0.1～0.12s。目前国产的继电保护装置，在一般情况下，完全可以满足上述电网对快速切除故障的要求。

对于反应不正常运行情况的继电保护装置，一般不要求快速动作，而应按照选择性的条件，带延时地发出信号。

（4）灵敏性

灵敏性是指电气设备或线路在被保护范围内发生短路故障或不正常运行情况时，保护装置的反应能力。能满足灵敏性要求的继电保护，在规定的范围内故障时，不论短路点的位置和短路的类型如何，以及短路点是否有过渡电阻，都能正确反应动作，即要求不但在系统最大运行方式下三相短路时能可靠动作，而且在系统最小运行方式下经过较大的过渡电阻两相或单相短路故障时也能可靠动作。

所谓系统最大运行方式就是被保护线路末端短路时，系统等效阻抗最小，通过保护装置的短路电流为最大的运行方式；系统最小运行方式就是在同样短路故障情况下，系统等效阻抗为最大，通过保护装置的短路电流为最小的运行方式。

保护装置的灵敏性是用灵敏系数来衡量，增大灵敏度，增加了保护动作的信赖性，但有时与安全性相矛盾。在《继电保护和安全自动装置技术规程》（GB/T 14285—2023）中，对各类保护的灵敏度系数的要求都做了具体的规定，一般要求灵敏度系数在 1.2～2。

以上四个基本要求是设计、配置和维护继电保护的依据，又是分析评价继电保护的基础。这四个基本要求之间是相互联系的，但往往又存在着矛盾。因此，在实际工作中，要根据电网的结构和用户的性质，辩证地进行统一。继电保护的科学研究、设计、制造和运行的大部分工作也是围绕如何处理好这四者的辩证统一关系进行的。相同原理的保护装置在电力系统不同位置的元件上如何配置和配合，相同的电力元件在电力系统不同位置安装时如何配置相应的继电保护，才能最大限度地发挥被保护电力系统的运行效能，充分体现着继电保护工作的科学性和继电保护工程实践的技术性。

2.7.2 常用保护继电器及操作电源

1．保护继电器

（1）电流继电器

电流继电器是电流保护的测量元件，它是反应电流这一电气量而动作的简单继电器，电流继电器一般是过量继电器。

当继电器的线圈通过电流 I_r 时产生磁通，经由铁心、气隙和衔铁构成闭合回路。衔铁被磁化以后，产生电磁力矩，如果通过的电流足够大，使得电磁力矩足以克服弹簧产生的反作用力矩和摩擦力矩时，衔铁被吸引，常开触点闭合，称为继电器动作，恰能使得继电器动作的最小电流称为继电器的动作电流，记为 $I_{op·r}$。减小继电器线圈通过的电流，当弹簧产生的反作用力矩大于电磁力矩和摩擦力矩之和时，常开触点打开，称为继电器返回。恰能使得继电器返回的最大电流称为继电器的返回电流，记为 $I_{re·r}$。电流继电器的返回系数 K_{re} 定义为

$$K_{re} = \frac{I_{re·r}}{I_{op·r}} \tag{2-22}$$

过电流继电器的返回系数一般小于 1，常用的电磁性过电流继电器返回系数一般为 0.85。

（2）电压继电器

过电压继电器的触点形式、动作值、返回值的定义与过电流继电器相类似。

低电压继电器的触点为常闭触点。系统正常运行时低电压继电器的触点打开，一旦出现故障，引起母线电压下降达到一定程度（动作电压）时，继电器触点闭合，保护动作；当故障消除，系统电压恢复上升达到一定数值（返回电压）时，继电器触点打开，保护返回。

（3）中间继电器

中间继电器的主要作用是在继电保护装置和自动装置中用以增加触点数量以及容量，该类继电器一般都有几对触点，可以是常开触点或是常闭触点。

（4）时间继电器

时间继电器的作用是建立必要的延时，以保证保护动作的选择性和某种逻辑关系。对时间继电器的要求是：应能延时动作、瞬时返回。

（5）信号继电器

信号继电器用作继电保护装置和自动装置动作的信号指示，标示装置所处的状态或接通灯光（音响）信号回路。信号继电器动作之后触点自保持，不能自动返回，需由值班人员手动复归或电动复归。

2．操作电源

各类继电器连接构成的继电保护装置需要获取能量以完成其各项功能并控制断路器的动作，其能量来源于操作电源。

操作电源指高压断路器的合闸、跳闸回路以及继电保护装置中的操作回路、控制回路、信号回路等所需电源。常用的操作电源有三类：直流电源、整流电源和交流电源。

对于继电保护装置，操作电源一定要非常可靠，否则当系统故障时，保护装置可能无法可靠动作。

2.8 计算机技术在电力系统分析和自动化中的应用

1．电力系统自动化

电力系统自动化就是利用计算机信息传递、信息共享、信息控制技术实现在无人管理的

情况下电力系统同样能正常运行的一种系统。电力系统自动化能有效提高用电的安全性、稳定性以及工作效率，它主要包括电网调度自动化、变电系统自动化、配电网系统自动化三部分。

电力系统自动化能最大限度地满足用户的用电需求，保证用电的可靠性，并实现经济性原则，因此推动电力系统自动化进程十分必要，将计算机技术应用于电力系统自动化中能有效提高电力系统自动化的运行质量，为人民的生活提供便利。

（1）电网调度自动化

电网调度自动化指自动控制系统通过数据收集，通信技术，计算机及软件之间的相互配合、制约，掌握全系统的电力状况，并进行调控调度的一种形式，是电力系统自动化的最基础内容，电力系统自动化诸多功能都是在此基础上实施的。电网调度自动化与计算机技术关系密切，电网调度自动化设备大多数都要经过计算机技术的整合，显示器、计算机网络接口等设备都离不开计算机技术的支持。由此可见，计算机技术在电力系统自动化中的应用至关重要。

（2）变电系统自动化

变电站与输电线路是电力系统输送电能的主要形式。在传统电力输送过程中，主要依靠人工进行电力供应的监控以及反馈信息，工作效率低，失误率高。将计算机技术应用于电力系统中能够实现变电系统自动化，有效地降低了此种情况发生的概率，它不仅提高了工作效率和监控反馈的准确度，还能降低失误率，帮助工作人员及时发现问题，并做出准确的判断，以便及时处理问题，实施具有针对性的措施，从而获得较好的效果。

（3）配电网系统自动化

配电网系统由三部分组成，即配电子站、配电主站和光线终端，配电网系统自动化能够使相关企业实时监控、操作配电设备的系统，使配电网系统在无人管理的情况下依然能够正常运行，此方法不仅能够使电力系统的运行更加安全稳定，还能够使电力资源得到共享，提高工作效率。

2. 计算机技术应用于电力系统自动化的作用

计算机技术在电力系统自动化中应用水平的高低是衡量电力系统自动化发展的标准。计算机技术广泛应用于各个方面，在电力系统自动化中同样起到关键的作用。计算机技术是实现电网网络化的关键，是使电力系统能够实现信息共享、信息传递、远程调控的重要手段，电力系统通过信息共享传递才能进行宏观调控，保证用电的稳定性，满足用户的用电需求，因此，将计算机技术应用于电力系统自动化是提高用电稳定性的关键，能够有效提高居民的用电安全，满足用户的用电需求，为人们的生活提供便捷。

3. 计算机技术在电力系统自动化中的应用

（1）在应用服务器中的应用

应用服务器是中间件的重要组成部分之一。应用服务器的作用是在电力系统服务器中保护资源的安全，将计算机技术应用于应用服务器的措施主要是设定相应的程序，工作人员通过程序访问才能够查看电力系统中的资源，保证了资源的安全使用，方便了工作人员对电力系统数据的更新，不仅提高了工作人员工作效率，还能方便管理。因此，将计算机技术应用于应用服务器中具有重要的价值。

（2）在中间件中的应用

中间件是处于应用软件和操作系统之间的软件，是电力系统中客户计算机与操作系统中间的部分。中间件的主要任务就是负责对计算机网络以及网络资源进行监管,将计算机技术应用于中间件中能够提升中间件对网络监管的能力,提高工作效率,增强监控力度。中间件起到一个承上启下的作用,它不仅是应用软件的操作平台,具有执行监管的作用,还是进行操作系统更新的重要手段,具有收集资料、整理资源库的作用,并对电力系统的数据资源进行管理、更新。计算机技术能有效利用网络资源,提升中间件系统更新、数据收集的能力,方便后期对电力系统改进时及时设计出准确有效的方案,提高解决问题的能力和工作效率。

(3) 在处理收集信息中的应用

计算机技术在电力系统自动化中最主要的应用就是在处理收集信息方面的应用。在建设电力系统自动化过程中,需要收集大量的资料、数据,建立完善的资源库,需要收集全国各个省份的居民分布情况、地势特点、输电线路的分布、变电站位置的设置等诸多问题的相关资料。资料内容复杂、繁多,收集困难,易混淆出现差错,但是计算机技术在解决此种难点问题方面具有较好的效果。计算机技术的特点就是网络化、全球化,计算机技术具有较强的收集筛选功能,设定相应的程序能够在较短时间内获得需要的资源,准确率高,工作速度快,效率高,因此,将计算机技术应用于电力系统中能够有效解决资料收集困难、资料繁多不易整理的问题,提高资料收集的效率。并且计算机技术的分析整合能力较强,输入程序后能够将相关资料系统进行分析整合,建立完善的资源库,为电力系统的更新改革提供支持,可以在电力输送出现问题时快速制定解决方案,及时进行问题处理,使电力系统自动化处理问题的能力更强,更加科学有效。

思 考 题

2-1 什么是电力系统?

2-2 电力工业的主要包括哪几个生产环节?

2-3 简述中国电力系统的发展现状。

2-4 现代电力系统的特点是什么?

2-5 根据对供电可靠性的要求不同,电力负荷分为哪几类?

2-6 分别简述交流电和直流电的优缺点。

2-7 电力系统运行状态有哪些?

2-8 什么是电力系统的静态稳定和暂态稳定?

2-9 依照其所利用的能源不同,发电厂主要分为哪几种类型?

2-10 电力工业生产的主要特点是什么?

2-11 现代电网的特点有哪些?

2-12 新型输电技术有哪些?

2-13 电力负荷控制技术有哪些?

2-14 衡量电能质量的指标有哪些?

2-15 常用的节电技术主要体现在哪几个方面?

2-16 继电保护的基本要求是什么?

第3章　电机与电器技术

　　石油、天然气、煤炭是当今社会主要的一次能源，一般不能直接拖动生产机械，通常是将其先转换为电能，然后将电能转变为所需要的机械能、热能、声能、光能等加以利用。这是因为电能在生产、传输、分配、使用、控制及能量转换等方面极为方便。为了实现电能的生产、传输、分配、使用、控制及转换，需要大量电机、电器设备、装置或元器件，典型的有发电机、变压器、电抗器、电容器、电动机、各种开关、断路器、熔断器、接触器、继电器等。与之相关的是电机、电器的原理、设计、制造、安装、维护等一系列技术。其应用领域极其宽广，已融合渗透到工业、农业、电力、交通运输、国防工程、航空航天、医疗设备等领域以及日常生活中。

3.1　电机技术

3.1.1　电机的发展历程

　　电机是实现电能和机械能相互转换的一种设备。
　　由电磁感应定律可知，导体在磁场中做切割磁力线运动时，会在导体中产生感应电动势，当导体形成闭合回路后，就会在导体回路中产生感应电流。这就是发电机的基本原理。
　　如果把通电的导体放在磁场中，通电的导体就会受到力的作用而发生运动。这就是电动机的基本原理。
　　1819年，丹麦物理学家奥斯特发现了电流对磁针的作用，即电流的磁效应，并于1820年7月21日以《关于磁针上电冲突作用的实验》为题发表了他的发现。这篇短短的论文使欧洲物理学界产生了极大震动，产生了大批实验成果，由此开辟了物理学的新领域——电磁学。法拉第从中得到启发，认为假如磁铁固定，线圈就可能会运动。根据这种设想，1821年，他成功地发明了一种简单的装置。在该装置内，只要有电流通过线路，线路就会绕着一块磁铁不停地转动。1831年10月，法拉第创造了第一台感应发电机的模型。从此，电能作为一种新的强大的能源开始在人类的生产、生活中发挥日益巨大的作用，在生产需要的直接推动下，具有实用价值的发电机和电动机相继问世。
　　初始阶段的发电机是永磁式发电机，采用永久磁铁作为场磁铁。由于永久磁铁本身磁场强度有限，永磁式发电机不能提供强大的电力。要增大发电机的输出功率，增强其实用性，就要对发电机进行改造。1845年，英国物理学家惠斯通使用外加直流电源给线圈励磁，以电磁铁取代永久磁铁，随后又改进电枢绕组，制成第一台电磁铁发电机。1866年，德国科学家西门子制成第一台使用电磁铁的自励式发电机，大容量发电机在技术上取得了突破。这里，自励是指直流发电机利用本身感应的电功率的一部分去激发场磁铁，从而形成电磁铁。总的来讲，在发电机的改进过程中，建立磁场经历了从永磁到电流励磁；而电流励磁又经历了从他励到自励，自励又经历了从串励到并励、再到复励的发展过程。

1865 年，意大利人帕契诺蒂发明齿状电枢。1870 年，比利时人格拉姆创造了环形无槽闭合电枢绕组，制成环形电枢自励直流发电机。1873 年，德国电气工程师赫夫纳·阿尔特涅克研制成功了鼓状电枢自励直流发电机，大幅提高了发电机的效率，降低了发电机的生产成本，发电机进入实用阶段。1880 年，美国发明家爱迪生制造出了名为"巨象"的大型直流发电机。

同一阶段，电动机的研制工作也取得进展。1834 年，俄国物理学家雅可比发明了功率为 15W 的棒状铁心电动机。1836 年，美国工程师达文波特首先用电动机驱动机械。

1873 年，在维也纳的工业展览会上，一位工人误将一根电线接到一台正在运行的格拉姆发电机上，发现发电机的转子改变了旋转方向，变成一台电动机，人们认识到直流电机既可作为发电机运行，也可作为电动机运行，偶然证明电机可逆运行原理。发电机和电动机是同一种电机的两种不同的功能，用其作为电流输出装置是发电机，用其作为动力供给装置就是电动机。

1878 年，铁心开槽法出现，绕组嵌入槽内以加强其稳固性，同时也减少导线内部的涡流损耗，有槽铁心和鼓形绕组结构一直沿用至今。1880 年，爱迪生提出了薄片叠层铁心法，马克西提出铁心径向通风道原理解决铁心散热问题；1882 年，提出了双层电枢绕组；1883 年，发明出叠片磁极；1884 年，发明了补偿绕组和换向极；1885 年，发明碳粉末电刷；1886 年，确立磁路欧姆定律，电机磁路计算方法成熟；1891 年，建立直流电枢绕组理论。至此，直流电机结构已趋于完善，并广泛应用。

直流输电不能解决远距离输电和电压高低变换问题，于是交流输电获得迅速发展。1885 年，意大利物理学家加利莱奥·费拉里斯提出旋转磁场原理，并研制出了二相异步电动机模型；1886 年，移居美国的尼古拉·特斯拉也独立地研制出二相异步电动机。1888 年，俄国籍电气工程师多利沃·多勃罗沃利斯基制成一台三相交流单笼型异步电动机。交流电机的研制和发展，特别是三相交流电机的研制成功为远距离输电创造了条件，电工技术进入发展新阶段。1880 年前后，英国费朗蒂改进了交流发电机，提出交流高压输电的概念。1882 年，英国高登制造出大型两相交流发电机；同年，法国人高兰德和英国人约翰·吉布斯获得了"照明和动力用电分配办法"的专利，并研制成功第一台具有实用价值的变压器，而变压器则是交流输配电系统中最关键的设备。

变压器所依据的工作原理是法拉第电磁感应现象，即当一个电路中电流发生变化，会在邻近的另一电路中产生感应电动势。变压器的一次绕组和二次绕组安放在同一个铁心，如在一次绕组中通入交变电流，则铁心中的磁场也随之不断变化，在一、二次绕组中就感应出电动势来，且一、二次绕组的感应电动势之比等于一、二次绕组的匝数之比。通过变压器将发电机输出的电压升高，经电力传输线到达用户，再通过变压器将电压降低，实现高压交流输电。1884 年，英国人埃德瓦德·霍普金生发明了封闭磁路的变压器；之后，威斯汀豪斯对变压器的结构进行改进。1891 年，布洛在瑞士制造出高压油浸变压器及巨型高压变压器。变压器的不断改进，使远距离高压交流输电取得长足的进步。

经过 100 多年的发展，电机本身的理论已经相当成熟。随着电工科学、计算机科学与控制技术的发展，电机的发展又进入新阶段，交流调速电机的发展最为令人瞩目。早在 20 世纪 70 年代，传统的变电压、串级、变压变频等交流调速方法的原理都已经清楚了，只是需要使用电路元器件和旋转变流机组来实现，而控制性能又比不上直流调速，所以长期得不到推广应用。20 世纪 70 年代以后，电力电子变流装置的出现逐步解决了调速装置的设备数量多、体积大、成本高、效率低、噪声大等问题，交流调速获得快速发展。矢量控制提高了交流调速系统的静、动态性能，但实现矢量控制规律，需要复杂的电子电路，采用微机控制后，用软件实现矢量控制算法，使硬件电路规范化，降低了控制成本，提高了可靠性，并且可进一步实现更加复杂的控制算法。电力电子技术和微机控制技术的迅速进步推动了交流调速系统的不断更新。

另外，高性能永磁材料和超导材料的发展，也给电机的发展注入了新的活力。永磁电机由于结构简单、可靠性好、效率高、节省能量，在成本、性能、投资、维修和可靠性方面优于普通电机。但早期永磁材料的磁能积较小，没有得到广泛应用。高磁能积的稀土永磁材料的出现及电力电子技术的进步使永磁电机，如采用钕铁硼永磁材料的电动机、发电机已经得到广泛应用，大至舰船推进，小到人工心脏、血泵等。

随着科学技术的进步、原材料性能的提高和制造工艺的改进，电机正以数以万计的品种规格、大小悬殊的功率等级（从百万分之几瓦到 1000MW 以上）、极为宽广的转速范围（从数天一转到每分钟几十万转）、非常灵活的环境适应性（如平地、高原、空中、水下、油中、寒带、温带、湿热带、干热带，室内、室外，车上、船上，各种不同媒质中等），满足着国民经济各部门和人类生活的需要。

3.1.2 电机的分类

电机的种类很多，按照不同的角度，电机有不同的分类方法，可归纳为以下几种。

1．按照所应用的电流种类分类

电机可以分为直流电机和交流电机。直流电机励磁方式有他励、串励、并励、复励、永磁等形式。交流电机分异步电机和同步电机两种。而同步电机又可分为凸极式、隐极式、永磁式等。

2．按照在应用中的功能分类

电机可以分为下列各类。

1）将机械功率转换为电功率——发电机。

2）将电功率转换为机械功率——电动机。

3）将电功率转换为另一种形式的电功率，又可分为

① 输出和输入有不同的电压——变压器。

② 输出与输入有不同的波形，如将交流变为直流——变流机。

③ 输出与输入有不同的频率——变频机。

④ 输出与输入有不同的相位——移相机。

4）在机电系统中起调节、放大和控制作用的电机——控制电机。

3．按结构和运行速度分类

电机又可以分为下列各类。

1）静止设备——变压器。

2）没有固定的同步速度——直流电机。

3）转子速度永远与同步速度有差异——异步电机。
4）速度等于同步速度——同步电机。
5）速度可以在宽广范围内随意调节——交流换向器电机。

4. 按功率大小分类

按功率大小,电机可以分为大型电机、中型电机、小型电机和微型电机。

随着电力电子技术和电工材料的发展,出现了其他一些特殊电机,它们并不属于上述传统的电机类型,包括步进电动机、无刷电机、开关磁阻电机、超声波电机等,这些电机通常被称为特种电机。

发电机和电动机只是电机的两种运行形式,其本身是可逆的。也就是说,同一台电机,既可作为发电机运行,也可作为电动机运行,只是从设计要求和综合性能考虑,其技术性和经济性不能兼得罢了。无论是发电机运行,还是电动机运行,电机的基本任务都是实现机电能量转换,而前提是必须能够产生机械上的相对运动。对旋转电机,这在结构上就必然要求有一个静止部分和一个旋转部分,且二者之间还要有一个适当的间隙。静止部分被称为定子,旋转部分被称为转子,间隙被称为气隙。气隙中的磁场分布及其变化规律在能量转换过程中起决定性作用,是电机研究的重点问题之一。

3.1.3 电机的制造材料

电机的技术经济指标在很大程度上与其制造材料有关。正确地选择磁性材料和绝缘材料,在设计和制造电机时极为重要。在选择材料时,必须保证电机的各部分都有足够的机械强度,即使在技术条件所允许的不正常运行状态下,也能承受较大的电磁力而不致损坏。电机所用的各种材料的功用主要有下列 4 种:导电材料、导磁材料、绝缘材料和结构支撑材料。

1. 导电材料

铜和铝是最常用的导电材料,电机中的绕组一般用含纯铜量在 99.9%以上的铜导线绕成。铜在温度为 20℃时的电阻率为 $1.724\times10^{-8}\Omega\cdot m$,相对密度为 8.9。电机绕组用的导线是硬拉后再经过退火处理的,而直流电机换向片的铜片则是硬拉或轧制的。铝在温度为 20℃时的电阻率为 $2.82\times10^{-8}\Omega\cdot m$,相对密度为 2.7。铝的重要性仅次于铜,铝线在输电线路上应用很广,但由于容积较大,在电机定子绕组中尚不能普遍使用,而笼型异步电机的转子绕组则常用铝浇铸而成。此外,黄铜、青铜和钢都可以作为集电环的材料。

碳也是应用于电机的一种导电材料。电刷可用碳-石墨、石墨或电化石墨制成。为降低电刷与金属导体之间的接触电阻,某些电刷还要镀上一层厚度约为 0.05mm 的铜,或使用碳粉和铜粉混合后挤压成型。电刷的接触电阻并不是常数,而是随着电流密度的增大而减小。

2. 导磁材料

钢铁是良好的导磁材料。铸铁因导磁性能较差,仅用于截面积较大、形状较复杂的结构部件。铸钢的导磁性能较好,应用也较广。特性较好的铸钢为合金钢,如镍钢、镍铬钢,价格较贵。整块的钢材,仅能用以传导不随时间变化的磁通恒定的磁场。如果所导磁通是交变的,为减少铁心中的涡流损耗,导磁材料应当用薄钢片,称为电工钢片。电工钢片的成分中含有少量的硅,具有较大的电阻率,同时又有良好的磁性能。因此,电工钢片又称为硅钢片。

随着型号的不同，各种电工钢片的含硅量也不相同，最低的为 0.8%，最高的可达 4.8%，含硅量越高则电阻率越大，但导磁性能略差。电机制造工业中，变压器的铁心多应用冷轧钢片，冷轧钢片有较小的铁损耗，且有较高的磁导率。

电工钢片的标准厚度为 0.35mm、0.5mm、1mm 等。变压器用较薄的钢片，旋转电机用较厚的钢片。高频电机需用更薄的钢片，其厚度可为 0.2mm、0.15mm、0.1mm。钢片两面各有一层很薄的绝缘层（绝缘漆或氧化膜）。一叠钢片中铁的净长和包含有片间绝缘的叠片毛长之比称为叠片因数，对于表面涂有绝缘漆、厚度为 0.5mm 的硅钢片来说，叠片因数为 0.93～0.95。

3．绝缘材料

导体与导体间、导体和机壳或铁心间，都必须用绝缘材料隔开。绝缘材料的种类很多，可分为天然的和人工的、有机的和无机的，有时也用不同绝缘材料的组合。绝缘材料的寿命与其工作温度有很大关系。在热的作用下，随着时间的延长，绝缘材料会逐渐老化，也就是说，会逐渐丧失其机械强度和绝缘性能。为保证电机能在一定的年限内可靠地运行，对绝缘材料都规定了极限允许温度。绝缘的耐热能力分为 B、F、H、N 等多个标准等级，见表 3-1。变压器油是一种特种矿物油，在变压器中它同时起绝缘和散热两种作用。

表 3-1 绝缘耐热能力的 4 个常用标准等级

绝缘等级	130（B）	155（F）	180（H）	200（N）
极限允许温度/℃	130	155	180	200

4．结构支撑材料

电机上的结构部件，如机座、端盖、轴与轴承、螺杆、木块间隔等，是专为机械支撑用的。在漏磁场附近，机械支撑最好应用非磁性物质，比如置于槽口的槽楔，中小型电机用木材或竹片，大型电机用磷青铜等材料；定子绕组端部的箍环应当用黄铜或非磁性钢制成，转子外围的绑线采用非磁性钢丝，钢的成分中如含有 25%镍或 12%锰，即可完全使其丧失磁性。

总而言之，制造电机所用的材料、种类极多。

3.1.4 电机的作用和地位

在各种能源中，电能具有大规模集中生产、远距离经济传输、智能化自动控制的突出特点，不但成为人类生产和生活的主要能源，还对近代人类文明的产生和发展起到了重要的推动作用。与此相呼应，作为电能生产、传输、使用和电能特性变换的核心装备，电机在现代社会所有行业和部门中也占据着越来越重要的地位。

1) 对电力工业本身来说，电机是发电厂和变电站的主要设备。首先，火电厂（核电厂）利用汽轮发电机，抑或是水电厂利用水轮发电机，将机械能转换为电能；然后，电能经各级变电站利用变压器改变电压等级，再进行传输和分配。此外，发电厂的多种辅助设备，如给水泵、鼓风机、调速器、传送带等，也都需要电机驱动。

2) 在机器制造业和其他所有轻、重型制造工业中，电机的应用也非常广泛。各类工作机械，尤其是数控机床，都须由一台或多台不同容量和形式的电机来拖动和控制。各种专用机械，如纺织机、造纸机、印刷机等也都需要电机来驱动。一个现代化的大、中型企业，通常要装备几千台乃至几万台不同类型的电机。

3）在冶金工业中，高炉、转炉和平炉都须由若干台电机来控制，大型轧钢机常由数千乃至数万千瓦的电机拖动。近代冶金工业，尤其是大型钢铁联合企业，电气化和自动化程度非常高，所用电机的数量和形式就更多了。

4）电机还广泛应用于其他领域，如在石油和天然气的钻探及加压泵送过程中，在煤炭的开采和输送过程中，在化学提炼和加工设备中，在电气化铁路和城市交通以及作为现代化高速交通工具之一的磁悬浮列车中，在建筑、医药、粮食加工工业中，在供水和排灌系统中，在航空、航天领域，在制导、跟踪、定位等自动控制系统以及脉冲大功率电磁发射技术等国防高科技领域，在加速器等高能物理研究领域，在伺服传动、机器人传动和自动化控制领域，在电动工具、电动玩具、家用电器、办公自动化设备和计算机外部设备中等。总之，在一切工/农业生产、国防、文教、科技领域以及人们的日常生活中，电机的应用越来越广泛。

一个工业化国家的普通家庭，家用电器中的电机总数在 50 台以上；一部现代化的小轿车，其内装备的各类微特电机已超过 60 台；神舟七号飞船上也有 20 多万台各式电机，来实现各种自动控制功能。事实上，电机发展到今天，早已成为提高生产效率和科技水平以及提高生活质量的主要载体之一。

纵观电机的发展，其应用范围不断扩大，使用要求不断提高，结构类型不断增多，理论研究不断深入。特别是近 30 年来，伴随着电力电子技术和计算机技术的进步，尤其是超导技术的重大突破和新原理、新结构、新材料、新工艺、新方法的不断推动，电机发展更是呈现出勃勃生机，前景不可限量。

3.1.5 电机的典型结构

电动机和发电机的典型结构如图 3-1 和图 3-2 所示。伴随着科学技术的不断进步，各种类型的发电机和电动机也越来越多。虽然不同用途的电机其结构有所不同，但它们的基本结构都由定子、转子及辅助件三个部分组成。

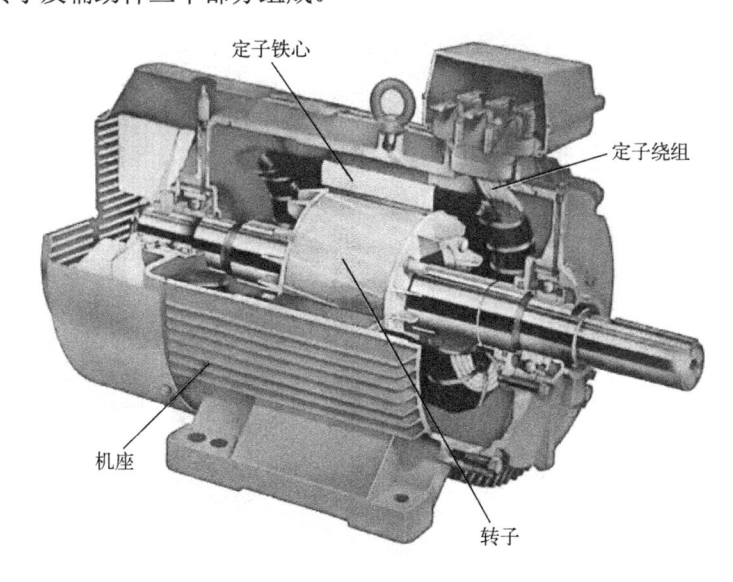

图 3-1 三相异步电动机的结构

a) 隐极式　　　　　　　　　　　　b) 凸极式

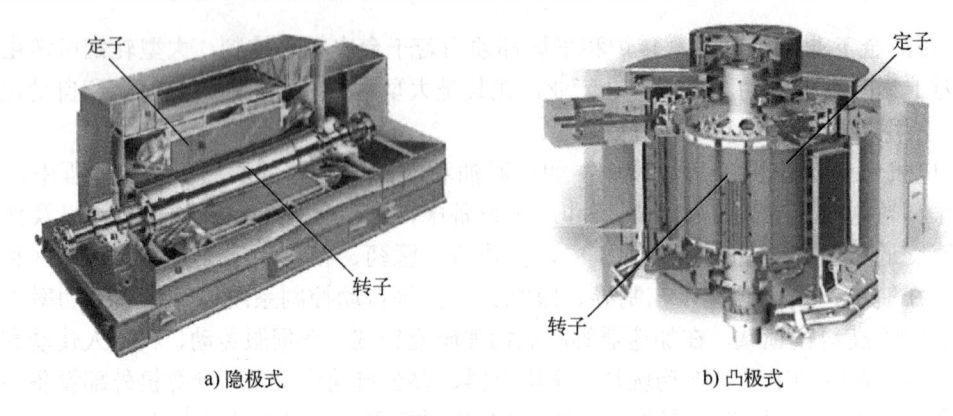

图 3-2　隐极式和凸极式同步发电机的结构

3.2　变压器技术

3.2.1　变压器的基本结构

　　油浸式电力变压器的基本结构如图 3-3 所示。变压器组成部件包括器身、变压器油、油箱及保护装置（吸湿器、安全气道、气体继电器、储油柜及测温元件等）、冷却装置和出线装置（包括高压套管和低压套管）等。

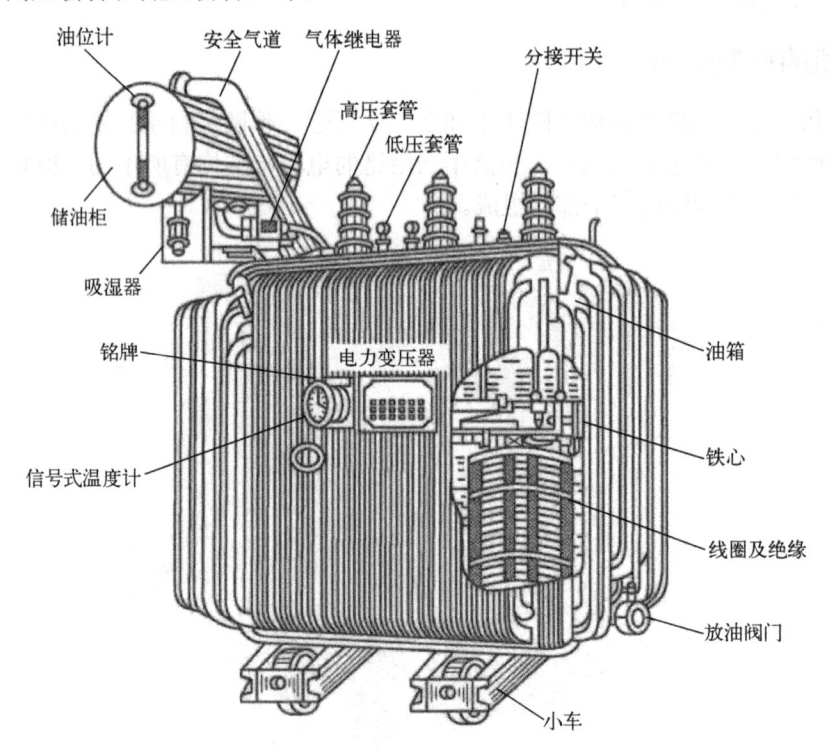

图 3-3　三相油浸式电力变压器

1. 器身

器身包括铁心、绕组、绝缘结构、引线和分接开关等。变压器中最主要的部件是铁心和绕组。变压器的铁心既是磁路，又是套装绕组的骨架。铁心由心柱和铁轭两部分组成，心柱用来套装绕组，铁轭将心柱连接起来，使之形成闭合磁路。

为了提高磁路的导磁性能，减少铁心中的磁滞、涡流损耗，铁心一般用高磁导率的热轧或冷轧硅钢片叠装而成，其厚度为 0.35～0.5mm，两面有厚 0.01～0.13mm 的绝缘层，使片与片之间绝缘。变压器的铁心一般由剪成一定形状的硅钢片叠装而成。为了减小接缝间隙以减小励磁电流，一般采用交错式叠装法、斜接缝叠装法，有时还采用卷式铁心。

绕组是变压器的电路部分，一般用绝缘纸包的铜线或铝线绕成。变压器绕组要求具有良好的耐高压性和冷却性、足够的机械强度及尽量小的漏感抗。小型变压器的绕组直接绕在加绝缘的铁心上，低压绕组外层加绝缘层后再绕高压绕组，但一般绕组都在成形支架上进行绕制，然后经绝缘处理，最后装配成成形绕组。例如，圆筒式绕组由一根或几根并联的绝缘导线沿铁心柱高度方向连续绕制而成，一般用于 10～630kV·A 三相变压器的高压绕组或低压绕组（见图 3-4a）；饼式绕组由一根或几根并联的绝缘扁线沿铁心柱的径向一匝接着一匝地串联绕制而成，数匝绕组成为一个线饼（见图 3-4b）；连续式绕组由很多个如前面所述的线饼沿轴向串联绕成，采用特殊的"翻绕法"，使绕组连续地过渡到下一个线饼，线饼之间没有焊接。若铁心上低压绕组在铁心内侧、高压绕组同心放置，则称为同心配置（见图 3-5a），主要用于心式变压器；若低压绕组、高压绕组沿铁心的轴向交叠放置，则称为交叠配置（见图 3-5b），多用于低电压、大电流的电焊机，电炉变压器及壳式变压器中。为保证并联的导体与铁心保持相对均衡的位置，外侧绕制的导体与内侧绕制的导体要互相交替换位连接。

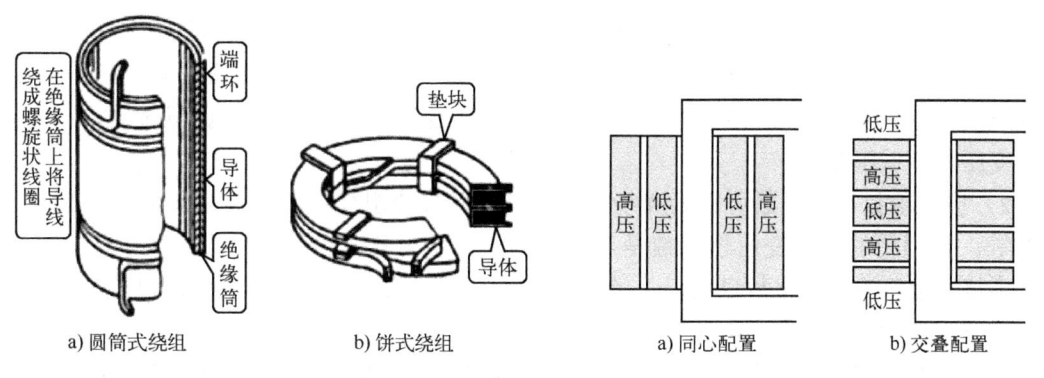

图 3-4 绕组的分类

图 3-5 绕组的配置

2. 油箱及保护装置

油箱及保护装置包括油箱本体、储油柜、油位计、安全气道、吸湿器、测温元件、净油器和气体继电器等。铁心和绕组组成的器身放在油箱中，油箱中充以变压器油。变压器油的绝缘性能比空气好，可以提高绕组的绝缘强度；并且变压器油的对流作用可将绕组及铁心的热量带到油箱壁，再散发到空气。

变压器油受热后要膨胀，可通过储油柜来调节，并可避免变压器油长时间同空气相接触发生老化变质。在油箱与储油柜之间还装有气体继电器，当变压器发生故障时，油箱内部会产生气体，使气体继电器动作发出报警信号，让值班人员采取措施。如果发生严重故障，直接使变压器自动脱离电源。较大的变压器油箱盖上还装有安全气道，当油箱内的压力达到0.5atm（1atm=101.325kPa）时，可以冲破安全道上的玻璃或酚醛纸板，喷出气体，消除压力，避免油箱爆裂。

3．冷却装置

冷却装置包括散热器或冷却器。为了增加散热面积，油箱采用不同的结构形式，主要有平板式油箱和壁式油箱两种。平板式油箱的散热面积小，只适用于容量不大的小型变压器。容量较大的变压器为增加散热面积，采用壁式油箱。对大型变压器还可采用强迫冷却的方法，如利用风扇吹冷变压器等。

4．出线装置

出线装置包括高压绝缘套管、低压绝缘套管等。绝缘套管是把线圈的引出线通过绝缘引到变压器油箱外的绝缘器件。绝缘套管由外部的瓷套、中心的导电杆组成。它穿过变压器的箱壁，其导电杆在油箱中的一端与绕组的端点相接，在外面的一端则和外线路相接。常见的有固体绝缘套管、油浸式绝缘套管、电容绝缘套管等几类。固体绝缘套管是采用固体绝缘物（如瓷器）做成的绝缘套管结构，瓷外套与中心的导体间的绝缘油往往与变压器油箱内的油形成通路。油浸式绝缘套管采用瓷绝缘子作为盛绝缘油的外壳，外壳与导体之间插入绝缘强度大且介电常数小的绝缘材料。为使电位均匀分布以缩小绝缘套管外径，对于高压场合往往使用电容绝缘套管，在导体与绝缘套筒之间插入金属箔的圆筒，各层间电容相等，则半径方向的电位分布变成一致。

3.2.2 变压器的分类

变压器的分类主要可以按结构和用途来进行（当然也有其他的分类方法）。

1）按用途变压器可分为电力变压器（又分升压变压器、降压变压器、配电变压器）、特种变压器（整流变压器、电炉变压器等）、仪用互感器（电压互感器、电流互感器）、试验用高压变压器和调压器等。

2）按绕组数目变压器可分为双绕组、三绕组和多绕组变压器和具有一个绕组的自耦变压器等。普通用的电力变压器多数是双绕组的。三绕组变压器用作电力系统中的联络变压器。多绕组变压器的绕组数目大于3个，这种变压器通常只有一个一次绕组和数个电压不同的二次绕组，如收音机中的电源变压器。

只有一个绕组而有中间抽头的自耦变压器，常常用作大容量电力系统中的输电变压器和联络变压器，代替普通的双绕组变压器或三绕组变压器，它的变压比通常不大；此外，这类变压器也可制成小容量的作为交流异步起动机起动时的降压变压器，以及作为实验室中可变电压的调压器。

3）按铁心结构变压器可分为心式变压器和壳式变压器。壳式结构的特点是铁心包围绕组的顶面、底面和侧面，如图3-6所示。心式结构的特点是铁心柱被绕组包围，如图3-7所示。壳式结构的机械强度较好，但制造复杂，铁心用材较多。心式结构比较简单，绕组的装配及绝缘比较容易。因此，电力变压器的铁心主要采用心式结构。

a) 单相　　　　b) 三相

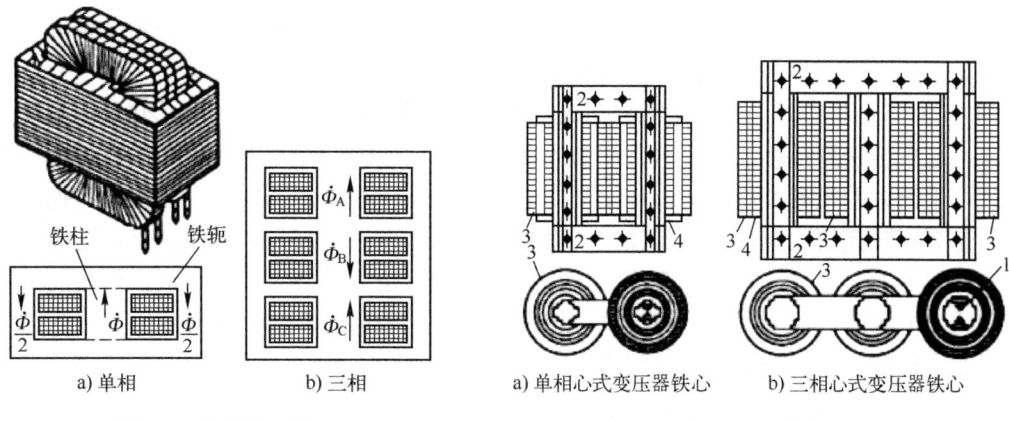

图 3-6　壳式变压器

a) 单相心式变压器铁心　　b) 三相心式变压器铁心

图 3-7　心式变压器

1—铁心柱　2—铁轭　3—高压绕组　4—低压绕组

4）按相数变压器可分为单相变压器和多相变压器。应用在交流电力系统中的多相变压器主要是三相变压器，在特殊场合，亦有六相、十二相的。小容量的变压器才有采用单相的，但有时超高压、巨型变压器亦采用单相变压器组合成三相变压器，这主要是考虑运输方面的限制以及电站备用设备的经济性。

5）按冷却方式和冷却介质变压器可分为用空气冷却的干式变压器和用油冷却的油浸式变压器等。

3.2.3　变压器的基本原理

电力变压器是一类静止的电气设备。它是由绕在同一个铁心上的两个或两个以上的绕组组成的，绕组之间通过交变的磁通相互联系着。它的功能是把一种等级的电压与电流变成同频率另一种等级的电压与电流，主要应用于电力输配电系统。

变压器的基本原理是电磁感应原理，现以单相双绕组变压器为例说明其基本工作原理。变压器的工作原理图如图 3-8 所示，图中，两个线圈都叫作绕组。一般把接到交流电源的绕组称为一次绕组；把接到负载的绕组称为二次绕组。

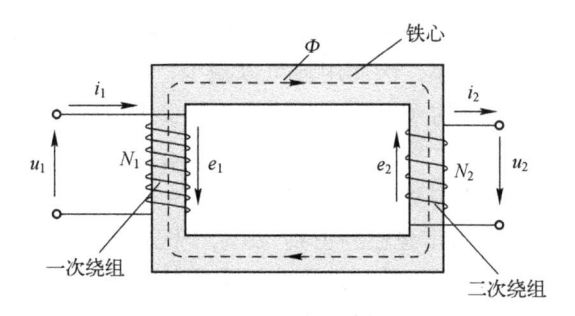

图 3-8　单相变压器的工作原理

单相变压器的一次绕组为 N_1 匝，二次绕组为 N_2 匝。当一次绕组上加上电压 U_1 时，流过电流 I_1，在铁心中就产生交变磁通 Φ，该磁通称为主磁通，在它的作用下，两侧绕组分别感应电动势 E_1 和 E_2，且有 $E_1/E_2 = N_1/N_2$。当二次绕组接通负载时，向负载传送电能。

当变压器一次绕组的电压大于二次绕组的电压时，叫作升压变压器，否则就是降压变压器。电压高的绕组也叫高压绕组，电压低的绕组叫低压绕组。

图 3-9 所示是简单的输配电系统。发电机发出的电压一般只有 10.5～20kV。把发出的大功率电能直接送到很远的用电区几乎是不可能的。这是因为低电压大电流输电时，在输电线路上产生很大的损耗及电压降，以至于电能送不出去。为此，需要用升压变压器把发电机端电压升高到较高的输电电压。当输电的功率一定时，电压升高，电流就减小，这样就能比较经济地把电能送出去。当输电距离越远、输送的功率越大，要求的输电电压也越高。当电能送到用电地区时，还要用降压变压器把电压降低为配电电压，然后送到各用电分区，最后经配电变压器把电压降到用户所需要的电压等级，供用户使用。

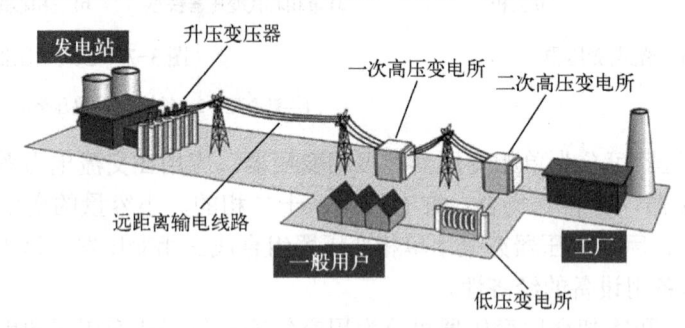

图 3-9 简单的输配电系统

另外，为了把两个不同电压等级的电力系统彼此联系起来，常常用到三绕组变压器。

3.2.4 变压器的应用

1．电力变压器

目前，电力系统中运行的电力变压器主要为油浸式，产品结构为心式和壳式两类。心式生产量占 95%，壳式只占 5%。心式结构工艺相对简单，而壳式结构工艺更为复杂，但特别适用于高电压、大容量场合，其绝缘、机械及散热都有优点，适合山区水电站电能的运输。

2．配电变压器

国外配电变压器容量能达到 2500kV·A，有圆形与椭圆形铁心形式。圆形的占绝大多数，椭圆形的由于铁心柱的间距小，因而用料可以减少，其对应线圈为椭圆形。低压线圈有线绕式与箔式，油箱有带散热管的（少数）与波纹式的（大多数）。

3．干式变压器

近年来，干式变压器在国内得到迅猛发展，在北京、上海、深圳等大城市，干式变压器已经占到 50%，而在其他大中城市也已经占到 20%。干式变压器有 4 种结构：环氧树脂浇注、加填料浇注、绕包和浸渍式。目前，欧美广泛采用的开敞通风式 H 级干式变压器是在浸渍式基础上吸取了绕包式结构的特点并采用 Nomex 纸后发展起来的新型 H 级干式变压器，由于其售价高，在我国尚未推广。目前，国内通过短路试验容量最大的干式配电变压器是 2500kV·A、10/0.4kV；通过短路试验容量最大的干式电力变压器是 16000kV·A、35/10kV。

4．非晶合金变压器

非晶合金变压器虽然抗短路性能差，噪声大，但是节能，未来发展前景可观。目前，我国最大的非晶合金变压器铁心生产企业具有 3000~4000t 的铁心年产能力,铁心及变压器的生产技术并不是制约非晶合金铁心变压器推广的关键性因素,非晶合金带材生产技术的突破才能促成非晶合金变压器产品质的飞跃。

5. 卷铁心变压器

目前,卷铁心变压器的生产主要集中在 10kV 级,容量一般小于 800kV·A,也试制了 1600kV·A,但电力部门采购以 315kV·A 以下容量的居多,适合用于农网。我国现有卷铁心变压器生产厂家 200 多家,有一定规模的占 20%。全国强卷铁心变压器生产能力约为 1600 万 kV·A,但实际产量较低。

3.3 电机的应用领域

3.3.1 发电厂与新能源发电设备中的发电机

1. 热力发电技术

能源是人类社会发展的重要支撑,但是现代社会对能源的需求高速增长,一些传统化石能源面临枯竭的危险。因此,探索新兴的能源开发方式是一个长期的挑战。其中热力发电技术是一种可持续发展的能源技术,它通过建立热力发电机来利用化石燃料、地热能和太阳能等自然资源的热能。

热力发电机是一种重要的发电设备,是利用热能将机械能转化为电能的设备。它可以使用不同种类的热源进行发电,如化石燃料、核能等。具体的工作原理是,利用热源将水或其他工作流体加热,使其蒸发为蒸汽,蒸汽经过一系列的压缩和膨胀,将蒸汽中的能量转化为机械能,再利用发电机将机械能转化为电能,最终实现发电的目的。

热力发电机可以使用不同种类的热源进行发电,这使得热力发电非常具有普遍性,并且在利用热能转化为机械能这一过程中,热力发电机可以相对容易地通过传输线将电能输送到远距离的用户。因此,在很多领域的能源供应方面,热力发电机技术是一个非常有吸引力的发展方向。但是,热力发电机也存在一些缺陷和不足。比如,在化石能源枯竭的背景下,热力发电机面临的供应风险也变得越来越大;在能量转化过程中存在一定的能量损耗,热力发电机的效率并不能完全发挥。

随着社会技术进步,热力发电技术的发展也变得越来越智能化和人性化。未来,热力发电机将面临大量的电能储存问题和采用新材料提高发电效率问题。许多研究机构正在致力于能源储存和转化技术的开发,这将极大地促进热力发电机技术的发展和应用。同时,科学家们也在探索如何使用先进的新材料来提高热力发电机的效率和可靠性。未来,这些新变革将对热力发电机产生深远的影响。热力发电机还将推动可持续性的能源开发。热力发电技术将更加依赖于可再生能源,如太阳能、生物能源等,实现真正的绿色环保,推动全球的能源革命。

总体来说,热力发电机是一种高效的能源技术,具有非常广泛的应用前景。未来,随着人工智能和新能源技术的不断发展,热力发电机的功能和性能也将不断得到提高。

2. 火电厂发电机

火电厂是一种利用燃煤、燃气或其他可燃燃料进行发电的电力设施。根据发电机的类型和工作原理，火电厂的发电机可以分为以下几类。

（1）蒸汽式发电机

蒸汽式发电机是火电厂常用的发电机类型之一。它通过燃烧燃料产生高温高压的蒸汽，然后用蒸汽驱动涡轮机转动，最终带动发电机发电。蒸汽式发电机的主要组成部分包括锅炉、汽轮机和发电机。锅炉负责将燃料燃烧产生的热能转化为蒸汽热能，汽轮机将蒸汽热能转化为机械能，发电机将机械能转化为电能。

（2）燃气轮机发电机

燃气轮机发电机是另一种常见的火电厂发电机类型。它通过将燃气燃烧产生的高温高压气体喷出，驱动轴上的涡轮旋转，最终带动发电机发电。燃气轮机发电机的主要组成部分包括燃气轮机和发电机。燃气轮机负责将燃气的热能转化为机械能，发电机则将机械能转化为电能。燃气轮机发电机具有起动响应快、效率高等优点，适用于需求波动较大的电力系统。

（3）燃气-蒸汽联合循环发电机

燃气-蒸汽联合循环发电机是一种将燃气轮机和蒸汽轮机结合在一起的发电机系统。它利用燃气轮机产生的废热，通过余热锅炉产生蒸汽，再利用蒸汽驱动蒸汽轮机发电。燃气-蒸汽联合循环发电机的主要优点是能够充分利用废热，提高发电效率，降低能源消耗。图 3-10 为燃气-蒸汽联合循环发电系统设备与生产流程图。

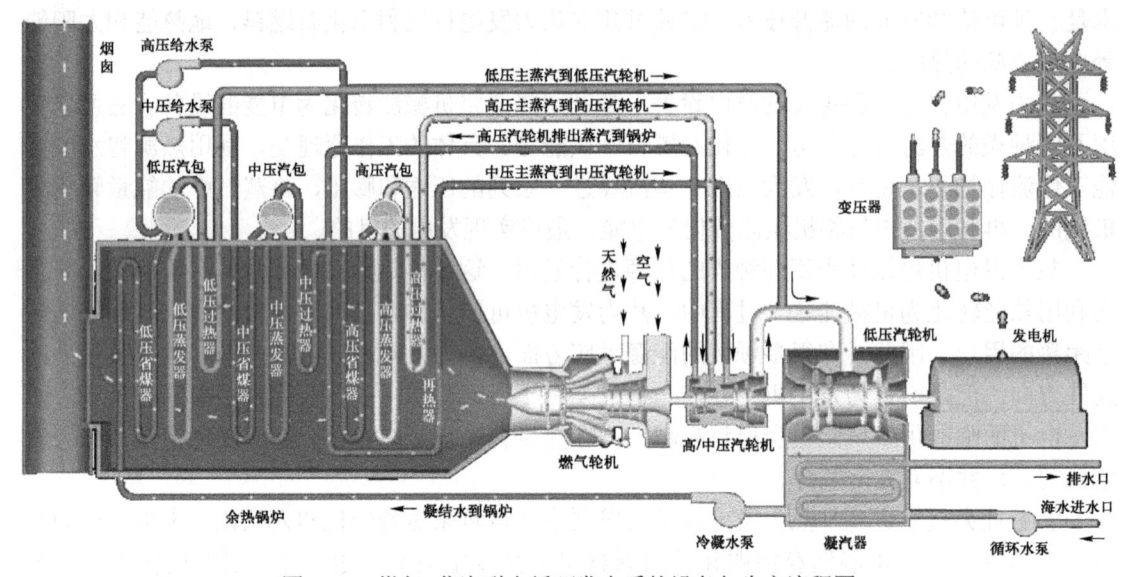

图 3-10 燃气-蒸汽联合循环发电系统设备与生产流程图

（4）燃气-蒸汽联合循环+燃气轮机发电机

燃气-蒸汽联合循环+燃气轮机发电机是一种将燃气轮机、蒸汽轮机与燃气轮机发电机相结合的发电机系统。它不仅能够利用燃气轮机产生的废热发电，还能够将废热产生的蒸汽通过蒸汽轮机进一步发电。这种发电机系统具有高效率、灵活性强的特点，适用于需求变化较大的电力系统。图 3-11 为燃气-蒸汽联合循环+燃气轮机发电工艺流程图。

（5）内燃机发电机

内燃机发电机是一种利用内燃机产生动力驱动发电机发电的发电机类型。内燃机通过燃烧燃料产生高温高压气体，气体驱动活塞运动，最终带动发电机发电。内燃机发电机的主要优点是结构简单、起动响应快、适应性强等，适用于小型独立电力系统。

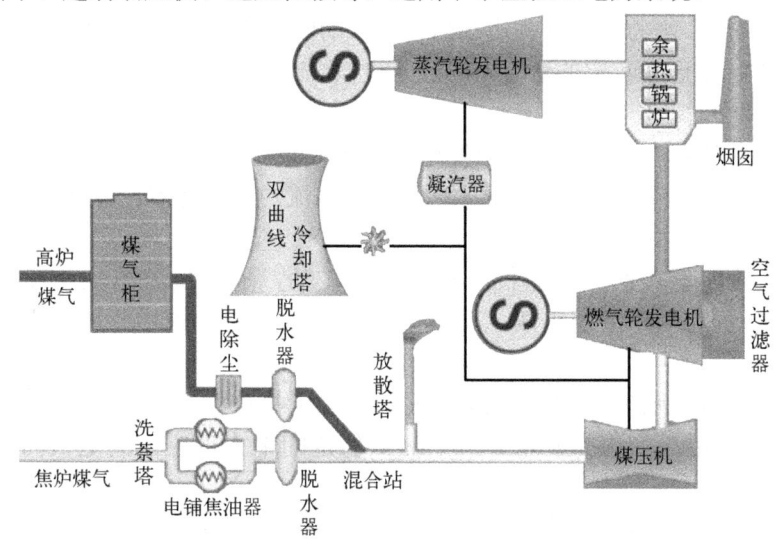

图 3-11 燃气-蒸汽联合循环+燃气轮机发电工艺流程图

（6）核反应堆发电机

核反应堆发电机是一种利用核反应产生的热能驱动发电机发电的发电机类型。核反应堆通过控制核反应过程，产生高温高压的蒸汽，然后将蒸汽驱动涡轮机转动，最终带动发电机发电。核反应堆发电机的主要优点是能源密度高、环境污染小，但也面临着核安全等一系列问题。

不同类型的发电机在结构、工作原理和适用场景等方面存在差异，选择合适的发电机类型对于提高发电效率、降低能源消耗具有重要意义。随着能源技术的不断发展，火电厂的发电机也在不断创新和改进，以满足不同地区和需求的电力供应。

3．水力发电技术和发电机组

水力发电是一种利用水流能量转化为电能的发电方式。水力发电站通过建设水库或引水渠道，将水流引至发电站，利用重力作用将水流转化为机械能，再通过发电机转化为电能。图 3-12 为水力发电原理示意图。

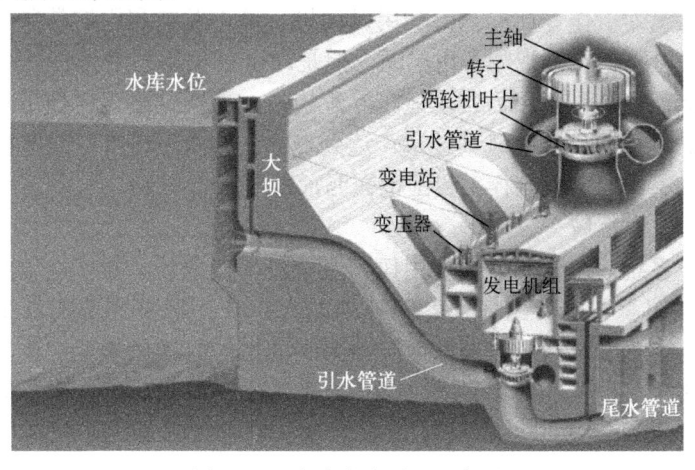

图 3-12 水力发电原理示意图

水力发电技术包括以下几个方面：

1）水能的利用。水力发电站利用水的势能和动能来产生电能。首先，建设水库或引水渠道，将水集中起来形成一定的水头（势能）。当水流经过水轮机时，水的势能被转化为旋转的机械能（动能）。

2）水轮机的作用。水轮机是水力发电站的核心设备。它利用水流的动能带动转子旋转，进而带动发电机转动，产生电能。水轮机根据水流的不同特点，可以分为垂直轴水轮机和水平轴水轮机两种类型。

3）发电机的能量转换。水轮机带动发电机转动，通过电磁感应原理将机械能转化为电能。发电机由转子和定子组成，转子旋转的同时，通过磁场感应产生电流，从而产生电能。

4）输电与利用。水力发电站通过变压器将发电机产生的低压交流电升压，然后输送到电网中传送到用户。水力发电站可以提供稳定的电力供应，满足人们的生产和生活需求。

水力发电技术实现了能源的可再生利用，具有环保、经济、可持续等优点。相比化石燃料发电，水力发电不会产生二氧化碳等温室气体，对环境污染较小。水力发电站的建设和运行成本相对较低，能够长期稳定地提供电力。水力发电不依赖燃料，水资源丰富的地区可以充分利用水力发电技术。

4. 风力发电技术

在能源短缺和环境趋向恶化的今天，风能作为一种可再生清洁能源，为世界各国所重视和开发。近 20 年来，风力发电技术有了巨大的进步，风电开发在各种新能源开发中增速最快。德国、西班牙、丹麦、美国等欧美国家在风力发电理论与技术研发方面起步较早，处于世界领先地位。我国在风力发电机制造技术和风力发电控制技术方面虽与上述国家有着较大差距，但风力发电总量已排世界前列。目前国内定桨距风机的制造技术和兆瓦级永磁直驱同步发电机技术已经成熟应用，但在风机大型化、变桨距控制、主动失速控制、变速恒频等先进风电技术方面还有待进一步研究和应用。目前，风力发电技术已经愈加成熟，风力发电控制技术也更加完善，风力发电前景广阔。

风力发电的核心是风力发电机，将风能转换为机械能的动力机械称为风车，它是一种以太阳为热源、以大气为工作介质的热能利用发动机。风力发电利用的是自然能源，相对柴油发电要好得多。风力发电不可视为备用电源，但是却可以长期利用。

风力发电的原理，是利用风力带动风车叶片旋转，再通过增速机构将旋转的速度提升，来驱动发电机发电。依据目前的风车技术，达到 3m/s 的微风速度，发电机就可以发电。风力发电在芬兰、丹麦等国家很流行；我国也在西部地区大力提倡。

（1）小型风力发电系统

小型风力发电系统效率很高，主要由风力发电机、充电器、数字逆变器组成。风力发电机由机头、转体、尾翼、叶片组成，各部分功能为：叶片用来接受风力并通过机头转为电能；尾翼使叶片始终对着来风的方向从而获得最大的风能；转体能使机头灵活地转动以实现尾翼调整方向的功能；机头的转子是永磁体，定子绕组切割磁力线产生电能。图 3-13 为一小型风力发电系统。

图 3-13 小型风力发电系统

风力发电机风量不稳定,输出的是 13~25V 变化的交流电,须经充电器整流,再对蓄电池充电,风力发电机所产生的电能变成化学能;再利用有保护电路的逆变电源,把蓄电池的 24V 直流电转变成交流 220V 市电,稳定输出电能。

水平轴风机桨叶通过齿轮箱及其高速轴与万能弹性联轴节相连,将转矩传递到发电机的传动轴,联轴节具有很好的吸收阻尼特性,并可阻止机械装置的过载。直驱型风机桨叶不通过齿轮箱增速,直接与电机相连。

(2)大型风力发电机

大型风力发电机组如图 3-14 所示。先简要介绍其各部分的功能。

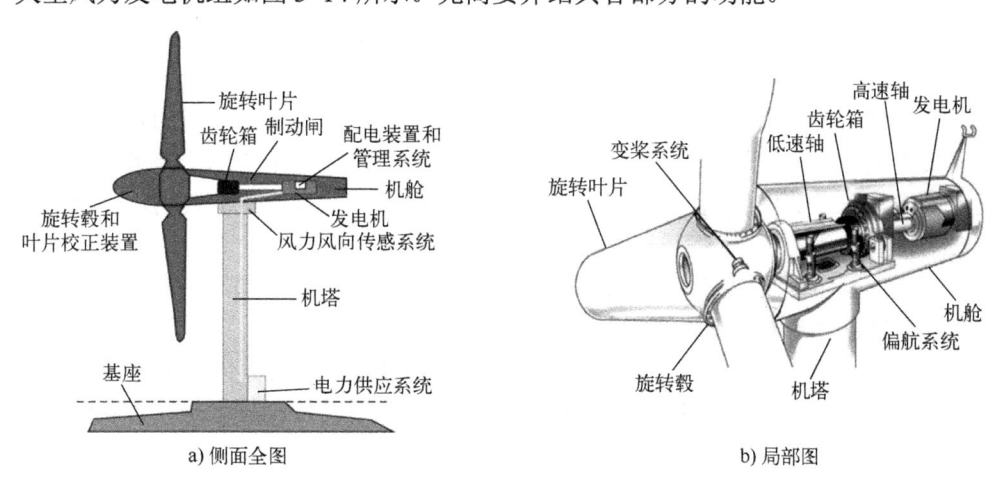

图 3-14 大型风力发电机组结构示意图
a) 侧面全图　　b) 局部图

1)机舱:机舱包容着风力发电机的关键设备,包括齿轮箱、制动闸、发电机、配电装置和管理系统。维护人员可以通过机塔进入机舱。

2)旋转叶片、旋转毂及叶片校正装置:旋转叶片捕捉风能,并将风能传送到转子轴心。600kW 风力发电机的每个旋转叶片长约 20m,而且被设计成飞机的机翼形状。旋转叶片及叶片校正装置安装在旋转毂上,旋转毂的轴与风力发电机的低速轴同轴连接。叶片校正装置用以校正旋转叶片螺栓孔的位置,确保旋转叶片螺纹孔和变桨轴承螺栓孔对正、同轴,减少振动和噪声,提高设备运行效率。

3）低速轴：风力发电机的低速轴将旋转毂轴心与齿轮箱连接在一起。600kW 风力发电机上,旋转毂及旋转叶片的转速相当慢,为 19～30r/min。低速轴中有液压系统的导管,来控制空气制动闸。

4）齿轮箱：齿轮箱可以将高速轴的转速提高至低速轴的 50 倍。

5）高速轴及其机械闸：高速轴以 1500r/min 运转,并驱动发电机。它装备有紧急机械闸,在空气制动闸失效,或风力发电机被维修时,紧急机械闸制动。

6）发电机：通常为异步发电机,最大电力输出通常为 500～1500kW。

7）偏航装置：其作用是借助电动机转动机舱,以使旋转叶片及轮毂的轴正对着风向。偏航系统由电子控制器操作,电子控制器可以通过风力风向传感系统来感觉风向。电子控制器包含一台不断监控风力发电机状态的计算机,并控制偏航装置。当齿轮箱或发电机过热,该控制器可以自动停止风力发电机的转动,并通过电话调制解调器来呼叫风力发电机操作人员。

8）变桨系统：通过调节桨叶的节距角,改变气流对桨叶的攻角,进而控制风轮捕获的气动转矩和气动功率。主要作用有：根据风速大小自动调整叶片与风向之间的夹角,使风力发电机恒定转速运行并确保风力发电机组在额定风速以上的功率平衡；在极端天气条件下,通过气动制动来保障风力发电机组的整体安全,利用空气动力学原理,可以使旋转叶片顺桨 90° 与风向平行,并使旋转叶片停转。

9）冷却系统（图 3-14 中未显示）：包含一个风扇,用于冷却发电机,也有一些风力发电机采用水冷散热形式。此外,它还包含一个油冷却子系统,用于冷却齿轮箱内的油。

10）机塔：机塔上装有机舱、旋转叶片、旋转毂及叶片校正装置。高的机塔具有优势,因为离地面越高,风速越大。600kW 风力发电机的塔高为 40～60m。圆筒式机塔内,维修人员可以通过内部的梯子到达塔顶。

11）电力供应系统：该系统连接发电机与电网,不仅为风力发电机组的各执行机构提供电源,还负责电力的分配与传输,确保电能的稳定供应。通过电子控制器等组件,实时监控风力发电机的状态,防止故障发生,并在必要时自动停止风力发电机的转动,以保护设备和人员的安全。

12）基座：基座是支撑整个风力发电机组的重要结构。基座必须能够支撑整台风力发电机以及作用在风机上的力,确保机组稳定运行。

风能是低密度能源,具有不稳定和随机性特点。因此,研究适合于风电转换、运行可靠、效率高、控制简单且供电性能良好的发电机系统和先进的控制技术是风力发电推广应用的关键。

下面介绍各种风力发电机的优缺点及相关风力发电控制技术。传统的风力发电机有笼型异步发电机、绕线转子异步发电机、有刷双馈异步发电机和同步发电机。

（1）笼型异步发电机

笼型异步发电机是传统风力发电系统广泛采用的发电机。功率变换器是一种软并网用的双向晶闸管起动装置,其工作原理是利用电容器进行无功补偿,使发电机在高于同步转速附近做恒速运行,采用定桨距失速或主动失速桨叶控制技术,发电机单速或双速运行。因为笼型转子整体强度、刚度都比较高，不怕飞逸，比较适合风力发电这种特殊场合，所以笼型异步发电机发展很快，技术日趋成熟，在世界各大风电场与风力机配套的发电机中，绝大多数是采用笼型异步发电机。但其存在不能有效地利用风能、效率低的缺点。

（2）绕线转子异步发电机

绕线转子异步发电机由电机转子外接可变电阻组成，其工作原理是通过电力电子装置调整转子回路的电阻，从而调节发电机的转差率，发电机的转差率可增大至10%，能实现有限变速运行，提高输出功率，同时采用变桨距调节和转子电流控制，可以提高动态性能，维持输出功率稳定，减小阵风对电网的扰动。

（3）有刷双馈异步发电机

为了降低异步发电机并网运行中功率变换器的功率，双馈异步发电机被应用于风力发电系统中，通过控制转差频率可实现发电机的双馈调速。但是此种电机是有刷结构，运行可靠性差，需要经常维护，此种结构不适合运行在环境比较恶劣的风力发电系统中。

（4）同步发电机

近年来，采用同步发电机来代替异步发电机是风力发电系统的一个主要技术进步。此种发电机极数很多，转速较低，径向尺寸较大，轴向尺寸较小，可工作在起动转矩大、频繁起动及换向的场合，并且当与电子功率变换器相连时可以实现变速操作，因此适用于风力发电系统。电压源型逆变器的直流侧提供电机转子绕组的励磁电流。通过控制功率变换器的电压来改变发电机定子绕组的电流，从而控制发电机的输出力矩。通过控制功率变换器的超前、滞后电流来控制整个机组的无功功率及有功功率输出。此种风力发电机组具有噪声低、电网电压闪变小及功率因数高等优点。

此外，开关磁阻发电机、无刷双馈异步发电机、永磁无刷直流发电机、永磁同步发电机、全永磁悬浮风力发电机等新型风力发电机也应用在风力发电工程中。

（1）开关磁阻发电机

开关磁阻电机具有结构简单、能量密度高、过载能力强、动静态性能好、可靠性和效率高的特点。作为电动机时，按一定的顺序各相绕组通以电流，产生旋转磁场使电机转子处于连续转动运动的工作状态；作为发电机运行时，电机的各个物理量随着转子位置做周期性变化，当电机相电感随转子位置变化时，则在定子绕组内产生感应电动势，将机械能转化为电能。开关磁阻发电机常被用于小型（<30kW）风力发电系统中。

（2）无刷双馈异步发电机

其基本原理与有刷双馈异步发电机相同，主要区别是取消了电刷。这种电机弥补了标准有刷双馈电机的不足，兼有笼型、绕线转子异步电机和电励磁同步电机的共同优点，功率因数和运行速度可以调节，因此适合于变速恒频风力发电系统，缺点是增加了电机的体积和成本。

（3）永磁无刷直流发电机

永磁无刷直流发电机电枢绕组是直流单波绕组，采用二极管来取代电刷装置，两者连为一体，采用切向永磁体转子励磁，外电枢结构。此种电机不但具有直流发电机电压波形平稳的优点，也具有永磁同步发电机寿命长、效率高的优点，适合在小型风力发电系统中应用。

（4）永磁同步发电机

永磁同步发电机采用永磁体励磁，无须外加励磁装置，减少了励磁损耗；同时它不需要换向装置，因此具有效率高、寿命长等优点。当电机转子被风能驱动旋转时，定子与转子产生相对运动，在绕组中产生感应电动势。与等功率的电励磁同步发电机相比，永磁同步发电机在尺寸及质量上仅是它们的 1/3 和 1/5。此种发电机极对数较多，且操作上同时具有同步电机和永磁电机的特点，因此适合于发电机与风轮直接相连、无传动机构的并网运行形式。

（5）全永磁悬浮风力发电机

全永磁悬浮风力发电机结构上完全由永磁体构成，不带任何控制系统，其最大特点是"轻风起动，微风发电"，起动风速为 1.5m/s，大大低于传统的 3.5m/s。通过采用磁力传动技术和磁悬浮技术，可克服永磁风力发电机输出特性偏软的缺点。系统由原动力传送装置、磁力传动调速装置、磁轮、永磁发电机等几部分组成。其低风速起动技术，对开发国内广大地区的低风速资源、增加风力发电机的年发电时间有积极意义。

3.3.2 工业领域中的电机应用

电机应用遍及信息处理、音响设备、汽车电气设备、国防、航空航天、工农业生产、日常生活的各个领域。目前电机的七大应用领域如下。

1. 电气伺服传动领域

在要求速度控制和位置控制（伺服）的场合，特种电机的应用越来越广泛。开关磁阻电机、永磁无刷直流电机、步进电机、永磁交流伺服电机、永磁直流电机等已在数控机床、工业电气自动化、自动化生产线、工业机器人以及各种军/民用装备等领域获得了广泛应用。例如，交流伺服电机驱动系统应用在凹版印刷机中，以其高控制精度实现了极高的同步协调性，使这种印刷设备具有自动化程度高、套准精度高、承印范围大、生产成本低、节约能源、维修方便等优势；而在工业缝纫机中，随着永磁交流伺服电机控制系统、无刷直流电机控制系统、混合式步进电机控制系统的大量使用，工业缝纫机向自动化、智能化、复合化、集成化、高效化、无油化、高速化、直接驱动化方向快速发展。

2. 信息处理领域

信息技术和信息产业以微电子技术为核心，通信和网络为先导，计算机和软件为基础。信息产品和支撑信息时代的半导体制造设备、信息输入、信息存储、信息处理、信息输出、信息传递等电子装置，以及硬盘驱动器、光盘驱动器、软盘驱动器、打印机、传真机、复印机、手机等通信设备中使用着大量各种各样的特种电机。信息产业在国内外都受到高度重视，并获得高速发展，信息领域配套的特种电机全世界年需求量约为 15 亿台（套），这类电机绝大部分是永磁直流电机、无刷直流电机、步进电机、单相异步电机、同步电机、直线电机等。

3. 交通运输领域

目前，在高级汽车中，为了控制燃料、改善乘车舒适感以及显示装置状态，需要使用 40~50 台电机，而豪华轿车上的电机可达 80 多台，如图 3-15 所示。

汽车电气设备配套电机主要为永磁直流电机、永磁步进电机、无刷直流电机等。作为 21 世纪的绿色交通工具，电动汽车在各国受到普遍重视，电动车辆驱动用电机主要是大功率永磁无刷直流电机、永磁同步电机、开关磁阻电机等，这类电机的发展趋势是高效率、高出力、智能化。国内电动自行车主要使用线绕盘式永磁直流电机和永磁无刷直流电机驱动；特种电机在机车驱动（见图 3-16）、舰船推进（见图 3-17）中也得到了广泛应用。

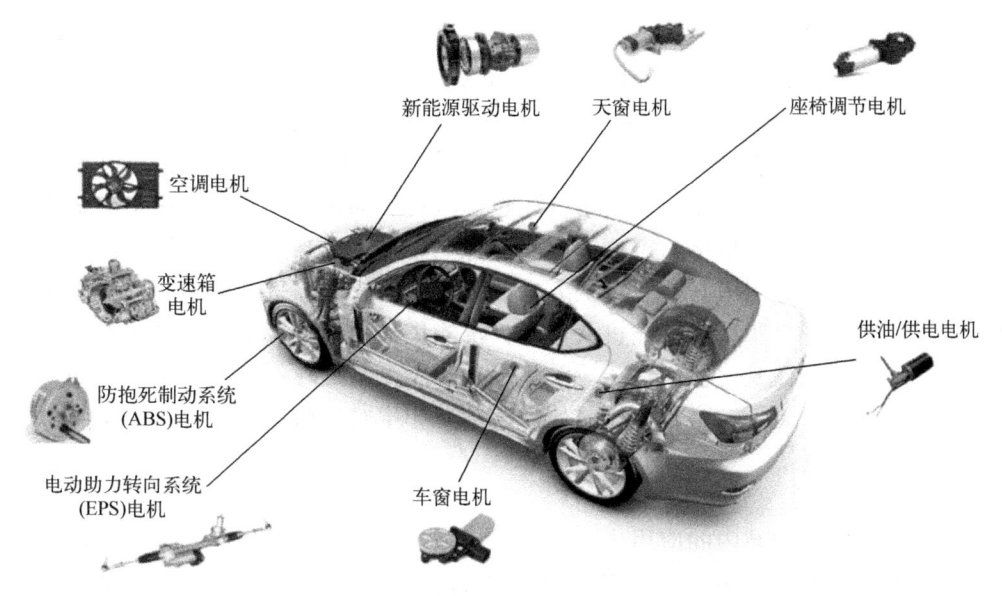

图 3-15 汽车中的电机

a) DF4内燃机车同步发电机　　b) DF4内燃机车牵引电机　　c) HXD3电力机车牵引电机

图 3-16 铁路机车中的电机

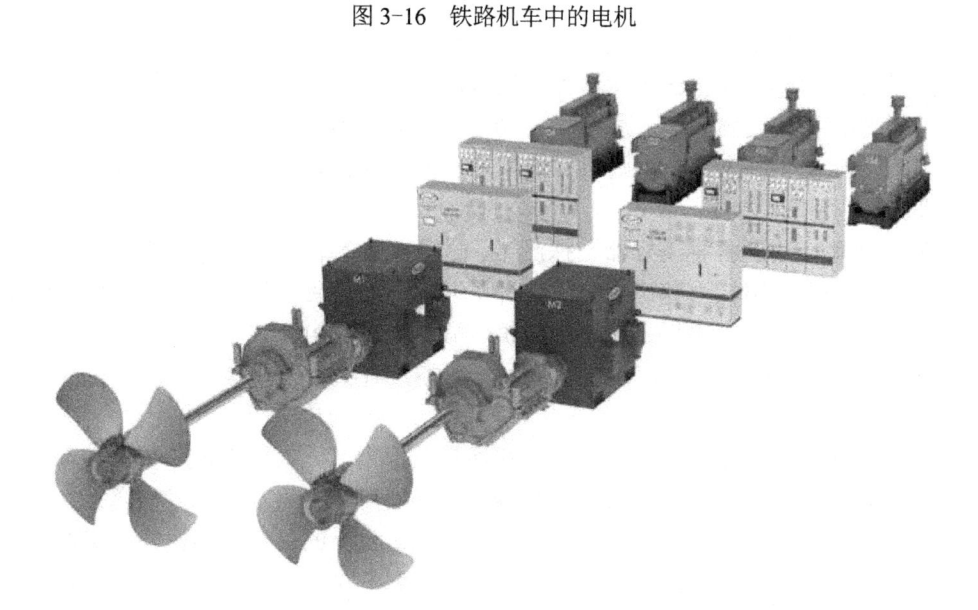

图 3-17 舰船综合全电力推进系统

4. 家用电器领域

目前，工业化国家一般家庭中使用 50～100 台特种电机，主要品种为：永磁直流电机、单相异步电机、串励电机、步进电机、无刷直流电机、交流伺服电机等。

为了满足用户越来越高的要求和适应信息时代发展的需要，实现家用电器产品节能化、舒适化、网络化、智能化，家用电器的更新换代周期很快，对配套的电机提出了高效率、低噪声、低振动、低价格、可调速和智能化的要求。以高效永磁无刷直流电机为驱动的家用电器正代表着家用电器业发展的方向。如目前流行的高效节能变频空调和电冰箱就采用永磁无刷直流电机驱动其压缩机及风扇；洗衣机采用低噪声多极扁平永磁无刷直流电机，可省去原有的机械减速器而直接驱动滚筒，实现无级调速，是目前洗衣机中的高档产品；吸尘器中采用永磁无刷直流电机替代原有的单相串励电机，具有体积小、效率高、噪声低、寿命长等优点。

5. 消费电子领域

电机在消费电子领域中的应用十分广泛。比如，在智能手机和平板电脑中，电机主要用于驱动屏幕、摄像头、振动等功能，电机的性能直接影响用户的使用体验，如拍照质量、屏幕翻转速度等。智能家居设备，如吸尘器、智能灯光、智能门锁等，也需要电机来驱动。游戏控制杆和虚拟现实设备中，电机提供精确的反馈和响应，以实现准确的控制和沉浸式的体验。

6. 国防领域

军用特种电机及组件产品门类繁多，规格各异，有近万个品种，其基本功能有：机械位置传感与指示，信号变换与计算，运动速度检测与反馈，运动装置驱动与定位，速度、加速度、位置精确伺服控制，计时标准及小功率电源等。基于其特殊性能、特殊功能和特殊工作环境的要求，大量吸收相关学科的最新技术成就，特别是新技术、新材料和新工艺的应用，催生了许多新结构、新原理电机，具有鲜明的微型化、数字化、多功能化、智能化、系统化和网络化特征。如传统鱼雷舵机均采用液压机械式驱动系统驱动舵面，为鱼雷提供三轴动力以控制航向、深度与横滚，实现所设计的鱼雷弹道；目前国内外新型鱼雷已经采用电舵机，早期电舵机多使用有刷直流伺服电机，但有刷伺服电机的固有缺点给电舵机系统的可靠运行带来了诸多问题。而应用体积小、质量小、功率密度大、力能指标高并具有良好伺服性能和动态特性的稀土永磁无刷直流电机则很好地满足了鱼雷电舵机系统的特殊使用要求。

7. 特殊用途领域

一些特殊领域应用的各种飞行器、探测器、医疗设备等使用的电机多为特种电机或新型电机，它们从原理上、结构上和运行方式上都不同于一般电磁原理的电机，主要为低速同步电机、谐波电机、有限转角电机、超声波电机、微波电机、电容式电机、静电电机等。如将一种厚度为 0.4mm 的超薄型超声波电机应用于微型直升机；将微型超声波电机应用于手机的照相系统中等。

无人机上的电机负责驱动螺旋桨旋转，从而产生推力。无人机电机主要分为有刷电机和无刷电机两种，其中无刷电机因高效率、长寿命、低噪声等优势，成为多旋翼无人机应用的主流选择。超声电机在嫦娥五号探测器上用于驱动光谱仪上的二维指向机构，实现精准"挖土"。在火星探测器上，电机则用于控制探测器的移动和方向。探测器上的电机需要满足高精度、高响应速度、低噪声、轻量化以及无电磁干扰等性能要求，以确保探测器的稳定运行和准确探测，还需要适应极端的工作环境，如高温、低温等。对成本要求较低的医疗设备多使用有刷直流电机；对噪声和能效要求较高的医疗设备多使用无刷直流电机；在需要精确控制位置和速度的医疗设备中广泛应用步进电机；在高端医疗设备中广泛使用伺服电机。

3.4 电器

3.4.1 电器的发展

在广义上，电器指所有用电的器具，但从专业角度上来讲，主要指用于对电路进行接通、分断，对电路参数进行变换，以实现对电路或用电设备的控制、调节、切换、检测和保护等作用的电工装置、设备和元器件；从普通民众的角度来讲，主要是指家庭常用的一些为生活提供便利的用电设备，如电视机、空调、电冰箱、洗衣机、各种小家电等。

最早的电器是18世纪物理学家研究电与磁现象时使用的刀开关。19世纪后期，由于电能的应用陆续推向社会，各种电器也相继问世。但这一时期的电器容量小，属于手动式。电路的保护主要采用熔断器。20世纪以来，由于电能的应用在社会生产和人类生活中显示出巨大的优越性，并迅速普及，适应各种不同要求的电器也不断出现，大的有电力系统中所用的二三层楼高的超高压断路器，小的有普通家用开关。近百年来，电器发展的总趋势是容量增大，传输电压增高，自动化程度提高。例如，开关电器由20世纪初采用空气或变压器油作为灭弧介质，经过多油式、少油式、压缩空气式，发展到利用真空作为灭弧介质和六氟化硫（SF_6）作为灭弧介质的断路器，其开断容量从20世纪初的20～30kA到20世纪80年代中后期的80～100kA，工作电压提高到765kV，目前已提高到1150kV。又如，20世纪60年代出现晶体管时间继电器、接近开关、晶闸管开关等；70年代后，出现了机电一体化的智能型电器，以及SF_6全封闭组合电器等。这些电器的出现与电工新材料、电工制造新技术和新工艺相互依赖、相互促进，适应了整个电力工业和社会的电气化不断发展的要求。

电器按功能可分类如下：
1）用于接通和分断电路的电器，如接触器、刀开关、负荷开关、隔离开关、断路器等。
2）用于控制电路的电器，如电磁起动器、自耦减压起动器、变阻器、控制继电器等。
3）用于切换电路的电器，如转换开关、主令电器等。
4）用于检测电路系数的电器，如互感器、传感器等。
5）用于保护电路的电器，如熔断器、断路器、避雷器等。

电器按照工作电压可分为高压电器和低压电器两类。在我国，工作交流电压在1000V及以下、直流电压在1500V及以下的属于低压电器；工作交流电压在1000V以上、直流电压在1500V以上的属于高压电器。下面主要按照工作电压的分类介绍高压电器和低压电器的基本结构、作用及应用。

3.4.2 高压电器

高压电器是用于开断和关合高压导电回路的电器，是高压开关与其相应的控制、测量、保护、调节装置以及辅件、外壳和支持等部件及其电气和机械的联结组成的总称，是接通和断开回路、切除和隔离故障的重要控制设备。

高压开关设备一般包括高压断路器、隔离开关、负荷开关、熔断器及高压开关柜等。

1. 高压断路器

在设备正常运行时，高压断路器主要用于接通或切断负荷电流；在设备发生故障或严重过负荷时，高压断路器可用于自动、迅速地切断故障电流（借助于继电保护装置），以防止事故发生。高压断路器主要由导电回路、灭弧室、外壳、绝缘支体、操作和传动机构等部分组成。高压断路器如图 3-18 所示。

a) 户外高压断路器　　b) 户内高压断路器

图 3-18　高压断路器

2. 高压隔离开关

高压隔离开关的主要用途是，隔离高压电源，并形成明显可见的间隔，以保证其他电气设备能够安全检修。但因隔离开关没有灭弧设置，因而不能接通和切断负荷电流，只能接通或断开较小电流。高压隔离开关如图 3-19 所示。

a) 户外高压隔离开关　　b) 户内高压隔离开关

图 3-19　高压隔离开关

隔离开关按安装位置，可分为户内型和户外型（60kV 及以上电压无户内型）两种；按极数可分为单极和三极两种；按构造可分为双柱式、三柱式和 V 形三种；按绝缘情况可分为普通型及加强绝缘型两类；按接地情况可分为带接地刀开关的和不带接地刀开关的两种。隔离开关一般为开启式，特定条件下也可定制成封闭式隔离开关。

3. 高压负荷开关

在高压配电装置中，负荷开关是专门用于接通和断开负荷电流的电气设备；在装有脱扣器时，在过负荷的情况下也能自动跳闸。但负荷开关仅具有简单的灭弧装置，因此不能切断短路电流。在大多数情况下，负荷开关与高压熔断器（一般为 RN 型）串联，借助熔断器切除短路电流。

高压负荷开关有户内型及户外型两种，如图 3-20 所示，配用手动操作机构工作。它具有明显的断路间隙，也可起到普通高压隔离开关的作用。

a) 户外高压负荷开关 　　　　b) 户内高压负荷开关

图 3-20　高压负荷开关

4．高压熔断器

高压熔断器是常用的一种保护电器，如图 3-21 所示。其结构简单，广泛用于配电装置中，常用作保护线路、变压器及电压互感器等设备。高压熔断器由熔体、支持金属体的触头和保护外壳三部分组成，串接在电路中。若电路发生超负荷或短路故障，当故障电流超过熔体的额定电流时，熔体会被迅速加热熔断，从而切断电流防止故障扩大。

a) 户外高压跌落式熔断器 　　　　b) 户内高压熔断器

图 3-21　高压熔断器

高压熔断器按使用场所可分为户内型和户外型两种。户内型一般制成规定式，而户外型则全部制成跌落式（熔体熔断后，熔体管自动断开）。

5．高压开关柜

高压开关柜一般适用于交流 50Hz、3～35kV 电压的电力系统中，作为电能接受、分配的通/断和监视保护之用。它是由制造厂按照一定的接线方式，将同一回路的开关电器、母线、测量仪表、保护电器和辅助设备等都装配在封闭的金属柜中，成套供应给用户。这种设备具有结构紧凑、使用方便等特点，因此广泛用于控制和保护变压器、高压线路和高压电机等设备中。

高压开关柜主要包括固定式和手车式两种。按结构的不同，可分为开启式、封闭式和半封闭式三种；按使用环境的不同，可分为户内和户外两种；按操动方式的不同，可分为电磁操动、弹簧操动和手动操动等。

高压开关设备的发展趋势如下：

1）国产高压开关设备已全面实现无油化，实现了以真空开关和 SF_6 断路器为代表的产品升级换代。

2）为满足电力工业跨网运行的需要，特高压开关设备进入实际运行及普及阶段。

3）金属封闭开关设备的小型化是其技术发展的一个重要方向。

4）高压开关设备的智能化技术迅速发展。

3.4.3 低压电器

低压电器是指工作在直流电压 1500V 及以下、交流电压 1000V 及以下的电气设备。总的来说，低压电器可以分为配电电器和控制电器两大类，是成套电气设备的基本组成元件。在工业、农业、交通、国防以及人们用电部门中，大多数采用低压供电，因此低压电器的质量将直接影响到低压供电系统的可靠性。

常用低压电器有以下几种。

1．刀开关

刀开关如图 3-22a 所示，用于设备配电中隔离电源，也可用于不频繁地接通与分断额定电流以下负载。刀开关不能切断故障电流，只能承受故障电流引起的电动力。

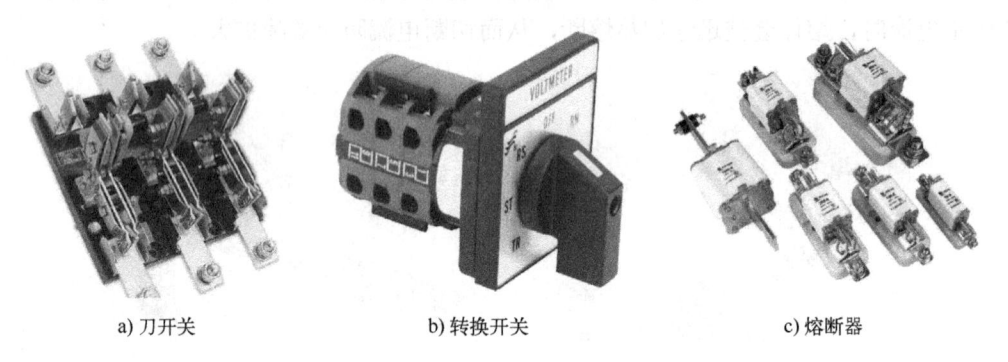

a) 刀开关　　b) 转换开关　　c) 熔断器

图 3-22　常用低压电器（一）

2．转换开关

转换开关的作用是为负载提供两种以上电源或实现负载转换用的电器，如图 3-22b 所示。转换开关可使控制电路或测量线路简化，并避免操作上的失误。

3．熔断器

熔断器是一种借助于熔体在通过的电流超出限定值而熔化，进而实现分断电路的，用于过载或短路保护的电器，如图 3-22c 所示。熔断器的熔断时间与熔断电流的大小有关，即熔断时间近似与电流二次方成反比。

4．主令电器

主令电器用于切换控制电路，通过主令电器来发出指令或信号以便控制电力拖动系统及其他控制对象的起动、运转、停止或状态的改变。它是一类专门发送动作命令的电器。主令电器主要用来控制电磁开关（继电器、接触器等）的电磁线圈与电源的接通和分断。按其功能主令电器可分为控制按钮、万能转换开关、行程开关、主令电器（见图3-23a）、其他主令电器（如脚踏开关、倒顺开关等）。

a) 主令电器　　　　b) 接触器　　　　c) 热继电器

图 3-23　常用低压电器（二）

5．接触器

接触器是一种可以远距离频繁地自动控制电动机起动、运转与停止的电器，如图 3-23b 所示。接触器按其所控制的电流种类分为交流接触器与直流接触器两种。接触器典型的结构组成为主触点系统、灭弧系统、磁系统、外壳、辅助触点（通常两对以上，常开和常闭）。其工作原理是铁心上的线圈通过电流产生磁动势吸引活动的衔铁，通过杠杆使动触点与静触点接触以接通电路。

6．热继电器

热继电器是一种用以保护电动机的过载及对其他电气设备发热状态进行控制的电器，如图 3-23c 所示，分为双金属片式和热敏电阻式两种。典型的结构组成为双金属片、加热元件、导板、常开或常闭静触点、复位调节螺钉、调节旋钮、压簧、推杆等。工作原理是利用电流热效应，通过推杆使触点动作。

7．低压断路器

低压断路器简称断路器，如图3-24a 所示。其作用是：当电路发生过载、短路和欠电压等不正常情况时，能自动分断电路。其结构组成为感觉元件、传递元件和执行元件。工作原理是当电路发生过载、短路、欠电压时，电磁线圈在超出规定值范围后产生吸力，衔铁动作，使锁扣脱扣，从而分断主电路。

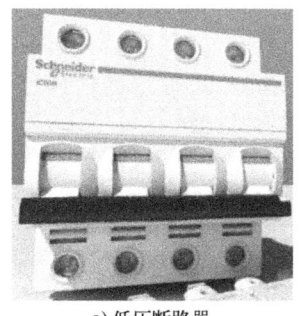

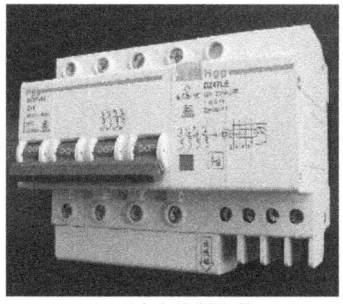

a) 低压断路器　　　　b) 剩余电流断路器

图 3-24　常用低压电器（三）

8. 剩余电流断路器

剩余电流断路器如图 3-24b 所示。剩余电流断路器用来保护人身电击伤亡及防止因电气设备或线路而引起的火灾事故。其结构组成为零序电流互感器、剩余电流脱扣器、主开关、绝缘外壳。工作原理是检测元件将检测到的漏电电压或漏电电流变换成二次回路的电压或电流，使驱动脱扣器动作，发出触电或漏电信号，将电源切断。

思 考 题

3-1 什么是电机的可逆运行原理？
3-2 电机有哪些不同的分类方法？
3-3 电机制造中所用的原材料有哪些？
3-4 典型的三相电机结构包括哪几部分？
3-5 变压器的基本工作原理是什么？
3-6 试阐述我国电力行业的常见能源获取领域（电力能源分布）。
3-7 试举例说明电机的各领域应用。
3-8 常见的电器分类方法有哪些？
3-9 常见的低压电器有哪些？各自的作用是什么？
3-10 常见的高压电器有哪些？各自的作用是什么？

第4章 电力电子技术与电力传动

电力电子技术是有效地使用半导体电力电子开关器件、应用电路的设计理论及分析方法，生产电力电子变换器，用来实现对电能的有效变换和控制，包括电压、电流、频率、相位、相数和波形等方面的变换与控制。电力电子技术主要应用于电气工程中，电力电子装置是电力技术（输配电系统、机电系统等）的主要组成部分，其作用和功能是电能（电功率）传递过程的变换与控制，这是电力电子技术和电力技术的主要关系。

4.1 电力电子技术概述

4.1.1 电力电子技术的发展史

电是当今社会不可缺少的能源，无论是生产、生活、交通运输、通信和军事都离不开电。自从 1831 年英国物理学家法拉第发现了电磁感应现象，电能的开发和应用就与人类的活动息息相关。现在社会已经不仅仅满足于有电，现代科学技术对电能的要求越来越高，各种不同装置和设备要求有不同的电源，需要对电能进行变换和控制，例如交流电和直流电的互相变换，对电压、电流和交流电频率进行控制等，以提高电能的品质和用电的效率，对这些电能的变换和控制也提出了很高的节能和环保要求。

1946 年，美国贝尔实验室研究出了第一个晶体管，从此人类进入了电子时代。在电子技术中首先是微电子技术，它将大规模的半导体电路集成在一块微小的芯片上，微处理芯片和计算机是微电子技术杰出的伟大成果，其强大的信息处理和传播能力对世界社会的影响已经在各个方面显现出来，并且催生了现代信息科学的诞生。电子技术的另一个发展是电力电子，它的特点是能以微信号控制大功率。在信息化社会中信息不仅是传媒，信息更需要能转变为人们能使用的物质，为人类谋福利。在信息转变为物质的过程中，电力电子技术以微小的信号控制强大的电流，使机器转动起来。以工业生产为例，工厂从网络获取市场信息，发出生产指令开动机器，按需要的规格、数量生产出产品供应市场，在这过程中，计算机产生的微信号通过电力电子装置使庞大的机器按人们的意志运转起来，微信号控制了大功率的工业生产，电力电子技术就是其中不可缺少的技术。正因为微电子技术和电力电子技术的成就，才使大规模现代化、自动化的工业生产能够实现，可以说微电子和电力电子是现代电子学发展的两大前沿，前者是芯片越做越小，功能越来越强，消耗的功率越来越小；后者是被控制的电压越来越高，电流越来越大，控制的功率越来越大。

电力电子技术出现于 20 世纪 50 年代，1957 年美国通用电气公司在晶体管的基础上研制出了第一个晶闸管，当时称为可控硅（Silicon Controlled Rectifier，SCR）。晶闸管是一种利用半导体 PN 结原理开发的固体可控开关，它可以用小电流控制开关的导通，从而控制高电压大电流的电路。由于它不仅可以应用于整流，并且可以应用于逆变和交直流的调压等方面，具有早年电子闸流管（也称汞弧整流器）的特点，后来国际电工委员会（IEC）将它正式命名为 Thyristor，即晶体闸流管，简称晶闸管。由于晶闸管较汞弧整流器体积小、无污染、功耗低，它的出现很快淘汰了当时的汞弧整流器，成为将交流电变换为直流电的主要器件，并且在20世纪60年代到80年代，晶闸管-直流电动机调速系统取代了传统的直流发电机-电动机系统，取得了明显的节能降耗效果，减少了噪声等环境污染。第一代电力电子器件晶闸管的出现，使小信号可以控制大功率，促进了控制理论和计算机技术在工业上的应用，从而使生产的效率、产品的质量不断提高。

由于普通晶闸管只具有控制导通的能力，不能自主关断，它的关断需要依靠外部电路创造的特定条件。应用在斩波控制时，需要有辅助关断电路，这使电路的结构变得很复杂，也降低了装置的可靠性。因此在晶闸管出现后又继续研究发展了能自主控制导通和关断的电力电子器件，如电力晶体管、可关断晶闸管、电力场效应晶体管、绝缘栅双极型晶体管（IGBT）等一系列可以控制导通和关断的器件，称为全控型器件，而普通晶闸管则称为半控型器件，形成了电力电子器件系列。现在新型电力电子器件正在不断地研究发展，制造工艺也在不断改进，一些性能不高的器件被淘汰，如电力晶体管已经基本退出市场，高耐压、大电流、高频、低损耗、易驱动的电力电子器件是发展的方向，并且电力电子器件的模块化、集成化、智能化也成为器件制造的趋势。模块化是将由多个电力电子器件组成的电路封装到一个模块中，集成化将功率模块和驱动、检测、保护等功能集成在一起，使用更方便、更安全。

4.1.2 电力电子技术的经济和社会意义

1. 技术经济意义

电气工程中，所使用的电力有交流和直流两种。从公用电网直接得到的是固定频率、某一标准等级的单相或三相交流电力；从直流电源（蓄电池、直流变电所、干电池等）得到的是某一标准等级的直流电力。但是，用电设备的类型、功能千差万别，对电能的电压、电流、频率、相数的要求各不相同。在工业生产中感应加热设备必须由中频或高频交流电源供电；交流电动机调速系统则要求由三相或单相交流变频、变压电源供电；电子计算机等高科技设备则要求由恒频、恒压的正弦波不间断电源（Uninterruptible Power Supply，UPS）供电；化学工业中的电解、电镀设备则由低压直流电源供电；城市地铁要求由可控的高压直流电源供电；发射机、快速充电设备等则要求由大功率脉冲电源供电。

我国幅员辽阔，采用远距离直流输电是非常必要的。发电站的发电机是三相交流同步发电机，它能产生频率为50Hz的交流电，而用电设备大多也是交流电负载。这就需要在发电站处先将交流电变换为直流电，经远距离传输后再将直流电变换成50Hz交流电。电力经过交流变直流，又经过直流变交流，必然要增加变流设备投资，但采用高压直流输电时，输电线路造价低，线路只有较小的电阻压降而无电抗压降，同时直流输电不存在电力系统的稳定性问题，所以尽管增加了电力变换环节，但高压直流输电方案仍是当代远距离输电的最佳选择。

总之，为了满足一定的生产工艺要求，确保产品质量、提高劳动生产率、降低能源消耗、提高经济效益，供电电源的电压、频率，甚至波形都必须满足各种用电设备的不同要求。凡此种种，都要求将发电厂生产的单一频率和电压的电能变换为各个用电设备所需要的另一种特性和参数（频率、电压、相位和波形）的电能，以获得更好的技术特性和更大的经济效益。

2. 社会意义

通过现代电力电子技术进行电能变换可获得符合要求的输出，减少过程损耗，提高效率。

（1）我国电机传动系统降耗节能空间很大

目前我国电机保有量超过 30 亿 kW，电机用电量占全社会用电量一半以上。如果直接由公用交流电网供电，当需要减小风量、水量时，仅靠利用挡板、阀门加大风阻、水阻以减小风量、水量至额定值的 50%，则电能的利用效率也降低 50%。如果采用电力变换装置将 50Hz 恒频、恒压交流电源变换成变频、变压电源后，再对风机、泵类的拖动电机供电，可通过调节电机速度来改变风量、水量，则电能的利用效率仍可维持在 90%左右，这将节省大量能源。如果风机、泵类全都采用这种先进的变频调速技术，每年节省的能源将超过几千万吨标准煤，经济效益极为可观。

（2）电厂发电总量的 10%～15%消耗在电气照明上

带有电感式镇流器的荧光灯，其发光效率比普通白炽灯高得多，在同样的光通量下，其耗电是白炽灯的 1/3。如果采用高频电力变换器（又称电子镇流器）对荧光灯供电，不仅电光转换效率进一步提高（可节电 50%），而且光质显著改善，还能使灯管寿命延长 3～5 倍，但其质量仅为工频电感式镇流器的 10%。电子镇流器的技术关键就是高频电力电子变换器，现已广泛应用，节电效益十分显著。

相比于传统的白炽灯和荧光灯，LED（发光二极管）灯的能耗更低，但发光效率更高。LED 灯的能效比白炽灯高出 80%～90%，比荧光灯高出约 50%。且 LED 灯的使用寿命远长于传统灯具，已逐渐成为现代照明的主流选择。

（3）减少用电设备体积

将工频 50Hz 交流电升频后再给某些负载供电，由于频率的升高，用电设备及变压器、电抗器的质量、体积将大大减少。例如频率为 20kHz 的变压器，其质量、体积仅为普通 50Hz 变压器的 1/20～1/10，钢、铜原材料的消耗量也大大减少。

（4）保护环境

在电能的产生、传输到应用过程中使用电力电子技术可减少社会总发电量和装机容量，这样不仅节省资源，而且可显著减少发电厂的二氧化碳排放量，降低空气污染和温室效应，这是电力电子技术在环境保护上的重要贡献。其次，作为可再生资源发电不可缺少的接口，电力电子技术将为保护环境做出贡献。此外，应用电力电子技术可使设备降低电磁辐射水平，从而保护人类不受和少受电磁污染和噪声干扰。

目前发达国家的电能已有 80%经过电力电子技术处理，节能效果达 15%～40%，有文献预计，到 2050 年经过处理再应用的电能将达到 95%。通过电力电子技术对电能的处理，电能的使用将更加合理、高效和环保。

4.1.3 电力电子器件的发展历程

电力电子技术的发展取决于电力电子器件的发展和进步。电力电子器件的发展情况如图 4-1 所示。

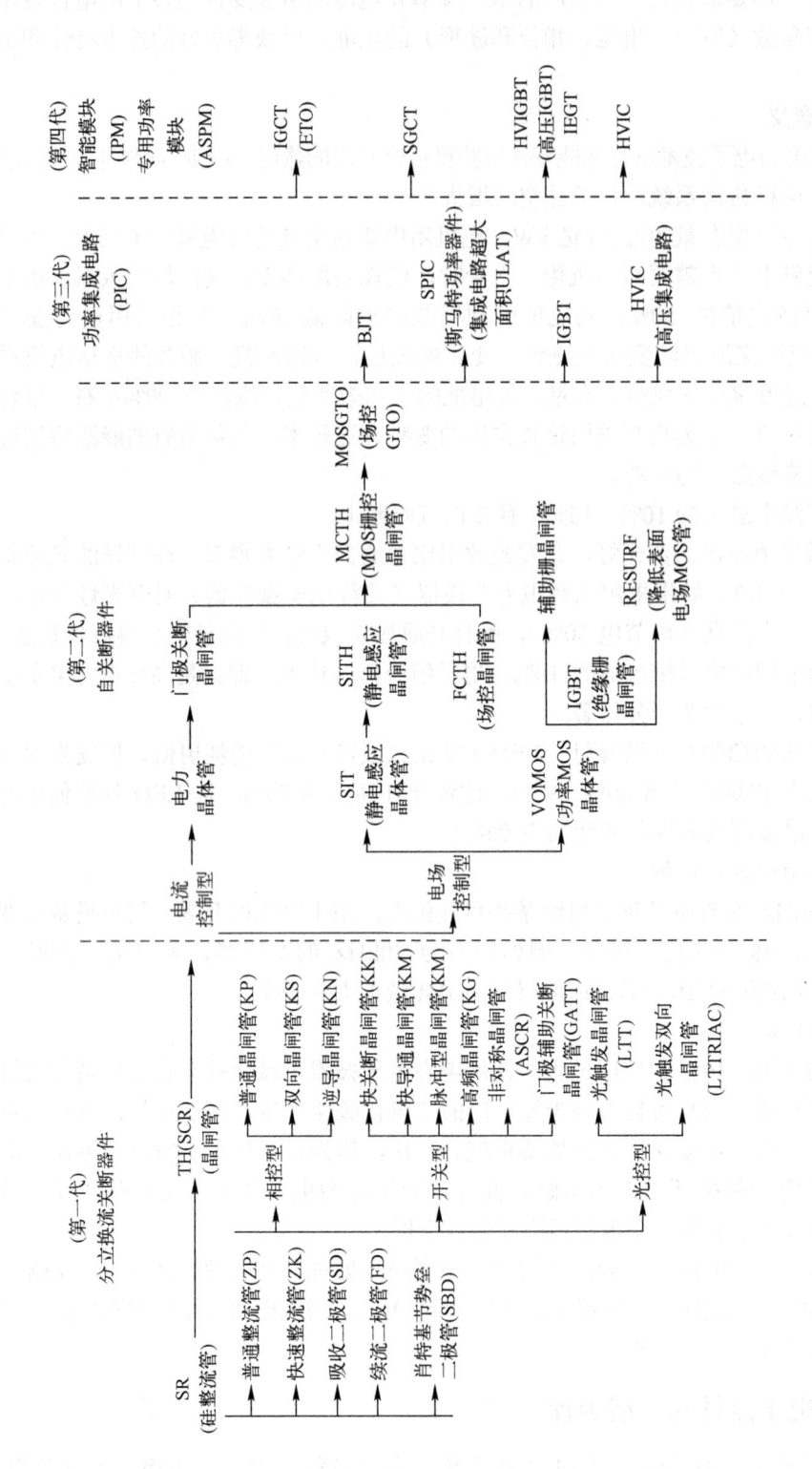

图 4-1 电力电子器件发展情况

1947 年，美国贝尔实验室发明了半导体器件硅二极管，引发了电子技术的一场革命。1948 年，美国贝尔实验室的肖克莱（W. B. Shockley）等人在二极管的基础上发明了晶体管，开创了现代电子学的新时代。1957 年，美国通用电气公司在晶体管的基础上发明了晶闸管。由于晶闸管优越的电气性能，使之很快就取代了水银整流器和旋转变流机组，其应用范围也迅速扩大。

晶闸管是通过对门极的控制使其导通而不能使其关断的器件，因而属于半控型器件。对晶闸管电路的控制方法主要是相位控制方法。晶闸管的关断通常依靠电网电压等外部条件来实现。这就使得晶闸管的应用受到限制。

20 世纪 80 年代中期以后，以门极关断（GTO）晶闸管、电力双极型晶体管（Power BJT）和电力场效应晶体管（Power MOSFET）为代表的全控型器件迅速发展。全控型器件的特点是，通过对门极（基极、栅极）的控制既可使其开通又可使其关断。此外，这些器件的开关速度普遍高于晶闸管，可用于开关频率较高的电路。这些优越的特性使电力电子技术的面貌焕然一新，把电力电子技术推进到新的发展阶段。

和晶闸管电路的相位控制方式相对应，采用全控型器件的电路的主要控制方式为脉冲宽度调制（PWM）控制。PWM 控制技术在电力电子技术中占有十分重要的地位，在逆变、斩波、整流、交流-交流变换等控制中均可应用。它使电力电子变换器的控制性能大幅提高，使以前难以实现的功能也得以实现，PWM 控制技术对电力电子技术的发展产生了极其深刻的影响。

20 世纪 90 年代以后，以绝缘栅双极型晶体管（IGBT）和增强性门极晶体管（IEGT）为代表的复合型器件异军突起。IGBT 是 MOSFET 和 BJT 的复合。它把 MOSFET 的驱动功率小、开关速度快的优点和 BJT 通态压降小、载流能力大的优点集于一身，性能十分优越，已成为现代电力电子技术的主导器件。IGBT 的广泛应用导致了 GTR（BJT）的停止使用。与 IGBT 相对应，集成门极换流晶闸管（IGCT）是 MOSFET 和 GTO 的复合，它综合了 MOSFET 和 GTO 两种器件的优点，与 IGBT 相比具有更大的容量。IGCT 的广泛应用导致了 GTO 的停止使用。

为了使电力电子装置的结构紧凑、体积减小，常常把若干个电力电子器件及必要的辅助元器件做成模块的形式，这给应用带来了很大的方便。后来，又把驱动、控制、保护电路和功率器件集成在一起，构成功率集成电路（PIC）。目前功率集成电路的功率都还小，但这代表了电力电子技术发展的一个重要方向。

随着全控型电力电子器件的不断进步，电力电子电路的工作频率也不断提高。同时，电力电子器件的开关损耗也随之增大。为了减小开关损耗，软开关技术应运而生，零电压开关（ZVS）和零电流开关（ZCS）是软开关的最基本形式。从理论上讲，采用软开关技术可使开关损耗降为零，从而提高效率。另外，软开关技术的发明也使得开关频率可以进一步提高，从而提高了电力电子装置的功率密度。

电力电子技术发展过程中的重要事件如下：

1876 年，发明了硒整流器。

1896 年，发明了单相桥式整流电路。

1897 年，发明了三相桥式整流电路。

1904 年，发明了电子管。

1911年，发明了金属封装水银整流器。
1925年，提出逆变器原理。
1926年，发明了闸流管。
1947年，半导体硅二极管诞生。
1948年，发明了硅晶体管。
1953年，发明了100A锗功率二极管。
1955年，美国通用电气公司发明了第一个大功率5A硅整流二极管。
1957年，美国通用电气公司发明了第一个半导体晶闸管。
1958年，半导体晶闸管商业化。
1961年，发明了小功率门极关断（GTO）晶闸管。
1967年，发明了用于高压直流输电系统的晶闸管。
1970年，发明了500V/20A硅双极型晶体管（BJT）。
1975年，发明了300V/400A巨型晶体管（GTR）。
1978年，发明了100V/25A功率场效应晶体管（MOSFET）。
1980年，矩阵变换器的发明；4kV/1.5kA光触发晶闸管的发明。
1981年，2500V/1000A GTO晶闸管的发明。
1982年，在美国发明了IGBT，于1985年商业化。
1983年，谐振式DC-DC变换器的发明。
1989年，85MW变速泵储能系统的完成；准谐振变换器的发明。
1991年，80Mvar静止无功功率补偿器（SVC）的发明。
1992年，6kV/2.5kA，300MW直流输电成功。
1993年，模糊逻辑神经元网络在电力电子学及电力传动上应用；38MV·A GTO牵引逆变器的发明；400MW变速泵储能系统的完成。
1995年，3电平GTO/IGBT逆变器在球磨机传动中的应用（15/1.5MV·A）；100Mvar静止无功补偿装置（TVA）应用。
1996年，IGCT问世。
1997年，IEGT问世。
1998年，5MW三电平直接转矩控制变换器实现；300MW GTO高压输电变换系统的完成。
1999年，6.5kV/600A IGBT模块在3000V直流输电系统中成功替代GTO。
2000年，IGCT 45MV·A动态电压补偿器（DVR）应用成功。
2003年，碳化硅（SICGT）高压模块研制成功。
2005年，模块化技术在电力电子设备中得到广泛应用，提高了系统的可靠性和灵活性。
2008年，金融危机促使高效节能的电力电子技术得到更多关注和应用，推动了绿色能源和智能电网的发展。
2010年，高频开关电源技术的发展，有效地减小了设备的体积和重量，提高了设备的效率和可靠性。
2012年，电动汽车和可再生能源的快速发展，推动了电力电子技术在这些领域的应用。
2015年，微电网技术和分布式发电技术的进步，使得电力电子技术在智能电网和微电网系统中得到广泛应用。

2018 年，5G 通信技术的发展，促进了远程控制和智能化管理在电力电子系统中的应用，提高了系统的互动性和响应速度。

2023 年，碳化硅和氮化镓器件的广泛应用，极大地提高了电力电子设备的功率密度和综合性能，推动了电力电子技术向更高效率、更高性能方向发展。

随着电力电子器件的迅速发展，电力电子技术也迅速发展成为一门独立的技术和学科。其应用已渗透到经济、国防、科技和社会生活的各个方面，并已成为电气工程技术领域最为活跃、最为关键的技术之一。相应的电力电子技术产业也是当今世界发展最快、潜力巨大的产业之一。电力电子技术发展成功与否，对一个国家的国民经济整体水平有着重要的影响，必将成为 21 世纪国民经济发展中的关键技术。

大容量化、高效化、小型化、模块化、智能化和低成本化，是电力电子技术的发展趋势。

展望未来，随着具有高可靠性的集成电力电子模块（Integrated Power Electronics Module，IPEM）技术及具有导通损耗小、耐压高、高结温等特点的新一代宽禁带器件的应用，电力电子技术将会发生新一轮革命性变化，从而带动国民经济及其装备技术水平的飞速发展。

4.1.4 电力电子技术的地位

1. 工业领域

（1）交直流电力拖动领域

直流电动机以其良好的起制动性能和调速性能广泛应用于工业生产中，它由晶闸管整流电源和直流斩波电源供电，通过调压实现调速，这是电力电子技术的重要应用领域之一。20 世纪 80 年代以来，电力电子变频技术的迅速发展，使得交流电动机调速性能完全可以与直流电动机调速性能相媲美，并已经具有了取代直流电动机调速的优势，因此，在调速应用场合，交流调速占据了主导地位。如功率大到数千千瓦的轧钢机传动系统，小到数百瓦的数控机床的进给伺服系统都应用了变频技术；还有一些以节能应用为目标的应用场合，如风机、泵类场合，也广泛应用了变频技术。还有些大功率交流电机，虽然没有调速要求，但其直接起动电流是额定电流的几倍甚至十几倍，直接起动要求供电系统容量裕量十分巨大，导致供电容量严重浪费。采用电力电子软起动方法就完全避免了这一缺陷，而且起动更平稳，起动效果更好。

（2）电解电化学领域

电解电化学领域中应用电力电子技术，主要是提供电解电化学所应用的直流电源，如电解铝、电解铜、电解食盐、电解氯气等，电解电化学用直流电源的特点是低电压、大电流，一般电流是几万安到十几万安，有的甚至几十万安培。一般多采用电力二极管或晶闸管整流装置。

（3）电冶炼领域

电力电子技术在电冶炼的应用，主要是为直流电弧炉、中频感应加热炉、淬火炉等提供直流电源和交流中频电源。

2. 交通运输领域

（1）电气化铁路

电力电子技术广泛应用于电气化铁路系统，包括直流变电站和机车牵引电源。直流变电站将工频交流电变为直流电,对电气化铁路沿线供电,一般使用电力二极管和晶闸管整流装置。直流电机可通过直流斩波器将幅值恒定的直流电压变为可调的直流电压实现调压调速,通过逆变器将直流电变为电压频率可变的交流电对交流电机供电,实现变频调速。在磁悬浮列车中,高速磁悬浮列车的驱动和制动靠长定子直线同步电机(LSM)来实现。这种无接触的驱动和制动系统的工作原理类似于旋转同步电机,同步电机定子(电枢)被切开并在轨道下面沿轨道方向向前展直延伸。列车上的悬浮磁铁相当于同步电机的转子。直线电机的驱动部件,即具有三相行波磁场绕组的铁磁定子部分,不是安装在车上,而是安装在导轨上,故称为导轨驱动的长定子同步直线电机。在三相 LSM 绕组里,通过三相电流产生移动电磁场,它作用于列车上的驱动磁铁,产生一个移动的行波磁场,从而带动列车高速前进。用大功率逆变器改变直线电机定子电流的幅值和频率,即可实现磁悬浮列车的无级调速。

(2)电动汽车领域

电动汽车采用直流蓄电池或超级电容器作为输入电源,有直流电机和交流电机两种驱动方式,目前多采用交流电机驱动。采用直流电机拖动方式时,利用直流斩波器将固定幅值的直流电变为幅值可调的直流电,对直流驱动电机供电,实现调压调速。采用交流电机驱动方式时,利用逆变器将直流电逆变为频率可变的交流电对交流电机供电,通过变频实现调速。这是电力电子技术在电动汽车领域中的重要应用。

(3)航空航海领域

飞机、船舶中,有很多控制温度、压力、流量、液位、位移和照明灯等的设备,其中很多是以电解作为能源的,绝大多数需要通过电力电子技术变换为二次能源,以实现上述参量的控制,这是电力电子技术在航空和航海中的重要应用。

3. 电力系统领域

电力电子技术在电力系统中有着十分广泛的应用。据估计,发达国家在最终使用的电能中,有 60%是经过电力电子技术变换处理的二次优质电能。电力系统的技术发展与进步,离不开电力电子技术的支持,没有电力电子技术的支撑,电力系统的现代化是很难想象的。

(1)直流输电领域

直流输电在长距离、大容量输电时具有很大的优势,长距离、大功率直流输电送电端的整流阀和变电站的逆变阀都是采用晶闸管变流装置,中低功率直流输电主要采用全控型的 ICBT 器件。近年来发展起来的柔性输电技术(FACTS),是未来电力系统的重要发展方向之一。它是由电力电子技术、信息技术和输配电成套自动化装置构成的,其中电力电子技术是其核心技术之一。

(2)无功补偿领域

无功补偿是电力系统的重要组成部分,对保障电力系统安全和提高电力系统运行效率至关重要。早期,无功补偿多半通过电容器和同步电机补偿。近年来,由于电力电子技术的发展,晶闸管控制电抗器(TCR)、晶闸管投切电容器(TSC) 都成了重要的无功补偿装置。采用全控型器件(如 IGBT)的静止无功补偿发生器(SVG) 也用于无功补偿,其性能较为优越。

(3)有源滤波领域

电力系统中,由于大量使用非线性器件和设备,产生了大量的谐波,对电力系统和其他用电设备造成了很大危害,必须设法克服。一是尽量减少和限制非线性器件和设备的使用,但由于实际需求，有时这难以实现。二是利用谐波过滤设备，滤除谐波。采用电力有源滤波器（APF）具有很好的谐波滤除性能，这也是电力电子技术在电力系统中的重要应用。

（4）变电所领域

变电所中的操作电源一般都是直流电源。为可靠起见，一般以电力电子整流装置提供直流操作电源。若操作电源停电，则由蓄电池供电，以确保操作可靠安全。电力电子整流电源供电时，直流蓄电池处于浮充状态。

4. 电子设备电源

电力电子装置提供给负载的是各种不同的直流电源、恒频交流电源和变频交流电源，因此也可以说，电力电子技术研究的也是电源技术。各种电子设备几乎都使用不同电压等级的直流电源供电。通信设备中的程控交换机以前多使用晶闸管整流的直流电源，现已换成采用全控型器件整流的高频开关电源。大型计算机、微型计算机内部所使用的电源都是高频开关电源。由于各类电子装置中，以前多数采用线性直流稳压电源供电，现已发展到使用高频开关电源。由于各类电子技术装置都需要电力电子装置提供电源，因此可以说信息电子技术离不开电力电子技术。有些大型关键电子设备，如大型计算机等，通常使用不间断电源（UPS）供电，不间断电源实际上就是最典型的电力电子装置。

5. 国防领域

国防领域中雷达、火炮等装备，需要准确跟踪目标，广泛使用的是伺服驱动控制，无论直流伺服驱动还是交流伺服驱动，都是通过电力电子技术提供电源的。许多空战装备和海上舰船，都需要大量的、不同形式、不同容量、不同电压等级的二次电源，这些电源也都是由电力电子变换技术得到的。

6. 可再生能源发电领域

随着太阳能、风能、燃料电池等可再生能源技术的发展与应用，可再生能源已逐步从补充型能源向替代型能源过渡。由于可再生能源发电功率的波动性、间歇性以及电压或频率的变化性，有效利用可再生能源发电必须使用电力电子变换器进行电能变换与控制。电力电子技术作为可再生能源发电技术的关键，直接关系到可再生能源发电技术的发展。

7. 家用电器领域

照明在家用电器中占有较大的比重，提高发光效率、增强可靠性、减小照明灯具体积是主要的发展方向，而采用电力电子照明技术恰恰符合这些要求。通常采用电力电子装置的光源称为节能灯，它正在取代传统的白炽灯和荧光灯。

变频空调、变频洗衣机、变频电冰箱都是通过变频技术，实现电机调速从而达到提高性能和节能的目的，而变频技术是电力电子技术最重要的应用方向之一。

以上只是电力电子技术的几个重要应用领域。电力电子技术在其他方面还有着十分广泛的应用，几乎注入到了工业、农业、交通、国防、科技和社会生活的各个领域。

4.2 电力电子器件及功率集成电路

电力电子器件是组成变流电路的主要元器件，电力电子器件的性能关系着变流电路的结构和特性，在学习变流电路及其应用之前首先需要了解电力电子器件。电力电子器件是建立在半导体原理基础上的，与其他半导体元件不同的是，它一般能承受较高的工作电压和较大的电流,并且主要工作在开关状态,因此在变流电路中也常简称为"开关"。电力电子器件的特点是可以用小信号控制器件的通断,从而控制大功率电路的工作状态,这意味着器件有很高的放大倍数。电力电子器件工作在开关状态时有较低的通态损耗,可以提高变流电路的效率,这对功率变换电路是很重要的。按电力电子开关器件的可控性,电力电子器件可以分为不控型器件,半控型器件和全控型器件三类。

1) 不控型器件如电力二极管,它没有门极,只有阳极和阴极两个端子,在阳极和阴极间施加正向电压时管子导通,施加反向电压时管子关断。

2) 半控型器件主要是具有闸流管特性的晶闸管系列器件(可关断晶闸管除外),它的特点是可以通过门极信号控制器件的开通,但是其关断却取决于器件承受的外部电压和电流情况,不受门极信号控制。

3) 全控型器件是指可以通过门极信号控制导通和关断的器件,这类器件发展最快,典型的全控型器件有电力晶体管、电力场效应晶体管和IGBT等。

半控型器件和全控型器件常统称为可控开关,产生开关控制信号的电路称为触发电路(一般指晶闸管)或驱动电路(一般指全控型器件)。从器件对驱动(触发)信号的要求区分,电力电子器件又可分为电流型驱动和电压型驱动两类,电流型驱动器件要求控制信号提供足够的电流,这类器件有晶闸管、电力晶体管等;电压型驱动器件只要门极施加一定的电压信号,而需要的控制电流很小(一般在毫安级),主要通过在控制极产生的电场来控制器件的导通和关断,因此也称为场控型器件。

电力电子器件模块化是器件发展的趋势,早期的模块化仅是将多个电力电子器件封装在一个模块里,例如整流二极管模块和晶闸管模块是为了缩小装置的体积给用户提供方便(见图4-2)。随着电力电子技术向高频化发展,GTR、IGBT等电路模块化设计有效减小了寄生电感,从而增强了使用的可靠性。现在模块化在经历标准模块、智能模块(Intelligent Power Module, IPM)到被称为"all in one"的用户专用功率模块(ASPM)的发展,力求将变流电路所有硬件(包括检测、诊断、保护、驱动等功能)尽量以芯片形式封装在模块中,使之不再有额外的连线,可以大幅降低成本、减轻重量、缩小体积,并增加可靠性。

图4-2 整流二极管模块和晶闸管模块

4.2.1 不控型器件——二极管

电力二极管(Power Diode)与普通二极管的原理相同,当两片P型半导体(空穴导电)和N型半导体(电子导电)结合在一起时,由于载流子电子和空穴的相互扩散,在两种半导体的结合界面上形成了PN结,PN结产生的内电场阻止了半导体多数载流子的继续扩散,因此PN结也称为阻挡层。将这两片半导体封装在绝缘的外壳内即组成了二极管(见图4-3)。在P型半导体上焊接的引出线称为阳极A(Anode),在N型半导体上焊接的引出线称为阴极 K（Cathode）。

a) 外形　　　　　　　　c) 电气图形符号

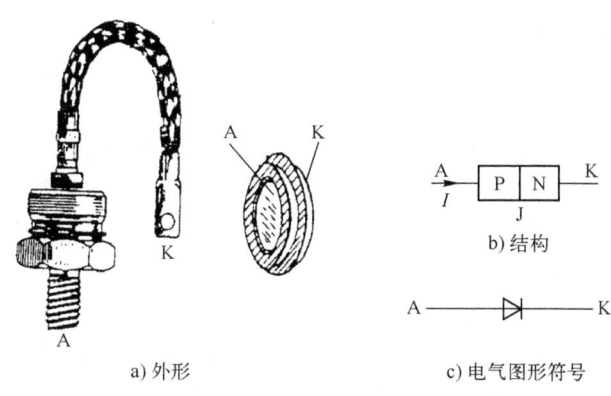

图 4-3　电力二极管的外形、结构和电气图形符号

当二极管接正向电压，即阳极接外电源 E 的正极，阴极经负载接外电源 E 的负极，这常称为二极管正偏。由正向电压产生的外电场使 PN 结的内电场削弱，阻挡层变薄乃至消失，大量的多数载流子越过 PN 结界面，形成正向电流，二极管导通。二极管导通时，正向电阻很小，其正向电流受外电阻 R 限制，管子两端的正向电压降 U_{AK} 一般小于 1V（硅二极管约为 0.7V，锗二极管约为 0.3V）。

当二极管接反向电压时，即阳极接外电源负极，阴极经负载接外电源的正极，这也常称为反偏。由反向电压产生的外电场与 PN 结的内电场同向，阻挡层变厚，多数载流子难以越过 PN 结界面形成电流，这时二极管截止（关断）。在二极管截止时，反向电阻很大，仅有少量少数载流子在反向的外电场作用下漂移形成漏电流。

二极管仅有很小的反向漏电流（也称反向饱和电流）。二极管的伏安特性如图 4-4 所示，当施加在二极管上的正向电压大于 U_{TO}（0.2～0.5V）时，二极管导通，其正向电流 I_F 取决于外电阻 R；当二极管受反向电压时，二极管仅有很小的反向漏电流（也称反向饱和电流）。当反向电压超过二极管能承受的最高反向电压 U_R（击穿电压）时将发生"雪崩现象"，二极管被击穿而失去反向阻断能力，这时反向电流迅速增大（反向电流也受外电路电阻的限制），过大的反向电流将使二极管严重发热而永久性损坏（俗称烧坏）。

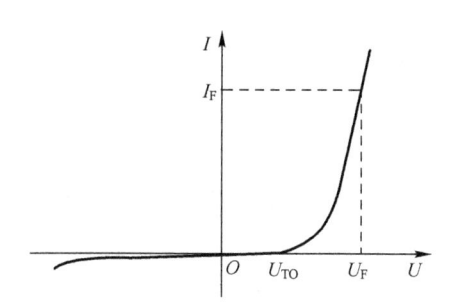

图 4-4　电力二极管的伏安特性

电力二极管与普通二极管的不同是它能承受较高的反向电压和通过较大的正向电流，电力二极管经常使用在整流电路中，故也称为整流二极管（Rectifier Diode）。电力二极管的主要参数有额定电压、额定电流、结温等。

1．反向重复峰值电压和额定电压

峰值电压是电力电子器件在电路中可能遇到的最高正反向电压值，重复峰值电压是可以反复施加在器件两端，器件不会因击穿而损坏的最高电压。二极管在正向电压时是导通的，因此以反向电压来衡量二极管承受最高电压的能力。额定电压即是能够反复施加在二极管上，二极管不会被击穿的最高反向重复峰值电压 U_{RRM}，该电压一般是击穿电压 U_R 的 2/3。

在使用中，额定电压一般取二极管在电路中可能承受的最高反向电压（在交流电路中是交流电压峰值），并增加一定的安全裕量。

2．通态平均电流和额定电流

通态平均电流即额定电流，是二极管在规定的管壳温度下，二极管能通过工频正弦半波电流的平均值 $I_{F(AV)}$。如此定义是因为二极管只能通过单方向的直流电流，直流电一般以平均值表示，电力二极管又经常使用在整流电路中，故在测试中以二极管通过工频交流（50Hz）正弦半波电流的平均值来衡量二极管的电流能力。二极管额定电流的选择可参考晶闸管参数的选择。

3．结温

结温是二极管工作时内部 PN 结的温度，即管芯温度。PN 结的温度影响着半导体载流子的运动和稳定性，结温过高时，二极管的伏安特性迅速变坏。半导体器件的最高结温一般限制在 150~200℃，结温和管壳的温度与器件的功耗、管子散热条件（散热器的设计）和环境温度等因素有关。

PN 结不仅在承受正反向电压时呈现不同的正反向电阻，并且还有不同的结电容。在 PN 结正偏时结电容很大，反偏时结电容很小。当二极管从导通转向截止时，结电容储存电荷的释放会影响二极管的截止速度，在高频工作时结电容对二极管恢复性能的影响不容忽视，因此除普通整流二极管外，在高频工作时需采用具有快恢复性能的快恢复二极管和肖特基二极管。

快恢复二极管（Fast Recovery Diode，FRD）采用了掺金工艺，其反向恢复时间一般在 5μs 以下，目前快恢复二极管的额定电压和电流可以达到数千伏和数千安以上。

肖特基二极管（Schottky Barrier Diode，SBD）的反向恢复时间为 10~40ns，并且正向恢复时不会有明显的电压过冲，其开关损耗和通态损耗都比快恢复二极管小。肖特基二极管的不足是反向耐压较高时，其正向电压降也较高，通态损耗较大，因此常用在 200V 以下的低压场合，并且它的反向漏电流也较大，对温度变化也很敏感，在使用时要严格限制其工作温度。

4.2.2 半控型器件——晶闸管

晶闸管（Thyristor）早期称为可控硅（Silicon Controlled Rectifier，SCR），1956 年在美国贝尔实验室诞生，1958 年开始商品化，并迅速在工业上得到广泛应用，它的出现标志了电子革命在强电领域的开始。晶闸管的特点是可以用小功率信号控制高电压大电流，它首先应用于将交流电转换为直流电的可控整流器中。在晶闸管出现之前，将交流电转化为直流电一般采用交流直流发电机组或汞弧整流器，交流-直流发电机组设备庞大、噪声重，汞弧整流器的汞蒸气是严重的环境污染源，并且这两者的电能转换效率都较低，自晶闸管出现后，晶闸管整流器则完全取代了机组和汞弧整流器。尽管现在出现了大量新型全控器件，但是晶闸管以其低廉的价格和高电压大电流能力仍在广泛应用。现在除普通晶闸管之外还有快速晶闸管、双向晶闸管、逆导晶闸管、光控晶闸管等，形成了晶闸管类器件系列。

晶闸管是四层三端器件，它由 PNPN 四层半导体材料组成（见图 4-5b），在其上层 P_1 引出阳极 A，在下层 N_2 引出阴极 K，在中间层 P_2 引出门极 G。其外部封装有螺旋型、平板型以及模块型等（见图 4-5a），中小功率晶闸管则有单相和三相桥的组件。螺旋型封装的晶闸管，一般粗引出线是阴极，细引出线是门极，带螺旋的底座是阳极。平板型封装的晶闸管，两个平面分别是阳极和阴极，中间引出线是门极（见图4-5a）。

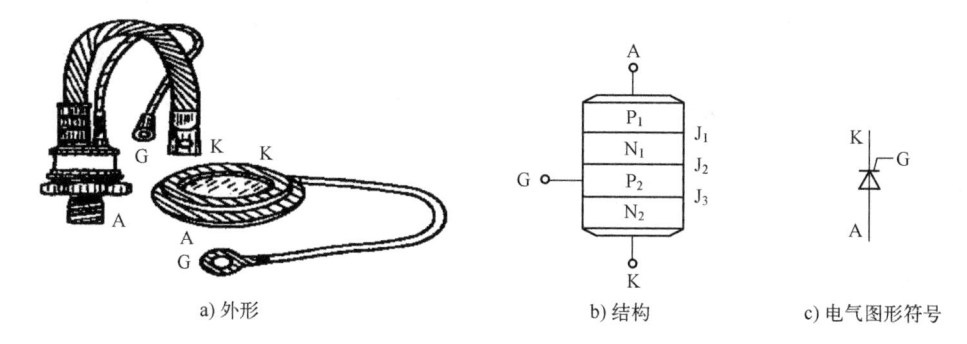

a) 外形　　　　　　　b) 结构　　　　　c) 电气图形符号

图4-5　晶闸管的外形、结构和电气图形符号

1. 晶闸管工作原理

晶闸管的四层PNPN半导体形成了三个PN结J_1、J_2、J_3，在门极G开路无控制信号时，给晶闸管加正向电压（阳极A+，阴极K-），因为J_2结反偏，不会有正向电流通过；给晶闸管加反向电压（阳极A-，阴极K+），则J_1和J_3结反偏，也不会有反向电流通过，因此在门极无控制信号时，无论给晶闸管加正向电压或反向电压，晶闸管都不会导通而处于关断状态。但是若在晶闸管受正向电压时，在门极和阴极之间加正的控制信号或脉冲，晶闸管就会迅速从断态转向通态，有正向电流通过，其原理可以用一个双晶体管模型来说明。

将晶闸管中间两层剖开，则晶闸管就成为两个集基极互相连接的PNP型（VT_1）和NPN型晶体管（VT_2）（见图4-6a）。现将晶闸管的阳极和阴极连接电源E_A，使晶闸管受正向电压，在门极和阴极间连接电源E_G（见图4-6b），在开关S未合上前，晶体管VT_1和VT_2因为没有基极电流都不会导通，晶闸管处于关断状态。若将开关S合上，则VT_2管获得了基极电流I_G，经VT_2放大，VT_2集电极电流$I_{c2}=\alpha_2 I_G$（α_2为VT_2管的电流放大倍数）；因为I_{c2}同时是VT_1的基极电流，VT_1在获得基极电流后开始导通，其集电极电流$I_{c1}=\alpha_1 I_{c2}=\alpha_1\alpha_2 I_G$（$\alpha_1$为$VT_1$管的电流放大倍数），因为$I_{c1}$又同时是$VT_2$的基极电流，$I_{c1}>I_G$，所以$VT_2$集电极电流进一步上升也使$VT_1$的基极电流$I_{c2}$更大，再经$VT_1$放大，$VT_1$集电极将向$VT_2$提供更大的基极电流；如此进行，在$VT_1$和$VT_2$两个晶体管中产生了正反馈，正反馈的结果是$VT_1$和$VT_2$很快进入饱和状态，使原来关断的晶闸管现在变为导通。

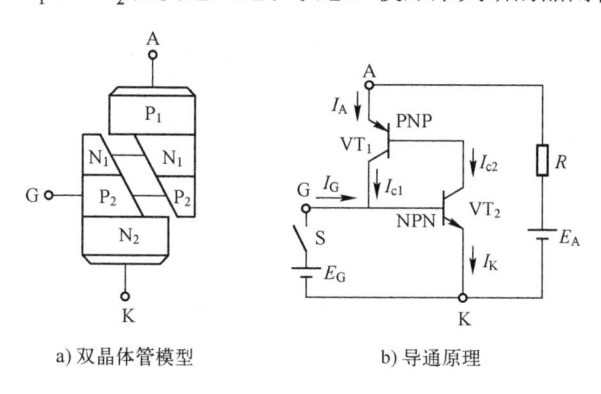

a) 双晶体管模型　　　　　b) 导通原理

图4-6　晶闸管模型和导通原理

从上述双晶体管模型分析的晶闸管导通过程中可以看到：

1) 由于两个晶体管之间存在着正反馈，尽管初始门极电流 I_G 很小，但两个晶体管在极短时间内可以达到饱和，使晶闸管导通。

2) 在两个晶体管之间的正反馈形成后，因为 $I_{c1} \gg I_G$，所以即使开关 S 断开，即没有门极电流 I_G，晶闸管的导通过程也将继续进行直到完全导通，因此晶闸管门极可以使用脉冲信号触发。

3) 如果将电源 E_A 反向，则 VT_1 和 VT_2 管都反偏，即使门极有触发电流 I_G，晶闸管也不会导通。

2. 晶闸管的伏安特性

以图 4-6b 所示电路可以测量晶闸管的伏安特性（见图 4-7）。

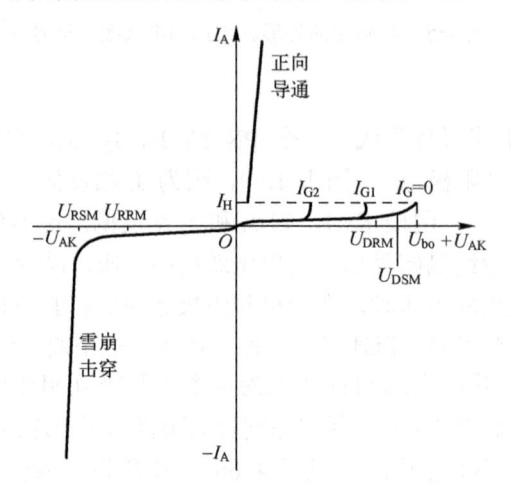

图 4-7　晶闸管伏安特性

（1）正向特性

在门极电流 $I_G=0$ 时，给晶闸管施加正向电压，因为晶闸管没有触发不导通，只存在少量的漏电流。现在调节电源 E_A，使 E_A 从 0 增加，晶闸管两端电压 U_{AK} 也不断上升，当 U_{AK} 增加到一定值 U_{bo} 时，晶闸管会被正向击穿，这时电流 I_A 迅速增加即晶闸管导通，但这时晶闸管导通是不正常的导通称为击穿。击穿时管压降 U_{AK} 很小，电流 I_A 很大，使晶闸管发生正向击穿的临界电压 U_{bo} 称为转折电压。

若给门极触发电流 I_G，并通过电阻 R_G 调节门极电流的大小，在门极电流较小时（I_{G1}），随 E_A 增加 U_{AK} 上升，但在 $U_{AK}<U_{bo}$ 时就可以发生电压和电流的转折现象。如果继续提高门极触发电流 $I_{G2}>I_{G1}>I_G$，则发生转折的晶闸管端电压 U_{AK} 将进一步降低，若有足够的门极触发电流，则在很小的阳极电压下晶闸管就可以从关断变为导通，这时晶闸管的正向特性和二极管的正向特性相似。晶闸管导通后其管压降 U_{AK} 迅速下降为 1V 左右，而 I_A 则取决于外电路电阻 R_A 的限制。

一般晶闸管采取脉冲触发以降低门极损耗，在晶闸管导通时，I_A 必须大于一定值 I_L 才能保证触发脉冲消失后，晶闸管能可靠导通，该电流 I_L 称为擎住电流。在晶闸管导通后，如果调节电阻 R_A，使阳极电流 I_A 下降，在 $I_A<I_H$ 时晶闸管就会从导通转向关断，该电流 I_H 称为

维持电流,一般 $I_H<I_L$。

(2) 反向特性

如果给晶闸管施加反向电压(电源 E_A 反接),从晶闸管等效模型中可以看到两个晶体管被反向偏置,因此无论给晶闸管门极以正脉冲还是负脉冲,晶闸管都不会导通。但是若反向电压过高$|-U_{AK}|>U_{RSM}$,晶闸管将发生反向击穿现象,这时反向电流会急剧增加,使晶闸管损坏,这是需要避免的。晶闸管的反向特性与二极管反向特性相似。

从晶闸管的工作原理和伏安特性可以得到晶闸管的导通条件为:晶闸管受正向电压,并且有一定强度(大小和持续时间)的正触发脉冲。晶闸管导通后阳极电流要大于擎住电流 I_L,晶闸管才能可靠导通。晶闸管的关断条件为:晶闸管受反向电压或者阳极电流下降到维持电流 I_H 以下。

3. 主要参数

电力电子器件的额定参数都是在规定条件下测试的,这些规定条件有结温、环境温度、持续时间和频率等,其主要参数可以在手册和产品样本上得到。

(1) 电压参数

1) 断态重复峰值电压 U_{DRM}。断态重复峰值电压是在门极无触发时,允许重复施加在器件上的正向电压峰值,该电压规定为断态不重复峰值电压 U_{DSM} 的 90%,而断态不重复峰值电压 U_{DSM} 由厂家自行规定,U_{DSM} 应低于器件的正向转折电压 U_{bo}。

2) 反向重复峰值电压 U_{RRM}。反向重复峰值电压是允许重复施加在器件上的反向电压峰值,该电压规定为反向不重复峰值电压 U_{RSM} 的 90%。反向不重复峰值电压应低于器件的反向击穿电压,所留裕量由厂家自行规定。

3) 额定电压。产品样本上一般取断态重复峰值电压和反向重复峰值电压中较小的一个作为器件的额定电压。在选取器件时,要根据器件在电路中可能承受的最高电压,再增加 2~3 倍的裕量来选取晶闸管的额定电压,以确保器件的安全运行。

(2) 电流参数

通态平均电流和额定电流:通态平均电流 I_{AV} 是在环境温度为 40℃和在规定冷却条件下,稳定结温不超过额定结温时,晶闸管允许流过的最大正弦半波电流的平均值。晶闸管以通态平均电流标定为额定电流。

决定器件电流能力的是温度,当温度超过规定值时,管子将因发热损坏,而器件温度与通过器件的电流有效值相关,并且在实际应用中,晶闸管通过的电流不一定是正弦半波,可能是矩形波或其他波形的电流,因此当通过晶闸管的电流不是正弦半波时,选择额定电流就需要将实际通过晶闸管电流的有效值 I_T 折算为正弦半波电流的平均值,其折算过程如下:

通过晶闸管正弦半波电流的平均值为

$$I_{AV} = \frac{1}{2\pi}\int_0^\pi I_m \sin\omega t \, d(\omega t) = \frac{1}{\pi}I_m \qquad (4-1)$$

正弦半波电流的有效值为

$$I_T = \sqrt{\frac{1}{2\pi}\int_0^\pi I_m^2 (\sin^2\omega t) d(\omega t)} = \frac{1}{2}I_m \qquad (4-2)$$

由式(4-1)和式(4-2),正弦半波电流有效值与平均值的关系为

$$I_\mathrm{T} = \frac{\pi}{2} I_\mathrm{AV} = 1.57 I_\mathrm{AV} \tag{4-3}$$

由式（4-3）按实际波形电流有效值与正弦半波有效值相等的原则，在已经得到通过晶闸管实际波形电流的有效值 I_T 后，通过晶闸管的通态平均电流为

$$I_\mathrm{AV} = \frac{I_\mathrm{T}}{1.57} \tag{4-4}$$

在选择晶闸管额定电流时，在通态电流平均值 I_AV 的基础上还要增加一定的安全裕量，即 $I_\mathrm{T(AV)} = (1.5 \sim 2) I_\mathrm{AV}$。

（3）门极参数

晶闸管的门极参数主要有门极触发电压和触发电流，门极触发电压一般小于 5V，最高门极正向电压不超过 10V。门极触发电流根据晶闸管容量在几毫安至几百毫安之间。

（4）动态参数

1）开通时间和关断时间。晶闸管的开通和关断都不是瞬间能完成的，开通和关断都有一定的物理过程，并需要一定的时间。尤其在被通断的电路中有电感时，电感将限制电流的变化率，使相应的开关时间越长。开通和关断过程中阳极电流的变化如图 4-8 所示。

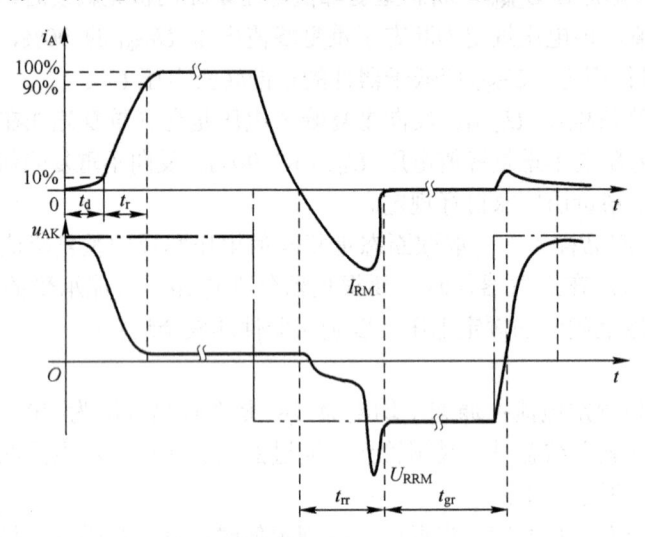

图 4-8 晶闸管开通和关断过程

在晶闸管被触发时，阳极电流开始上升，当电流上升到稳态值 10% 的这段时间称为延迟时间 t_d，电流从 10% 上升到稳态电流 90% 的这段时间称为上升时间 t_r。晶闸管的导通时间 t_on 则为延迟时间和上升时间之和，$t_\mathrm{on} = t_\mathrm{d} + t_\mathrm{r}$，普通晶闸管的延迟时间为 0.5~1.5μs，上升时间为 0.5~3μs。

晶闸管在受反向电压关断时，阳极电流逐步衰减为零，并且出现反向恢复电流使半导体中的载流子复合，恢复晶闸管的反向阻断能力，从出现反向恢复电流到反向恢复电流减小到零这段时间称为反向阻断恢复时间 t_rr。晶闸管恢复反向阻断能力后，还需要恢复对正向电压的阻断能力，而正向电压阻断能力恢复的这段时间称为正向阻断恢复时间 t_gr。如果在 t_gr 时间内，晶闸管正向阻断能力还没有完全恢复就给晶闸管加上正向电压，晶闸管可能误导通

（即没有触发而发生的导通）。由于在阻断过程中载流子复合过程比较慢，因此在关断过程中应对晶闸管施加足够长时间的反向电压，以保证晶闸管可靠关断。晶闸管的关断时间 $t_{off}=t_{rr}+t_{gr}$，为数百微秒。

2）dv/dt 和 di/dt 限制。晶闸管在断态时，如果加在阳极上的正向电压上升率 dv/dt 很大，晶闸管 J_2 结的结电容会产生很大的位移电流，该电流经过 J_3 结时，就相当于给晶闸管施加了门极电流，会使晶闸管误导通，因此对晶闸管正向电压的 dv/dt 需要做一定的限制，避免误导通现象。

晶闸管在导通过程中，导通是从门极区逐步向整个结面扩大的，如果电流上升率 di/dt 很大，就会在较小的导通结面上通过很大的电流，引起局部结面过热使晶闸管烧坏，因此在晶闸管导通过程中，对 di/dt 也要有一定的限制。

4．其他晶闸管类器件

（1）双向晶闸管

双向晶闸管（Triode AC Switch 或 Bidirectional Triode Thyristor）是一种在正反向电压下都可以用门极信号来触发导通的晶闸管。它有两个主极 T_1 和 T_2，一个门极 G，原理上它可以视为两个普通晶闸管的反并联（见图 4-9a）。

双向晶闸管的伏安特性曲线如图 4-9b 所示，在双向晶闸管受正向电压（主极 T_1 为"+"，T_2 为"-"）时，无论门极电流 I_G 是正或负，双向晶闸管都会正向导通，有主极正向电流流过；在双向晶闸管受反向电压（T_1 为"-"，T_2 为"+"）时，无论门极电流是正或负，双向晶闸管都反向导通，有主极反向电流流过。因此双向晶闸管有 4 种触发方式。

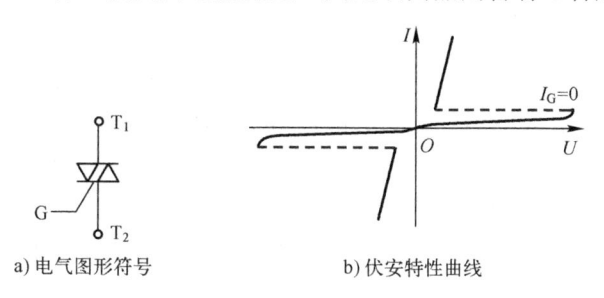

图 4-9 双向晶闸管的电气图形符号及伏安特性曲线

方式 1：正向电压时门极以正脉冲触发，双向晶闸管工作在第一象限，称为Ⅰ+触发方式。
方式 2：正向电压时门极以负脉冲触发，双向晶闸管工作在第一象限，称为Ⅰ-触发方式。
方式 3：反向电压时门极以正脉冲触发，双向晶闸管工作在第三象限，称为Ⅲ+触发方式。
方式 4：反向电压时门极以负脉冲触发，双向晶闸管工作在第三象限，称为Ⅲ-触发方式。

4 种触发方式中，Ⅰ-和Ⅲ-两种触发方式灵敏度较高，是经常采用的触发方式。双向晶闸管常用作交流无触点开关和交流调压，可编程序控制器（PLC）的交流输出也常用小功率双向晶闸管作为固态继电器。因为双向晶闸管主要使用在交流电路中，所以它的额定电流不以普通晶闸管的通态平均电流定义，而以通过电流的有效值定义。双向晶闸管承受 dv/dt 的能力较低，使用中要在主极 T_1 和 T_2 间并联 RC 吸收电路。

（2）快速晶闸管

快速晶闸管（Fast Switching Thyristor，FST）的原理和普通晶闸管相同，其特点是关断速度快，普通晶闸管的关断时间为数百微秒，快速晶闸管关断时间为数十微秒，高频晶闸管可达 10μs 左右，因此快速晶闸管主要使用在高频电路中。

（3）逆导型晶闸管

逆导型晶闸管（Reverse Conducting Thyristor，RCT）是一种将晶闸管反并联一个二极管后制作在同一管芯上的集成器件，其图形符号和伏安特性曲线如图 4-10 所示。逆导型晶闸管的正向特性与晶闸管相同，反向特性与二极管相同，在受正向电压且门极有正触发脉冲时逆导型晶闸管正向导通，在受反向电压时逆导型晶闸管反向导通。晶闸管与反并联二极管在同一管芯上，不需要外部连线，体积小，逆导型晶闸管的通态管压降更低，关断时间也更短，在较高结温下也能保持较好的正向阻断能力。逆导型晶闸管常使用在大功率的斩波电路中。

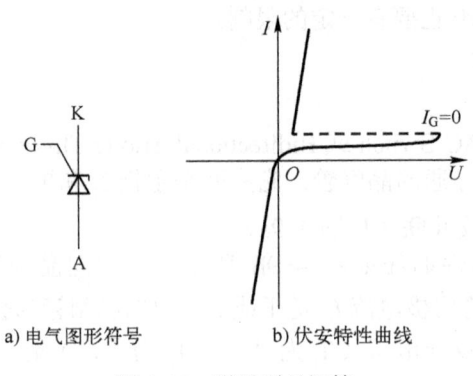

a) 电气图形符号　　　　b) 伏安特性曲线

图 4-10　逆导型晶闸管

（4）光控晶闸管

光控晶闸管（Light Triggered Thyristor，LTT）是一种用光触发导通的晶闸管，其工作原理类似于光电二极管。光控晶闸管的图形符号和伏安特性如图 4-11 所示。光控晶闸管的伏安特性与普通晶闸管相同，小功率的光控晶闸管没有门极，只有阳极和阴极，通过芯片上的透明窗口导入光线触发，大功率光控晶闸管门极是光缆，光缆上装有发光二极管或半导体激光器。采用光触发既保证了主电路和控制电路间的电气绝缘，又有更好的抗电磁干扰能力，目前主要应用在高电压大功率场合，如高压直流输电和高压核聚变装置等。

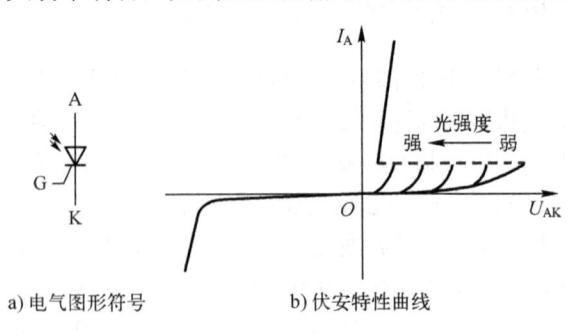

a) 电气图形符号　　　　b) 伏安特性曲线

图 4-11　光控晶闸管

4.2.3　全控型器件

全控型电力电子器件目前主要应用的有可关断晶闸管、电力晶体管、电力场效应晶体管、IGBT 等，这类器件都可以通过门极信号控制器件的导通和关断，并且较晶闸管类器件的开关频率高，驱动功率小，使用方便，因此广泛应用在斩波器、逆变器等电路中，全控型器件是发展最快最有前景的电力电子器件。

1. 门极可关断晶闸管

门极可关断晶闸管（Gate Turn-Off Thyristor，GTO）是一种通过门极加负脉冲可以关断的晶闸管，一只 GTO 器件由几十乃至上百个小 GTO 单元组成，因此 GTO 是一个集成的功率器件。这些集成的小 GTO 具有公共的阳极，它们的阴极和门极也在内部并联起来，以便于用门极信号来关断。GTO 的电路符号如图 4-12 所示，在门极引出线上加"+"符号，表示门极可关断。

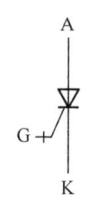

图 4-12 GTO 符号

（1）GTO 的关断原理

GTO 的工作原理仍然可以用图 4-6 的晶闸管双晶体管模型来说明，其导通原理与普通晶闸管相同，不同是在关断过程。在导通的 GTO 还受正向电压时，在门极加负脉冲，使门极电流 I_G 反向，这样双晶体管模型中 VT_2 管基极的多数载流子被抽取，VT_2 基极电流下降，使 VT_2 集电极电流 I_{c2} 随之减小，而这引起 VT_1 管基极电流和集电极电流 I_{c1} 的减小，VT_1 集电极电流的减小又引起 VT_2 基极电流的进一步下降，产生了负的正反馈效应，使等效的晶体管 VT_1 和 VT_2 退出饱和状态，阳极电流下降直至 GTO 关断。从 GTO 的关断过程中可以看到，在 GTO 门极加的负脉冲越强，即反向门极电流 I_G 越大，抽取的 VT_2 管基流越多，抽取的速度越快，GTO 的关断时间就越短。

（2）GTO 的主要参数

1) 最大可关断阳极电流 I_{ATO}。这是 GTO 通过门极负脉冲能关断的最大阳极电流，并且以此电流定义为 GTO 的额定电流，这与普通晶闸管以最大通态电流为额定电流是不同的。

2) 电流关断增益 β_{off}。最大可关断阳极电流与门极负脉冲电流最大值之比是 GTO 的电流关断增益，即

$$\beta_{off} = \frac{I_{ATO}}{I_{GM}} \tag{4-5}$$

电流关断增益是 GTO 的一项重要指标，一般 GTO 电流关断增益 β_{off} 较小，只有 5~10，对应地，一只 1000A 的 GTO 需要 200~100A 的门极负脉冲来关断，这显然对门极驱动电路设计提出了很高的要求。

目前 GTO 主要使用在电气轨道交通动车的斩波调压调速中，其额定电压和电流可达 6000V、6000A 以上，容量大是其特点。GTO 还经常与二极管反并联组成逆导型 GTO，逆导型 GTO 在需要承受反向电压时，需要注意另外串联电力二极管。

2. 电力晶体管

电力晶体管（Giant Transistor，GTR）是一种耐压较高、电流较大的双极结型晶体管（Bipolar Junction Transistor，BJT），它的工作原理与一般双极结型晶体管相同，电路符号也相同（见图 4-13a）。GTR 和一般晶体管有相类似的输出特性（见图 4-14），根据基极驱动情况可分为截止区、放大区和饱和区，GTR 一般工作在截止区和饱和区，即工作在开关状态，在开关的过渡过程中要经过放大区。在基极电流 i_b 小于一定值时 GTR 截止，大于一定值时

GTR 饱和导通，工作在饱和区时集电极和发射极之间的电压降 U_{ce} 很小。在无驱动时，集电极电压超过规定值时 GTR 会被击穿，但若集电极电流 I_c 没有超过耗散功率的允许值时，管子一般还不会损坏，这称为一次击穿；发生击穿后，I_c 超过允许的临界值时，U_{ce} 会陡然下降，这称为二次击穿发生，二次击穿后管子将永久性损坏。

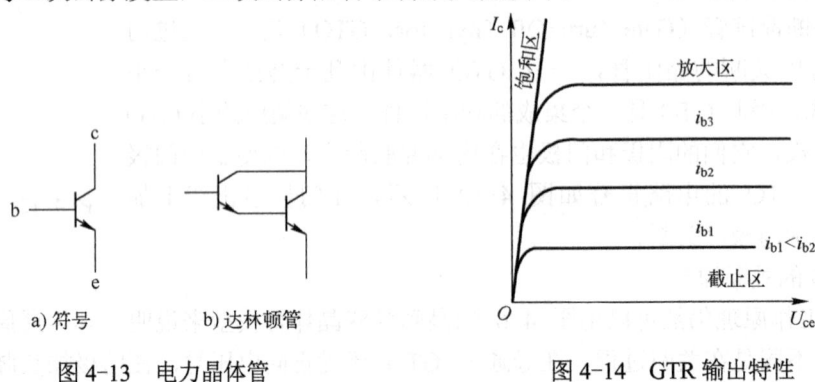

a) 符号　　b) 达林顿管

图 4-13　电力晶体管

图 4-14　GTR 输出特性

GTR 的主要参数有：①最高工作电压，包括发射极开路时集基极间的反向击穿电压 BU_{cbo}，基极开路时集射极间反向击穿电压 BU_{ceo}；②集电极最大允许电流 I_{CM}；③集电极最大耗散功率 P_{CM} 等。为了提高 GTR 的电流能力，大功率 GTR 都做成复合结构，这称为达林顿管（见图 4-13b）。GTR 的开关时间为几毫秒，目前在大多数场合，GTR 已经被性能更好的电力场效应晶体管和 IGBT 取代。

3．电力场效应晶体管

电力场效应晶体管（Power-MOSFET）是一种大功率的场效应晶体管，作为场效应晶体管，同样有源极 S（Source）、漏极 D（Drain）和栅极 G（Gate）三个极（见图 4-15）。它可分为两大类：①结型场效应晶体管，利用 PN 结反向电压对耗尽层厚度的控制来改变漏、源极之间的导电沟道宽度，从而控制漏、源极间电流的大小；②绝缘栅型场效应晶体管，利用栅极和源极之间电压产生的电场来改变半导体表面的感生电荷，从而调整导电沟道的导电能力，进而控制漏极和源极之间的电流。在电力电子电路中，常用的是绝缘栅金属氧化物半导体场效应晶体管（Metal Oxide Semiconductor Field Effect Transistor，MOSFET）。

（1）工作原理

MOSFET 按导电沟道可分为 P 沟道（载流子为空穴）和 N 沟道（载流子为电子）两种（见图 4-15）。当栅极电压为零时，漏源极间就存在导电沟道的称为耗尽型。对于 N 沟道器件，栅极电压大于零时才存在导电沟道的称为增强型；对于 P 沟道器件，栅极电压小于零时才存在导电沟道的称为增强型，在电力场效应晶体管中主要是 N 沟道增强型。图 4-15a 是 N 沟道增强型 MOSFET 的结构示意图，它以杂质浓度较低的 P 型硅材料为衬底，在上部两个高掺杂的 N 型区上（自由电子多）分别引出源极和漏极，而栅极和源极、漏极由绝缘层 SiO_2 隔开，故称为绝缘栅极。两个 N 型区与 P 型区形成了两个 PN 结，在漏极和源极间加正向电压 U_{DS} 时，PN 结反偏，故 MOSFET 不导通。但当在栅极接上正向电压 U_{GS} 时，由于绝缘层 SiO_2 不导电，在电场作用下，绝缘层下方会感应出负电荷，使 P 型材料变成 N 型，形成导电沟道（图中阴影区），U_{GS} 越高，导电沟道就越宽，因此在漏源极间加正向电压 U_{DS} 后，MOSFET 就导通。应用的电力场效应晶体管具有多元化集成结构，即每个器件由许多小 MOSFET 胞元组成，因此电力场效应晶体管有高的电压电流能力。要注意的是，电力 MOSFET 的漏极安置在底部，并且有 VVMOSFET（V 型沟槽）和 VDMOSFET（双扩散 MOS）两种结构，结构上的特点使它们内部存在一个寄生二极管，在受反向电压（漏极 D "-"，源极 S "+"）时，寄生二极管将导通，因此在感性电路中使用时，可以不必在电力 MOSFET 外部反并联续流二极管，但如果续流电流较大，还需要另外并联较大容量的快速二极管。

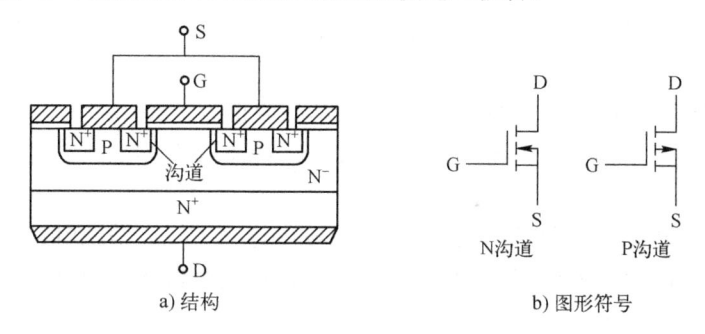

图 4-15 电力 MOSFET 的结构和电气图形符号

（2）主要特性和参数

1）转移特性。图 4-16a 是反映漏极电流 I_D 与栅源极电压 U_{GS} 关系的曲线，U_T 是 MOSFET 的栅极开启电压也称阈值电压。转移特性的斜率称为跨导 g_m，$g_m = \dfrac{\Delta I_D}{\Delta U_{GS}}$。

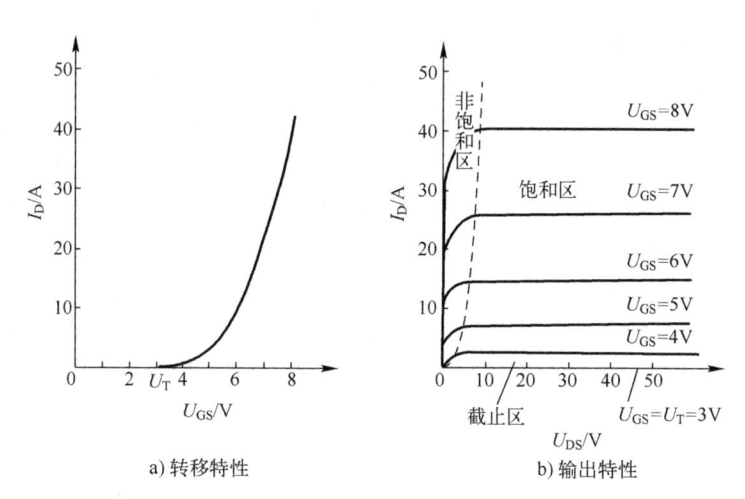

图 4-16 电力 MOSFET 的转移特性和输出特性

2）输出特性。图 4-16b 是 MOSFET 的输出特性，在正向电压（漏极 D "+"，源极 S "-"）时加正栅极电压 U_{GS}，有电流 I_D 从漏极流向源极，场效应晶体管导通。其输出特性可分三个区。在非饱和区，漏极电流 I_D 与漏源极电压 U_{DS} 几乎呈线性关系，I_D 增加，U_{DS} 相应增加。因为一定栅极电压 U_{GS} 时，导电沟道宽度是有限的，随着 U_{DS} 继续增加，漏源电流 I_D 却增长缓慢，特性进入饱和区，这时导电沟道的有效电阻随着 U_{DS} 增加而线性增加。U_{DS} 上升到一定值时，会发生雪崩击穿现象，器件将损坏。栅极电压 U_{GS} 低于开启阈值电压 U_T，器件不导通，这是截止区。

3) 主要参数。

① 通态电阻 R_{on}。通态电阻指在确定的栅极电压 U_{GS} 时，MOSFET 从非饱和区进入饱和区时的漏源极间等效电阻。通态电阻 R_{on} 受温度变化的影响很大，并且耐压高的器件 R_{on} 也较大，管压降也较大，因此它不易制成高压器件。

② 开启电压 U_T。应用中常将漏极短接条件下 I_D=1mA 时的栅极电压定义为开启电压。

③ 漏极击穿电压 BU_{DS}。避免器件进入击穿区的最高极限电压，是 MOSFET 标定的额定电压。

④ 栅极击穿电压 BU_{GS}。一般栅源电压 U_{GS} 的极限值为 ±20V。

⑤ 漏极连续电流 I_D 和漏极峰值电流 I_{DM}。这是 MOSFET 的电流额定值和极限值，使用时要重点注意。

⑥ 极间电容。极间电容包括栅极电容 C_{GS}、栅漏电容 C_{GD}、漏源电容 C_{DS}。MOSFET 的工作频率高，极间电容的影响不容忽视。厂家一般提供的是输入电容 C_{iss}、输出电容 C_{oss}、反向转移电容 C_{rss}，它们和极间电容的关系为

$$C_{iss} = C_{GS} + C_{GD}$$
$$C_{rss} = C_{GD}$$
$$C_{oss} = C_{DS} + C_{GD}$$

⑦ 开关时间。开关时间包括开通时间 t_{on} 和关断时间 t_{off}，开通时间和关断时间都为数十纳秒。

4. 绝缘栅双极型晶体管

绝缘栅双极型晶体管（Insulated Gate Bipolar Transistor，IGBT）是一种复合型器件，它的输入部分为 MOSFET，输出部分为双极型晶体管，因此它兼有 MOSFET 高输入阻抗、电压控制、驱动功率小、开关速度快、工作频率高（IGBT 工作频率可达 10～50kHz）的特点和 GTR 电压电流容量大的特点，克服了 MOSFET 管压降大和 GTR 驱动功率大的缺点，目前 IGBT 应用水平已达到 2500～6500V、600～2500A。

（1）等效电路和工作原理

IGBT 的结构、简化等效电路和电气图形符号如图 4-17 所示。IGBT 有栅极（G）、集电极（C）和发射极（E）三个极，等效电路中 PNP 型晶体管 VT_1 是 IGBT 的输出部分，VT_1 通过 MOSFET 管控制。

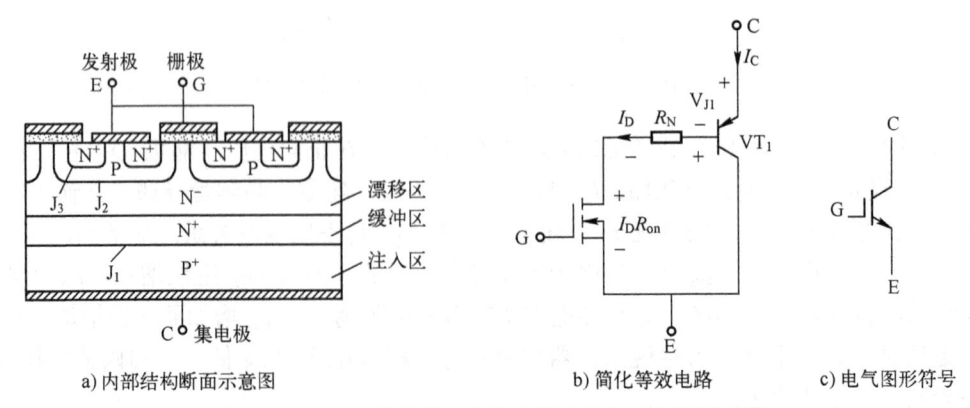

a) 内部结构断面示意图　　b) 简化等效电路　　c) 电气图形符号

图 4-17　IGBT 的结构、简化等效电路和电气图形符号

在无门极信号（$U_{GE}=0$）时 MOSFET 管截止，相当于VT_1管基区的调制电阻 R_N 无穷大，VT_1管无基极电流而处于截止状态，IGBT 关断。如果在门极与发射极间加控制信号 U_{GE}，改变了 MOSFET 导电沟道的宽度，从而改变了调制电阻 R_N，使VT_1获得基流，VT_1集电极电流增大；如果 MOSFET 栅极电压足够高，则VT_1饱和导通，IGBT 迅速从截止转向导通，如果撤除门极信号（$U_{GE}=0$），IGBT 将从导通转向关断。

IGBT 和 MOSFET 有相似的转移特性，和 GTR 有相似的输出特性（见图 4-18），转移特性是集电极电流 I_C 与门射极间电压 U_{GE} 的关系，输出特性分饱和区、有源区和阻断区（对应 GTR 的饱和区、放大区和截止区），在有源区内 I_C 与 U_{GE} 呈近似的线性关系（见图 4-18a），工作在开关状态的 IGBT 应避免工作在有源区，在有源区器件的功耗会很大。在$U_{GE}<U_T$时，IGBT 阻断，没有集电极电流 I_C。

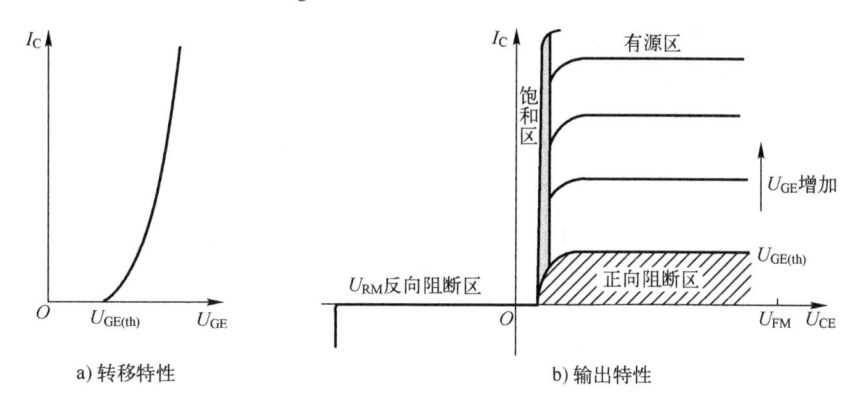

图 4-18 IGBT 的转移特性和输出特性

（2）擎住效应

由于在 IGBT 内部存在一个寄生晶体管VT_2（图中未画出），在 IGBT 截止和正常导通时，VT_2基射间的体区短路电阻 R_S 上电压降很小，晶体管VT_2没有足够的基极电流不会导通，如果 I_C 超过额定值，R_S 上电压降过大，寄生晶体管VT_2将导通，VT_2和VT_1就形成了一个晶闸管的等效结构，即使撤除 U_{GE} 信号，IGBT 也继续导通使门极失去控制，这称为擎住效应。如果外电路不能限制住 I_C 的上升，则器件可能损坏。同样情况还可能发生在集电极电压过高，VT_1管漏电流过大，使 R_S 上电压降过大而产生擎住效应。另外 IGBT 在关断时，若前级 MOSFET 关断过快，使VT_1管承受了很大的 dv/dt，VT_1结电容会产生过大的结电容电流，也可能在 R_S 上产生过大电压而发生擎住效应。为防止关断时可能出现的动态擎住效应，IGBT 需要限制关断速度，这称为慢关断技术。

（3）主要参数

① 最大集射极间电压 U_{CEM}，这是 IGBT 的额定电压，超过该电压，IGBT 将可能击穿。
② 最大集电极电流 I_{CM}，包括通态时通过的直流电流 I_C 和 1ms 脉冲宽度的最大电流 I_{CP}。
③ 最大集电极功耗 P_{CM}，指在正常工作温度下允许的最大耗散功率。
④ 开通时间和关断时间。

IGBT 的开关特性如图 4-19 所示，其中图 4-19a 为门极驱动电压波形，图 4-19b 为集电极电流波形，图 4-19c 为开关时集射极间电压波形。导通时间 $t_{on} = t_{d(on)} + t_r$（$t_{d(on)}$ 为电流延迟时间，t_r 为电流上升时间），关断时间 $t_{off} = t_{d(off)} + t_f$（$t_{d(off)}$ 为关断电流延迟时间，t_f 为电流下降时间）。在 IGBT 导通时，集射极间电压 U_{CE} 变化分为 t_{fv1} 和 t_{fv2} 两段，在集电极电流上升到 I_{CM} 的 90%时，U_{CE} 开始下降，t_{fv1} 段对应导通时 MOSFET 电压的下降过程，t_{fv2} 段对应 MOSFET 和 VT$_1$ 同时工作时的 U_{CE} 下降过程。因为 U_{CE} 下降时 MOSFET 的栅漏电容增加和 VT$_1$ 管经放大区到饱和区要有一个过程，这两个原因使 U_{CE} 下降过程变缓。电流下降时间 t_f 又分为 t_{fi1} 和 t_{fi2} 两段，t_{fi1} 对应 MOSFET 的关断过程；MOSFET 关断后，因为 IGBT 这时不受反向电压，N 基区的少数载流子复合缓慢，使 I_C 下降变慢（t_{fi2} 段），造成关断时电流的拖尾现象，使 IGBT 的关断时间大于电力 MOSFET 的关断时间。

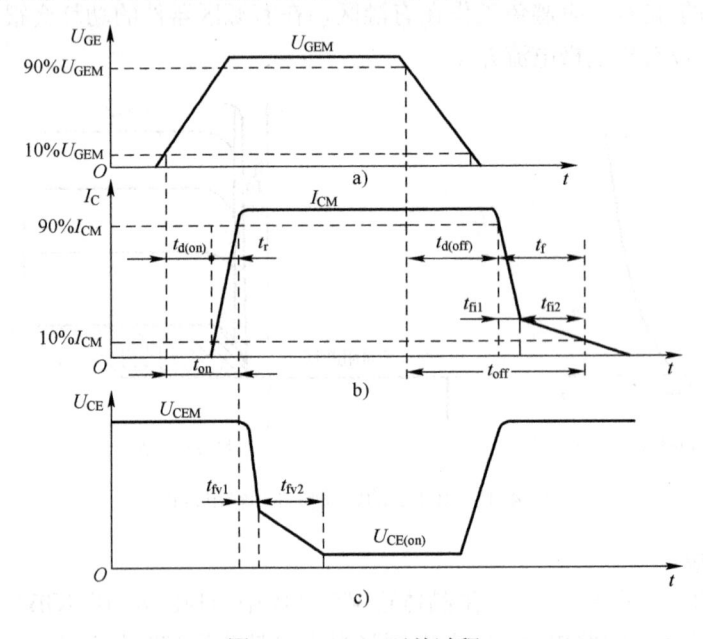

图 4-19 IGBT 开关过程

IGBT 的特点是开关速度和开关频率高于 GTR，略低于电力 MOSFET；输入阻抗高，属于电压驱动，这与 MOSFET 相似，但通态压降小于电力 MOSFET 是其优点。

5．其他新型全控型器件和模块

（1）静电感应晶体管

静电感应晶体管（Static Induction Transistor，SIT）是一种结型场效应晶体管，它在一块高掺杂的 N 型半导体两侧加上了两片 P 型半导体，分别引出源极 S、漏极 D 和栅极 G（见图 4-20）。在栅极电压信号 $U_{GS}=0$ 时，源极和漏极之间的 N 型半导体是很宽的垂直导电沟道（电子导电），因此 SIT 称为正常导通型器件（normal-on）。在栅源极加负电压信号 $U_{GS}<0$ 时，P 型和 N 型层之间的 PN 结受反向电压形成了耗尽层，耗尽层不导电，如果反向电压足够高，耗尽层很宽，垂直导电沟道将被夹断使 SIT 关断。

静电感应晶体管也是多元结构，工作频率高、线性度好、输出功率大，并且抗辐射和热稳定性好，但是它正常导通的特点在使用时稍有不便，目前在雷达通信设备、超声波功率放大、开关电源和高频感应加热等方面有广泛应用。

(2) 静电感应晶闸管

静电感应晶闸管（Static Induction Thyristor，SITH）在结构上比 SIT 增加了一个 PN 结，在内部形成了两个晶体管，这两个晶体管起晶闸管的作用。其工作原理与 SIT 类似，通过门极电场调节导电沟道的宽度来控制器件的导通和夹断，因此 SITH 又称场控晶闸管，它的三个引出极被称为阳极 A、阴极 K 和门极 G（见图 4-21）。因为 SITH 是两种载流子导电的双极型器件，具有通态电压低、通流能力强的特点，它很多性能与 GTO 相似，但开关速度较 GTO 快，是大容量的快速器件。SITH 制造工艺复杂，通常是正常导通型（也可制成正常关断型），一般关断 SIT 和 SITH 需要几十伏的负电压。

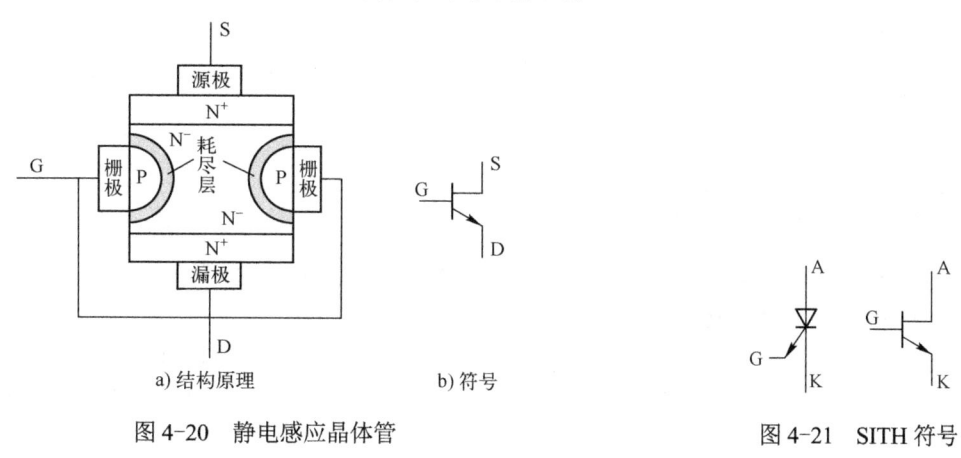

a) 结构原理　　　b) 符号

图 4-20　静电感应晶体管

图 4-21　SITH 符号

(3) 集成门极换流晶闸管

集成门极换流晶闸管（Integrated Gate-Commutated Thyristor，IGCT）是 20 世纪 90 年代出现的新型器件，它结合了 IGBT 和 GTO 的优点。它在 GTO 的阴极串联一组 N 沟道 MOSFET，在门极上串联一组 P 沟道 MOSFET，当 GTO 需要关断时，门极 P 沟道 MOSFET 先开通，主电流从阴极向门极换流，紧接着阴极 N 沟道 MOSFET 关断，全部主电流都通过门极流出，然后门极 P 沟道 MOSFET 关断使 IGCT 全部关断。IGCT 的容量可以与 GTO 相当，开关速度在 10kHz 左右，并且可以省去 GTO 需要的复杂缓冲电路，不过目前 IGCT 的驱动功率仍很大，IGCT 在高压直流输电（HVCD）、静止式无功补偿（SVG）等装置中将有应用前途。

(4) 集成功率模块与功率集成电路

自 20 世纪 80 年代中后期开始，在电力电子器件研制和开发中的一个共同趋势是模块化。正如前面提到的，按照典型电力电子电路所需要的拓扑结构，将多个相同的电力电子器件或多个相互配合使用的不同电力电子器件封装在一个模块中，可以缩小装置体积，降低成本，提高可靠性，更重要的是，对工作频率较高的电路，这可以大大减小线路电感，从而简化对保护和缓冲电路的要求。这种模块被称为功率模块（Power Module），或者按照主要器件的名称命名，如 IGBT 模块（IGBT Module）。

更进一步，如果将电力电子器件与逻辑、控制、保护、传感、检测、自诊断等信息电子电路制作在同一芯片上，则称为功率集成电路（Power Integrated Circuit，PIC）。与功率集成电路类似的还有许多名称，但实际上各自有所侧重。高压集成电路（High Voltage IC，

HVIC）一般指横向高压器件与逻辑或模拟控制电路的单片集成。智能功率集成电路（Smart Power IC，SPIC）一般指纵向功率器件与逻辑或模拟控制电路的单片集成。而智能功率模块（Intelligent Power Module，IPM）则一般指 IGBT 及其辅助器件与其保护和驱动电路的封装集成，也称智能 IGBT（Intelligent IGBT）。

高低压电路之间的绝缘问题以及温升和散热的有效处理，一度是功率集成电路的主要技术难点。因此，以前功率集成电路的开发和研究主要在中小功率应用场合，如家用电器、办公设备电源、汽车电器等。智能功率模块则在一定程度上回避了这两个难点，只将保护和驱动电路与 IGBT 器件封装在一起，因而最近几年获得了迅速发展。目前最新的智能功率模块产品已用于高速子弹列车牵引这样的大功率场合。

功率集成电路实现了电能和信息的集成，成为机电一体化的理想接口，具有广阔的应用前景。

4.3 电力电子变流技术

电力电子变换器可以按电能输入、输出的变换形式来划分，有四种基本类型。

1. 交流-直流（AC-DC）变换器

交流-直流变换一般称为整流，完成交流-直流变换的电力电子装置称为整流器（Rectifier）。交流-直流变换器常应用于直流电机调速、蓄电池充电、电镀、电解以及其他直流电源等。

2. 直流-交流（DC-AC）变换器

直流-交流变换一般称为逆变，这是与整流相反的变换形式，完成直流-交流变换的电力电子装置称为逆变器（Inverter）。当逆变器的交流输出与电网相连时，称这种直流-交流变换为有源逆变；当逆变器的交流输出与电机等无源负载连接时，称这种直流-交流变换为无源逆变。有源逆变实际上是整流器的逆运行状态，把电能回馈给电网，如直流调速四象限运行中的直流电能回馈到电网；无源逆变主要用于交流调速、恒频恒压（CFCV）电源、不间断电源（UPS）以及中频感应加热电源等。

3. 交流-交流（AC-AC）变换器

交流-交流变换主要有交流调压和交-交变频两种基本形式。其中，交流调压只调节交流电压而频率不变，常应用于调温、调光、交流电机的调压调速等场合；交-交变频则是频率和电压均可调节，完成交-交变频的电力电子装置也称为周波变换器（Cycloconvertor），主要用于大功率交流变频调速等场合。

4. 直流-直流（DC-DC）变换器

直流-直流变换主要完成直流电压幅值和极性的调节与变换，包括升压、降压和升-降压变换等。采用脉宽调制（PWM）技术实现直流-直流变换的电力电子装置一般称为斩波器（Chopper）。直流-直流变换常应用于开关电源、电动汽车、电池管理、升降压直流变换器等。

此外，根据实际应用需要，还可以基本电力电子变换器进行不同的组合，形成复合型多级组合电力电子变换器。为降低开关损耗，在电力电子电路中采取些措施，如改变电路结构和控制策略，可获得新型变换器，如软开关变换器。

4.3.1 AC-DC 变换

整流电路的发展经历了四个阶段，对应四种形式：二极管不控整流、晶闸管等器件的相控整流、二极管不控整流加升压斩波、PWM 整流。后两种整流形式能改善交流侧的电流波形质量，理论上可以达到正弦波形。本书仅介绍最简单的二极管单相半波整流和晶闸管单相相控整流。单相半波可控整流电路如图 4-22a 所示，图中整流电路由整流变压器 T 供电，负载是电阻，如果是感性负载，输出波形将会复杂一些。

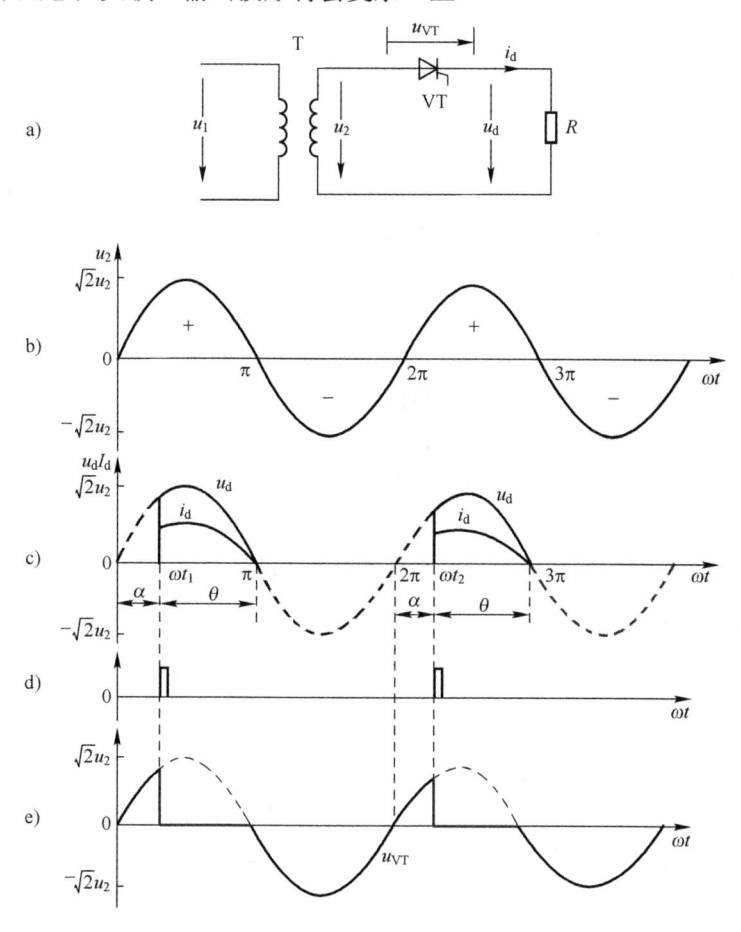

图 4-22 单相半波可控整流电路电阻负载

单相半波可控整流电路虽然简单，但是它包含了整流电路的许多基本概念。为了叙述方便，按惯例，以英文小写字母 u、i 表示电压、电流的瞬时值，以大写字母 U、I 表示交流电压、电流的有效值和直流电压、电流的平均值。

设变压器二次电压 $u_2 = \sqrt{2}U_2 \sin\omega t$（见图 4-22b），在电压 u_2 的正半周 $0\sim\pi$ 区间里（见图 4-22c），晶闸管承受正向电压，如果在这范围内给晶闸管门极施加触发脉冲（见图 4-22d），则晶闸管导通，电阻 R 中有电流通过。在电压 u_2 的负半周 $\pi\sim 2\pi$ 区间里，晶闸管承受反向电压，负载电流也为零，晶闸管关断。因此在交流电压的一个周期里，半波整流电路的工作过程可以划分为下面几个阶段（见图 4-22c）。

阶段 1（$0 \sim \omega t_1$）：晶闸管承受正向电压，但是门极没有触发脉冲，晶闸管处于关断状态，负载 R 中没有电流通过，晶闸管承受的电压是电源电压，即 $u_{\mathrm{VT}}=u_2$（见图 4-22e）。

阶段 2（$\omega t_1 \sim \pi$）：在 ωt_1 时，晶闸管被触发，且由于承受正向电压，晶闸管导通，之后虽然触发脉冲消失，但是晶闸管仍保持导通状态，直到 $\omega t=\pi$ 时为止。在晶闸管的导通区间，如果忽略晶闸管导通时的管压降，则晶闸管两端电压为零，即 $u_{\mathrm{VT}}=0$，且有 $u_\mathrm{d}=u_2$，其中 u_d 既是整流器的输出电压，也是负载电阻 R 两端的电压，并且在晶闸管导通时，经过晶闸管 VT 和电阻 R 的变压器二次电流为

$$i_\mathrm{d} = \frac{u_2}{R} = \frac{u_\mathrm{d}}{R} = \frac{\sqrt{2}U_2 \sin \omega t}{R}, \quad \alpha \leqslant \omega t \leqslant \pi$$

在 $\omega t=\pi$ 时，$U_2=0$，同时回路电流 i_d 也下降为零，晶闸管关断。

阶段 3（$\pi \sim 2\pi$）：在这段区间里，由于交流电压进入负半周，晶闸管受反向电压并保持关断状态，负载端电压和电流都为零，晶闸管承受的是交流电源的负半周电压（见图 4-22e）。

在 $\omega t \geqslant 2\pi$ 以后的周期里，重复上述过程，从图 4-22c 可以看到，通过晶闸管和负载电阻的电压、电流波形是只有单一方向波动的直流电，改变晶闸管被触发的时刻 ωt_1，整流器输出电压 u_d、电流 i_d 的波形也随之变化，其平均值也同时改变，因此在电源正半周内，改变晶闸管的触发时刻，可以调节晶闸管输出直流电压和电流的平均值。

单相半波整流电路是最简单的可控整流电路，在一个周期中，整流输出电压只有一个波头，脉动大。变压器也只有半个周期有电流输出，变压器的利用率不高，并且变压器二次电流是脉动的直流电，铁心会产生直流磁化现象，使铁心易于发热，对变压器的运行不利，因此单相半波整流电路仅使用在要求不高的交直流变换场合。

4.3.2 DC-AC 变换

整流（AC-DC）是把交流电变成直流电的过程，但是在生产实践中，往往还需要有相反的过程，即把直流电转变成交流电，这种对应于整流的逆过程，称为逆变（DC-AC）。实现逆变过程的电路称为逆变电路或逆变器。

一套电路既作整流又作逆变，这种电路称为变流器。若将变流器的交流侧接到交流电网上，把直流侧的直流电源逆变为同频率的交流电反送到交流电网上，称为有源逆变。若变流器的交流侧不与电网连接，而是直接接到负载上，即把直流电源逆变为某一频率或可调频率的交流电供给负载，则称为无源逆变。有源逆变电路常用于直流可逆调速系统、绕线转子交流电机串级调速以及高压直流输电等方面。无源逆变电路常用于交流变频调速等方面。

1. 有源逆变

以单相桥式电路代替发电机给电机供电，如图 4-23 所示。图中有两组桥式整流电路，假设首先将 S 掷向"1"位置，I 组晶闸管的触发延迟角 $\alpha_\mathrm{I} <90°$，如图 4-23b 所示。输出电压 u_dI 上正下负，电机工作在电动状态，流过电枢的电流为 i_I，电机反电动势为 E。I 组晶闸管装置工作在整流状态，供出能量，电机工作在电动状态，吸收能量。这与图 4-23a 所示情况一致。

如果给 II 组晶闸管加触发脉冲，而且 $\alpha_\mathrm{II} >90°$，II 组晶闸管输出电压 $u_\mathrm{dII}=U_\mathrm{d0}\cos\alpha_\mathrm{II}$，而且有 $|U_\mathrm{d}|<|E|$，极性为上正下负，如图 4-23c 所示。开关 S 快速掷向"2"位置，由于机

械惯性，电机的转速暂时不变，因而 E 也不变，Ⅱ组晶闸管在 E 和 u_2 的作用下，产生电流 i_2，方向如图 4-23a 所示。此时电机供出能量，工作在发电制动状态，Ⅱ组晶闸管装置吸收能量，送回交流电源，这就是有源逆变。

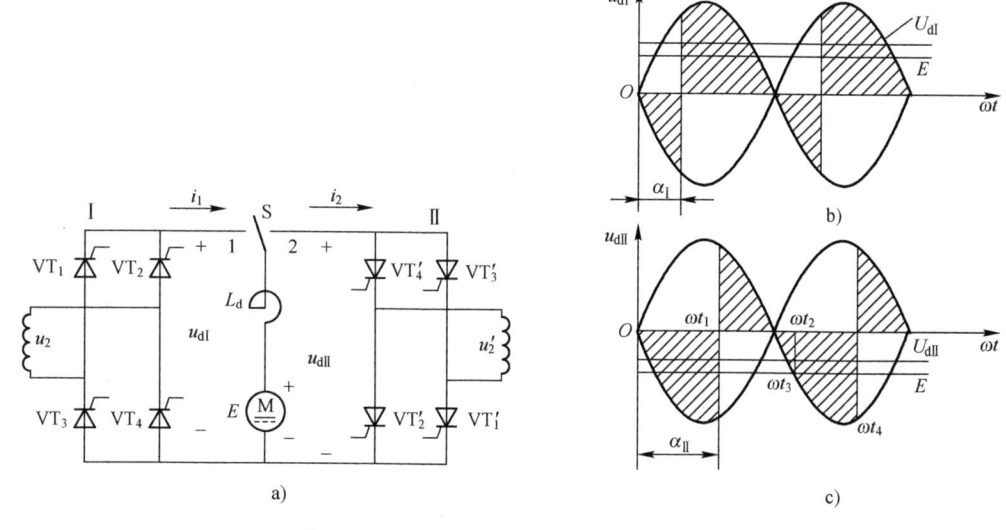

图 4-23 有源逆变原理示意图

如果给Ⅱ组晶闸管加触发脉冲 $\alpha_Ⅱ<90°$，S 掷向 "2" 位置时，由于 $u_{dⅡ}$ 下正上负，E 上正下负，两电源反极性相连，电机和Ⅱ组晶闸管都供出能量，消耗在回路电阻上。因回路电阻很小，将有很大电流，相当于短路，与图 4-23c 所示情况相同。

在图 4-23a 中，假定 E 不变，当平均电压 $|U_{dⅡ}|<|E|$ 时，电路工作在有源逆变状态，这指的是整个工作过程。实际上在每一瞬间，电路不一定都工作在有源逆变状态。如在 $\omega t_1 \sim \omega t_2$ 这段时间内，u_2 为正半周，输出电压瞬时值 u_d 的极性下正上负和 E 反极性相连，两电源均供出能量，只是这段时间比较短。同时由于回路中有比较大的电感，电流不会上升到很大。$\omega t_2 \sim \omega t_3$ 这段时间内，u_2 为负半周，输出电压瞬时值上正下负，Ⅱ组晶闸管作为电源来讲是电流从正极流入，吸收能量回送电网，Ⅱ组晶闸管工作在有源逆变状态。$\omega t_3 \sim \omega t_4$ 这段时间内，$|u_2|>|E|$，如果回路中无足够大电感，晶闸管因承受反压而关断，断续进行有源逆变。如果回路中有足够大的电感，在 ωt_3 时刻后，由于电流减小，电感中的感应电动势将和 E 的方向一致，维持电流连续，晶闸管继续导通（图中 VT_2'、VT_3'），直至 ωt_4 时，另一桥臂晶闸管 VT_1'、VT_4' 导通，使 VT_2'、VT_3' 承受反压而关断，开始下一周期的工作。由此可见，要保证有源逆变连续进行，回路中要串有足够大的电感。

在 $\omega t_1 \sim \omega t_4$，这段时间内，因为 $\alpha>90°$，就保证了电源正半波小于电源负半波，从一个周期的平均值来看，电路工作在有源逆变状态。

通过上述分析，实现有源逆变必须同时满足三个基本条件：

1) 要有一个能提供逆变能量的直流电源，且极性必须与晶闸管导通方向一致，其大小要大于变流器直流侧的平均电压。

2）变流电路必须工作在 $\alpha>90°$，使 U_d 的极性与整流状态时相反。

3）为了保证逆变过程中电流连续，使有源逆变连续进行，电路中还应具备足够的电感量。

从上面的分析可见，整流和逆变、直流和交流在变流电路中相互联系并在一定条件下可以相互转换。同一变流器既可工作在整流状态又可工作在逆变状态，其关键是电路的内部与外部条件不同。

2．无源逆变

对于某些不允许停电的交流负载，如银行的计算机和医院的医疗设备，当电网停电时，可用蓄电池经过逆变器变换为交流电继续供电。还有一种情况是，电网提供的 50Hz 工频电源不能满足某些负载的特殊需要，例如感应加热需要中频甚至高频的交流电源，这时可将工频交流电变成直流电，再经逆变器变换成所需频率和电压的交流电向负载供电，这种将直流电变换为交流电供给负载工作的过程称为无源逆变。

无源逆变经常与变频概念联系在一起，常见的交-直-交变频，即为将 50Hz 工频交流电先整流为直流电，再将直流电逆变为所需频率的交流电供给负载。

根据直流侧电源性质的不同，无源逆变电路可分为电压型和电流型两类。本节只简单介绍电压型逆变电路的基本构成、工作原理和特性。

图 4-24 是电压型逆变电路的一个例子——半桥单相电压型逆变电路。它有两个桥臂，每个桥臂由一个可控器件和一个反并联二极管组成。在直流侧接有两个相互串联的足够大的电容，两个电容的连接点便成为直流电源的中点。负载连接在直流电源中点和两个桥臂连接点之间。

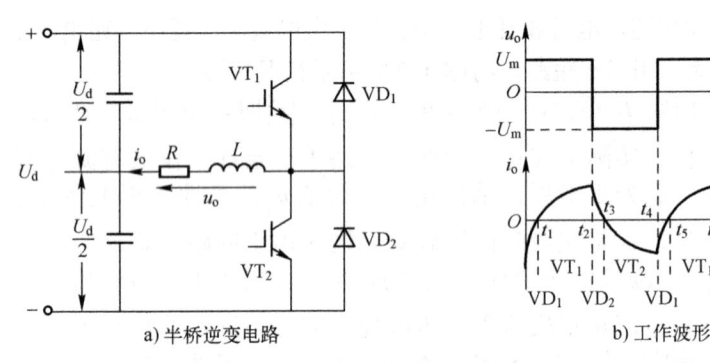

a) 半桥逆变电路　　　　b) 工作波形

图 4-24　半桥单相电压型逆变电路

电路工作时，两只功率晶体管 VT_1、VT_2 的栅极信号在一个周期内各有半周正偏、半周反偏，且二者互补。当负载为感性时，其工作波形如图 4-24b 所示。输出电压 u_o 为矩形波，其幅值为 $U_m=U_d/2$。输出电流 i_o 波形随负载情况而异。设 t_2 时刻以前 VT_1 为通态，VT_2 为断态。t_2 时刻给 VT_1 关断信号，给 VT_2 开通信号，则 VT_1 关断，但感性负载中的电流 i_o 不能立即改变方向，于是 VD_2 导通续流。当 t_3 时刻 i_o 降为零时，VD_2 截止，VT_2 开通，i_o 开始反向。同样，在 t_4 时刻给 VT_2 关断信号，给 VT_1 开通信号后，VT_2 关断，VD_1 先导通续流，t_5 时刻 VT_1 才开通。各段时间内导通器件的名称标于图 4-24b 的下部。

当 VT_1 或 VT_2 为通态时，负载电流和电压同方向，直流侧向负载提供能量；而当 VD_1 或 VD_2 为通态时，负载电流和电压反向，负载电感中储藏的能量向直流侧反馈，即负载电感将其吸收的无功能量反馈回直流侧。反馈回的能量暂时储存在直流侧电容器中,直流侧电容器起着缓冲这种无功能量的作用。因为二极管VD_1、VD_2是负载向直流侧反馈能量的通道,故称为反馈二极管;又因为VD_1、VD_2起着使负载电流连续的作用,因此又称为续流二极管。

半桥逆变电路的优点是简单,使用器件少。其缺点是输出交流电压的幅值U_m仅为$U_d/2$,且直流侧需要两个电容器串联,工作时还要控制两个电容器电压的均衡。因此,半桥电路常用于几千瓦以下的小功率逆变电源。

3. 脉宽调制型逆变电路

脉宽调制(Pulse Width Modulation,PWM)型逆变电路是靠改变脉冲宽度来控制输出电压的,通过改变调制周期来控制其输出频率。脉宽调制的方法很多,以调制脉冲的极性分,可分为单极性调制和双极性调制两种;以载频信号与参考信号频率之间的关系分,可分为同步调制和异步调制两种。

图 4-25 所示为采用 IGBT 作为开关器件的单相桥式电压型逆变电路。设负载为阻感负载,工作时VT_1和VT_2的通断状态互补,VT_3和VT_4的通断状态也互补。具体的控制规律如下:在输出电压u_o的正半周,让VT_1保持通态,VT_2保持断态,VT_3和VT_4交替通断。由于负载电流比电压滞后,因此在电压正半周,电流有一段区间为正,一段区间为负。在负载电流为正的区间,VT_1和VT_4导通时,负载电压u_o等于直流电压U_d;VT_4关断时,负载电流通过VT_1和VD_3续流,$u_o=0$。在负载电流为负的区间,仍为VT_1和VT_4导通时,因i_o为负,故i_o实际上从VD_1和VD_4流过,仍有$u_o=U_d$;VT_4关断,VT_3开通后,i_o从VT_3和VD_1续流,$u_o=0$。这样,u_o总可以得到U_d和零两种电平。同样在u_o的负半周,让VT_2保持通态,VT_1保持断态,VT_3和VT_4交替通断,负载电压u_o可以得到$-U_d$和零两种电平。

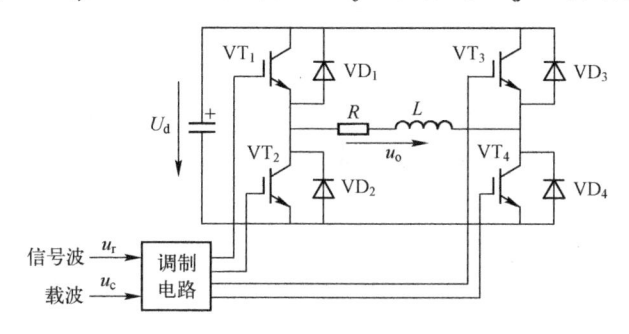

图 4-25 单相桥式电压型逆变电路

控制VT_3和VT_4通断的方法如图 4-26 所示。调制信号u_r为正弦波,载波u_c在u_r的正半周为正极性的三角波,在u_r的负半周为负极性的三角波。在u_r和u_c的交点时刻控制 IGBT 的通断。在u_r的正半周,VT_1保持通态、VT_2保持断态,当$u_r>u_c$时使VT_4导通、VT_3关断,$u_o=U_d$;当$u_r<u_c$时使VT_4关断、VT_3导通,$u_o=0$。在u_r的负半周,VT_1保持断态、VT_2保持通态,当$u_r<u_c$时使VT_3导通、VT_4关断,$u_o=-U_d$;当$u_r>u_c$时使VT_3关断、VT_4导通,$u_o=0$。这样,就得到了 SPWM 波形u_o。图中的虚线u_{of}表示u_o中的基波分量。像这种在u_r的半个周期内三角波载波只在正极性或负极性一种极性范围内变化,所得到的 PWM 波形也只在单个极性范围变化的控制方式称为单极性 PWM 控制方式。

和单极性 PWM 控制方式相对应的是双极性控制方式。图 4-25 所示单相桥式逆变电路在采用双极性控制方式时的波形如图 4-27 所示。采用双极性方式时，在 u_r 的半个周期内，三角波载波不再是单极性的，而是有正有负，所得的 PWM 波也是有正有负。在 u_r 的一个周期内，输出的 PWM 波只有 $\pm U_d$ 两种电平，而不像单极性控制时还有零电平。仍然在调制信号 u_r 和载波信号 u_c 的交点时刻控制各开关器件的通断。在 u_r 的正负半周，对各开关器件的控制规律相同。即当 $u_r > u_c$ 时，给 VT_1 和 VT_4 以导通信号、给 VT_2 和 VT_3 以关断信号，这时如 $i_o > 0$，则 VT_1 和 VT_4 导通，如 $i_o < 0$，则 VD_1 和 VD_4 导通，不管哪种情况都是输出电压 $u_o = U_d$。当 $u_r < u_c$ 时，给 VT_2 和 VT_3 以导通信号、给 VT_1 和 VT_4 以关断信号，这时如 $i_o < 0$，则 VT_2 和 VT_3 导通，如 $i_o > 0$，则 VD_2 和 VD_3 导通，不管哪种情况都是 $u_o = -U_d$。

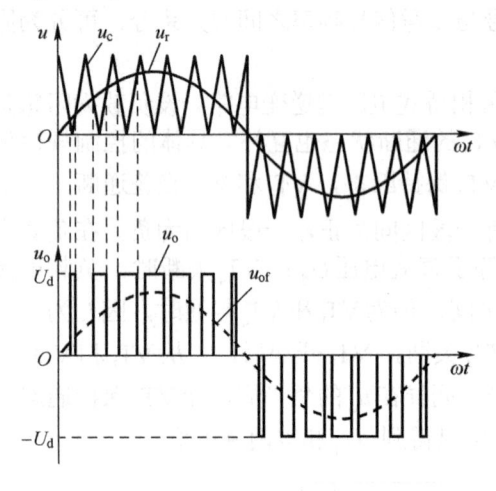

图 4-26　单极性 PWM 控制方式波形

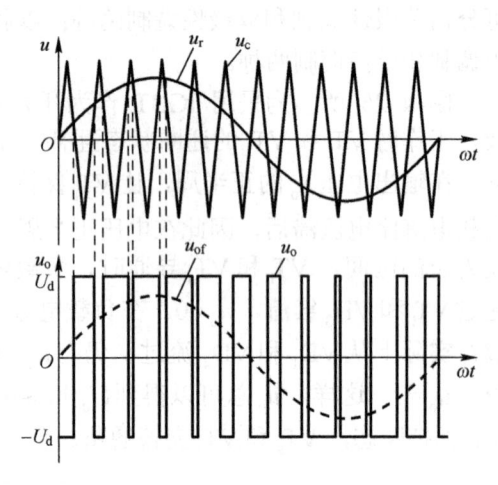

图 4-27　双极性 PWM 控制方式波形

可以看出，单相桥式电路既可采取单极性调制，也可采用双极性调制，由于对开关器件通断控制的规律不同，它们的输出波形也有较大的差别。

4.3.3　DC-DC 变换

直流斩波电路的种类较多，包括 6 种基本斩波电路：降压斩波电路、升压斩波电路、升降压斩波电路、Cuk 斩波电路、Sepic 斩波电路和 Zeta 斩波电路，其中前两种是最基本的电路。一方面，这两种电路应用最为广泛，另一方面，理解了这两种电路可为理解其他的电路打下基础，因此本书将只对其做重点介绍。

1．降压斩波电路

降压斩波（Buck Chopper）电路及其工作波形如图 4-28 所示。该电路使用一个全控型器件 VT，图中为 IGBT，也可使用其他器件，若采用晶闸管，需设置使晶闸管关断的辅助电路。图 4-28 中，为在 VT 关断时给负载中的电感电流提供通道，设置了续流二极管 VD。斩波电路的典型用途之一是拖动直流电机，也可带蓄电池负载，两种情况下负载中均会出现反电动势，如图中 E_m 所示。若负载中无反电动势时，只需令 $E_m = 0$，以下的分析及表达式均可适用。

由图 4-28b 中 VT 的栅射电压 u_{GE} 波形可知,在 $t=0$ 时刻驱动 VT 导通,电源 E 向负载供电,负载电压 $u_o=E$,负载电流 i_o 按指数曲线上升。

当 $t=t_1$ 时刻,控制 VT 关断,负载电流经二极管 VD 续流,负载电压 u_o 近似为零,负载电流呈指数曲线下降。为了使负载电流连续且脉动小,通常串接 L 较大的电感。

至一个周期 T 结束,再驱动 VT 导通,重复上一周期的过程。当电路工作于稳态时,负载电流在一个周期的初值和终值相等,如图 4-28b 所示。负载电压的平均值为

$$U_o = \frac{t_{on}}{t_{on}+t_{off}}E = \frac{t_{on}}{T}E = \alpha E \tag{4-6}$$

式中,t_{on} 为 VT 处于通态的时间;t_{off} 为 VT 处于断态的时间;T 为开关周期;α 为导通占空比,简称占空比或导通比。

由式(4-6)可知,输出到负载的电压平均值 U_o 最大为 E,若减小占空比 α,则 U_o 随之减小。因此将该电路称为降压斩波电路。也有很多文献中直接使用其英文名称,称为 Buck 变换器(Buck Converter)。

2. 升压斩波电路

升压斩波(Boost Chopper)电路及其工作波形如图 4-29 所示。该电路中也是使用一个全控型器件。

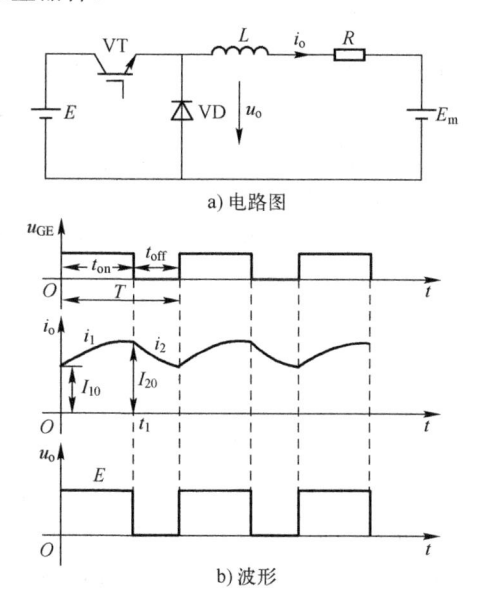

图 4-28 降压斩波电路及其工作波形

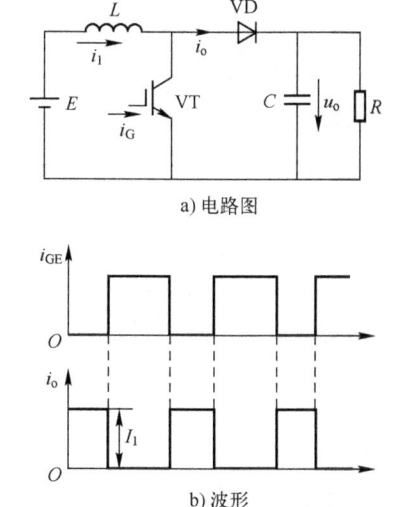

图 4-29 升压斩波电路及其工作波形

分析升压斩波电路的工作原理时,首先假设电路中电感 L 很大,电容 C 也很大。当 VT 处于通态时,电源 E 向电感 L 充电,充电电流基本恒定为 I_1,同时电容 C 上的电压向负载 R 供电,因 C 很大,基本保持输出电压 u_o 为恒值,记为 U_o。设 VT 处于通态的时间为 t_{on},此阶段电感 L 上积蓄的能量为 EI_1t_{on}。当 VT 处于断态时,E 和 L 共同向电容 C 充电,并向负载 R 提供能量。设 VT 处于断态的时间为 t_{off},则在此期间电感 L 释放的能量为 $(U_o-E)I_1t_{off}$。当电路工作于稳态时,一个周期 T 中电感 L 积蓄的能量与释放的能量相等,即

$$EI_1t_{on} = (U_o - E)I_1t_{off}$$

化简得

$$U_o = \frac{t_{on} + t_{off}}{t_{off}}E = \frac{T}{t_{off}}E \tag{4-7}$$

式（4-7）中的 $T/t_{off} \geqslant 1$，输出电压高于电源电压，故称该电路为升压斩波电路。也有的文献中直接采用其英文名称，称为 Boost 变换器（Boost Converter）。

4.3.4 AC-AC 变换

本小节讲述的是交流-交流（AC-AC）变流电路，即把一种形式的交流变成另外一种形式交流的电路。在进行交流-交流变流时，可以改变相关的电压、电流、频率和相数等。

只改变电压、电流或对电路的通断进行控制，而不改变频率的电路称为交流电力控制电路。改变频率的电路称为变频电路。变频电路大多数不改变相数，也有改变相数的，如把单相变为三相，或把三相变为单相的电路。变频电路有交-交变频电路和交-直-交变频电路两种形式。前者直接把一种频率的交流变成另一种频率或可变频率的交流，也称为直接变频电路。后者先把交流整流成直流，再把直流逆变成另一种频率或可变频率的交流，这种通过直流中间环节的变频电路也称间接变频电路。

1. 交流调压电路

交流调压电路广泛用于灯光控制（如调光台灯和舞台灯光控制）及异步电机的软起动，也用于异步电机调速。在供用电系统中，这种电路还常用于对无功功率的连续调节。此外，在高电压小电流或低电压大电流直流电源中，也常采用交流调压电路调节变压器一次电压。如采用晶闸管相控整流电路，高电压小电流可控直流电源就需要很多晶闸管串联；同样，低电压大电流直流电源需要很多晶闸管并联。这都是十分不合理的。采用交流调压电路在变压器一次侧调压，其电压、电流值都不太大也不太小，在变压器二次侧只要用二极管整流就可以了。这样的电路体积小、成本低、易于设计制造。

交流调压电路可分为单相交流调压电路和三相交流调压电路。前者是后者的基础，本书只对单相交流调压电路电阻负载进行介绍。

图 4-30 为电阻负载单相交流调压电路图及其波形。图中的晶闸管 VT_1 和 VT_2 也可以用一个双向晶闸管代替。在交流电源 u_1 的正半周和负半周，分别对 VT_1 和 VT_2 的导通角 α 进行控制就可以调节输出电压。正负半周 α 起始时刻（$\alpha=0$）均为电压过零时刻。在稳态情况下，应使正负半周的 α 相等。可以看出，负载电压波形是电源电压波形的一部分，负载电流（也即电源电流）和负载电压的波形相同。

2. 交流调功电路

交流调功电路和交流调压电路的电路形式完全相同，只是控制方式不同。交流调功电路不是在每个交流电源周期都对输出电压波形进行控制，而是将负载与交流电源接通几个整周波，再断开几个整周波，通过改变接通周波数与断开周波数的比值来调节负载所消耗的平均功率。这种电路常用于电炉的温度控制，因其直接调节对象是电路的平均输出功率，所以被称为交流调功电路。像电炉温度这样的被控对象，其时间常数往往很大，没有必要对交流电源的每个周期进行频繁的控制，只要以周波数为单位进行控制就足够了。通常控制晶闸管导通的时刻都是在电源电压过零的时刻,这样,在交流电源接通期间,负载电压电流都是正弦波,不对电网电压电流造成通常意义的谐波污染。

设控制周期为 M 倍电源周期,其中晶闸管在前 N 个周期导通,后 $M-N$ 个周期关断。当 $M=3$、$N=2$ 时的电路波形如图 4-31 所示。可以看出,负载电压和负载电流(也即电源电流)的重复周期为 M 倍电源周期。在负载为电阻时,负载电流波形和负载电压波形相同。

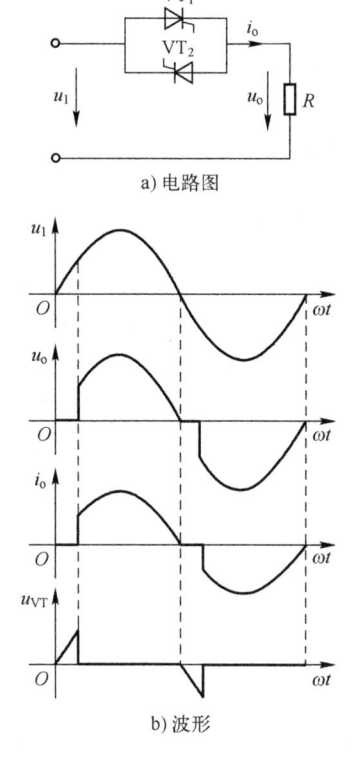

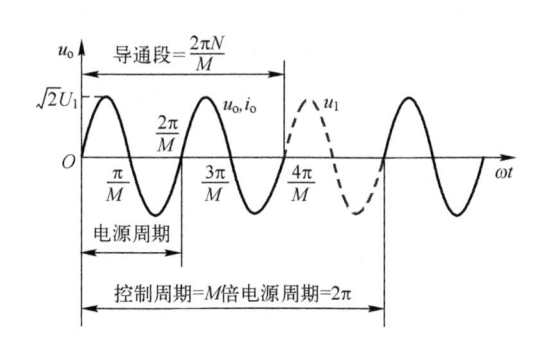

图 4-30 电阻负载单相交流调压电路及其波形　　图 4-31 交流调功电路典型波形($M=3$、$N=2$)

3. 交-交变频电路

本节讲述采用晶闸管的交-交变频电路,这种电路也称为周波变流器(Cycloconvertor)。交-交变频电路是把电网频率的交流电直接变换成可调频率交流电的变流电路。因为没有中间直流环节,所以属于直接变频电路。

交-交变频电路广泛用于大功率交流电机调速传动系统,实际使用的主要是三相输出交-交变频电路。单相输出交-交变频电路是三相输出交-交变频电路的基础。本节只介绍单相输出交-交变频电路的构成、工作原理。

图 4-32 是单相交-交变频电路的基本原理图和输出电压波形。电路由 P 组和 N 组反并联的晶闸管变流电路构成,和直流电机可逆调速用的四象限变流电路完全相同。变流器 P 和 N 都是相控整流电路,P 组工作时,负载电流 i_o 为正,N 组工作时,i_o 为负。让两组变流器按一定的频率交替工作,负载就得到该频率的交流电。改变两组变流器的切换频率,就可以改变输出频率 ω_o。改变变流电路工作时的触发延迟角 α,就可以改变交

流输出电压的幅值。

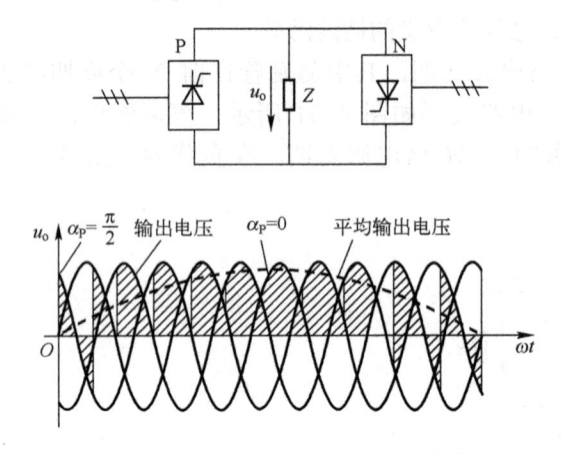

图 4-32　单相交-交变频电路的基本原理图和输出电压波形

为了使输出电压 u_o 的波形接近正弦波，可以按正弦规律对 α 角进行调制。如图 4-32 所示，可在半个周期内让正组变流器 P 的 α 角按一定的规律从 90°逐渐减小到 0°或某个值，然后逐渐增大到 90°。这样，每个控制间隔内的平均输出电压就按正弦规律从零逐渐增至最高，再逐渐减低到零，如图中虚线所示。另外半个周期可对变流器 N 进行同样的控制。

从图 4-32 可以看出，输出电压 u_o 并不是平滑的正弦波，而是由若干段电源电压拼接而成。在输出电压的一个周期内，所包含的电源电压段数越多，其波形就越接近正弦波。因此，图 4-32 中的变流电路通常采用 6 脉波的三相桥式电路或 12 脉波变流电路。

4.3.5　软开关技术

电子开关在开通和关断时，电流和电压的变化不是瞬间完成的，而是需要一定的时间才能完成。那么，在开通和关断过程中，就会出现电压波形和电流波形变化的交叠现象。开关过程中电压电流波形的交叠会产生损耗，称为开关过程损耗。开关过程损耗比开关正常导通或关断状态的损耗要大得多。因此，从开关损耗的角度和电力电子装置效率的角度，希望开关频率越低越好。但为了获得高质量的电源，又希望电源变换的开关频率越高越好。这两者互相矛盾。要解决好这个矛盾，只有想办法把开关的损耗降下来。降低开关损耗，一是从开关器件本身想办法，增加开关速度，减少开关过程的电流、电压交叠成分；二是从变换技术上想办法，减小开关过程的电流、电压交叠成分。通过开关变换技术的办法，减小开关过程中电流和电压波形的交叠成分，从而减小开关过程损耗的办法，称为软开关技术。

电力电子软开关技术受逆阻型晶闸管关断过程的换流思路启发。在晶闸管组成的电力电子装置中，要么通过负载电路谐振的办法让晶闸管电流过零关断；要么在装置电路中增加一个辅助电路，并在必要时启动辅助电路工作，使晶闸管电流过零而关断。通过谐振等办法，使得一个开关器件开通以后才开始流通电流，或电流过零时才开始关断器件，称为零电流软开关（ZCS）；一个开关器件两端的电压为零时进行器件开通或关断操作称为零电压软开关（ZVS）。图 4-33 是零电压和零电流软开关的波形示意图。

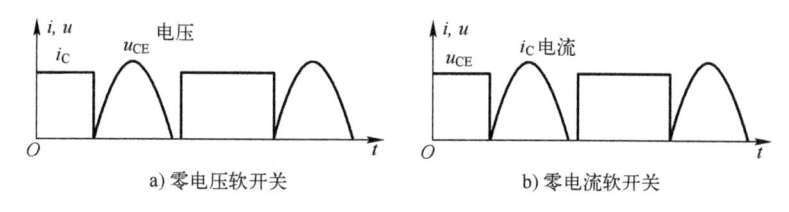

图 4-33 零电压和零电流软开关的波形示意图

国际上，20 世纪七八十年代的主要研究方向是零电压或零电流的谐振、准谐振软开关技术。其缺点是开关电流（电压）应力高，并且变频控制复杂。20 世纪 90 年代，各种软开关技术的开发和应用，如零电压/零电流开关 PWM、零电压/零电流转移 PWM、移相全桥和有源钳位零电压 PWM 变换等都有很大发展。针对中等功率移相全桥零电压 PWM 技术的固有缺点以及应用 IGBT 的特点，人们又做了许多改进研究，提出了混合 ZCSZVS 的 PWM 移相全桥软开关技术。此后又提出大功率和多电平的软开关变换器新拓扑，使整流管和辅助开关也实现了软开关，提高了电路效率，拓展了应用范围，至今方兴未艾。

4.4 电力电子技术在电气工程领域的应用

4.4.1 电力电子技术在电源领域中的应用

现代计算机和通信等都依赖于开关模式变换器的直流电源，这些电源装置可以是笔记本电脑的电池管理变换器，也可以是服务器簇冗余供电的多变换器电源，或是程控交换机的电源。它们具有多路独立输出、多电压等级的特点，以满足计算机及其外设和显示屏之需。这种小功率电源系统的设计也处处渗透着电力电子技术的最新成就。

1) 分布式供电技术。给计算机系统供电的分布式结构电源，包括一个离线式有源功率因数校正（PFC）电路和后级的不同负载点的多个 DC-DC 变换器。这种结构因使用中间电压级来进行功率分配而不同于传统的降压功率变换结构。它采用 12V 的电压总线或 48V 的电压总线，通过各 DC-DC 变换器把能量传递到各独立的功能板或子系统中。

2) 高动态响应。低电压（2V 以下，甚至 1V 以下）输出的高性能计算机电源系统需要高功率密度、低功耗、高效率的性能指标，以及同步整流、多相多重、板上功率变换以及板级互联等技术。截至 2023 年，高性能电源的转换效率可达 90%以上。先进的芯片级互联技术包括 Chiplet、2.5D 集成和混合键合技术，而功率变换技术则主要涉及高带宽内存（HBW）和先进的封装技术。

通信工业是供电电源和电池的最大用户之一，使用范围从无绳电话的小电源到超高可靠性的后备电源系统。例如，维持中央办公区电话网络通信的典型电源系统是一个 5kW 的功率变换器，它由一个前端离线功率因数校正（PFC）升压变换器和两个 2.5kW 的前向变换器组成。前端离线 PFC 升压变换器确保电源系统的可靠供电，后端的前向变换器给电话系统直流 48V 的配电总线提供大电流输出。该领域甚至有其自己主要的年会——国际通信能源会议（International Telecommunication Energy Conference，INTELEC）。

太空中电能的产生和储存都很困难，电源在设计上的限制，诸如重量、效率和可靠性等的严格要求,可以说把对电力电子技术研究的努力推向了极致。

太阳能电池、燃料电池、热电核能、电池组和飞轮,是卫星和太空探测器的主要电源和储能装置。在绝大多数情况下,因这些电源功率小且电特性不稳定,因此必须应用电力电子技术把这些能源转换成可用的形式,才能满足使用的要求。

现代太空电源系统非常庞大。例如,一个典型的通信卫星就装备有数百个独立直流电源,为每个网络节点提供最可靠的电能;国际太空站上,用以维持科学探索任务和生命保障系统的冗余电源和馈电设备异常复杂。在太空上,因为所有电能损耗的热量都通过辐射冷却的形式散发到太空中,这些电源系统在高温差和强辐射的环境下要确保其可靠性,其挑战性是巨大的,所以电源系统的热管理尤其重要。当今许多基本的电力电子变换电路,最初都是为太空系统设计的,如早期的 DC-DC 变换器和燃料电池,就是为 20 世纪 60 年代的太空计划而开发的,其中包括阿波罗登月计划。当今,美国国际整流器(IR)公司、中国西电和特变电工、意法半导体(ST)、德国西门子、日本日立能源、法国施耐德电气都是先进电力电子技术的国际巨头。

4.4.2 电力电子技术在电力系统中的应用

电力系统是电力电子技术应用的一个重要领域。近年来电力电子器件和计算机技术的快速发展,使已有的研究成果和技术不断得到改善。最早成功应用于电力系统的大功率电力电子技术是高压直流输电(HVDC)。1986 年,美国电力科学研究院提出了灵活交流输电(FACTS)概念,相继出现了统一潮流控制器等多种设备。1988 年提出了定制电力(Customer Power)的概念。电力电子技术在电力系统中的应用如下:①在发电环节中的应用,包括大型发电机的静止励磁控制,水力、风力发电机的变速恒频励磁等。②在输电环节中的应用有高压直流输电(HVDC)和轻型高压直流输电(HVDC Light)技术。截至 2023 年,我国已投入运行的直流输电工程包括:向家坝—上海 ±800kV 特高压直流输电工程、锦屏—苏南 ±800kV 特高压直流输电工程、哈密南—郑州 ±800kV 特高压直流输电工程、溪洛渡—浙西 ±800kV 特高压直流输电工程等。此外,我国还建成并投入运行的直流输电工程包括葛洲坝—上海直流输电工程、三峡—常州直流输电工程、三峡—广东直流输电工程、天生桥—广东直流输电工程、贵州—广东Ⅰ回直流输电工程、贵州—广东Ⅱ回直流输电工程等。近年来,轻型直流输电采用 IGBT 组成换流器,应用脉宽调制技术进行无源逆变;灵活交流输电(FACTS)技术是一项基于电力电子技术与现代控制技术对交流输电系统的阻抗、电压及相位实施灵活、快速调节的输电技术。③在配电系统中的应用,如动态无功发生器、电力有源滤波器,以加强供电可靠性和提高电能质量。电能质量控制既要满足对电压频率、谐波和不对称度的要求,又要抑制各种瞬态的波动和干扰。电力电子技术和现代控制技术在配电系统中的应用,是在 FACTS 各项成熟技术的基础上发展起来的电能质量控制新技术。

4.4.3 电力电子技术在电机传动中的应用

在 20 世纪 90 年代中期以前,大多数调速系统都由采用晶闸管和双向晶闸管器件的变换器供电,最典型的是晶闸管-直流电机调速系统。20 世纪 70 年代功率晶体管问世后,在功率等级较低的电机中逐步采用了功率晶体管变换器,以获得较好的电机调速性能。20 世纪 90 年代中期以来,大功率 IGBT 的应用,以及 IGBT 逆变技术的成熟和发展,迅速在相关功率等级的应用领域取代了晶闸管和双向晶闸管。早期的逆变器,主要用于步进电机、打印机、机器人,以及磁盘驱动器等小功率应用中。在大中功率段常用的交-直-交逆变器有两类:IGBT 变频器和 GTO 变频器。这些逆变器开始主要用于 20~100kW 等级的电机传动系统中,如电动汽车电机传动系统、电力机车的辅助传动系统。随着器件容量和装置功率的增加,逐步应用于容量为 300~1000kW 及其以上的电机传动中,如地铁列车和高速电动车组的牵引传动系统中。由于装置功率大,低压时电流很大,不经济,所以一般用中压(1~10kV)。这两种器件各有优缺点:IGBT 开关频率高,但导通压降和损耗大;GTO 电压高、电流大,导通压降小,但开关损耗大、开关频率低。但考虑到驱动等因素,总体上 IGBT 要受欢迎得多。针对 IGBT 和 GTO 的优缺点,取长补短,开发出了 IGCT(集成门极换向晶闸管),它的电压、电流、导通压降和 GTO 相近;门极电压驱动;开关快、频率高,像 IGBT。目前,商品化的 IGBT 逆变器已经做到 1000kW 以上,而像舰船潜艇一类的数千千瓦等更高容量的电机传动系统,逆变器仍然须采用 GTO 或 IGCT。IGCT 逆变器在俄国、韩国、中国等多个国家已有应用。三相逆变器在大功率电机中的真正实用化,极大地推动了交流电机调速的发展。

数字化社会的各种通信和数据等电子设备对电源质量的要求越来越高,不断涌现的各种新型设备对电源的要求也越来越特殊,世界能源的紧缺对节约电能的要求也越来越高。总之,电源的高质量变换、电能的节约,都越来越离不开电力电子技术。除了前面提到的一般高质量电源、电气传动和电力系统离不开电力电子技术外,奔腾Ⅱ以上的高速计算机中央处理芯片的正常工作离不开电力电子技术;现代无线数字通信离不开电力电子技术;网络世界的正常运行离不开电力电子技术;绿色环保和可再生新能源离不开电力电子技术;电动汽车和磁悬浮列车等交通工具离不开电力电子技术,等等。

总之,电力电子技术应用领域越来越广,它的应用已深入使用电源的各个领域。电力电子技术领域涵盖广泛,是自动化、信息化、国防、航天、运输、能源与环保等工业发展的基础技术。根据美国总统科学与技术顾问委员会的资料,电力电子技术已经成为与国家经济发展密切相关的七大关键科技——能源、环保、信息与通信、生命科学、制造业、材料、交通运输的重要支撑。因此,可以说,在电的世界里,21 世纪是电力电子技术的世纪。

思 考 题

4-1 按电力电子开关器件的可控性,电力电子器件可以分为哪几类?
4-2 试述今后电力电子技术的发展趋势。
4-3 电力电子技术的重要应用领域有哪些?
4-4 为什么电力电子器件在变流电路中常简称为"开关"?
4-5 电力电子变换器按电能输入、输出的变换形式来划分,有哪几种基本类型?
4-6 什么是"软开关"技术?
4-7 电力电子技术的经济和社会意义是什么?
4-8 请联系实际生活,列举身边应用电力电子技术的实例。

第5章 高电压与绝缘技术

随着电力系统的不断进步，高电压与绝缘技术对于保障电力安全传输与分配至关重要。本章将全面解析高电压与绝缘技术的发展现状、基本原理及最新趋势，探讨电介质的电气强度，涉及气体放电的物理过程及液体、固体介质的电气特性，介绍各类绝缘材料的特性与应用场景，强调电气设备绝缘预防性试验与耐压试验的重要性及试验方法。同时，阐述电力系统过电压防护与绝缘配合的必要性，涉及雷电、内部过电压的防护与绝缘配合策略。最后，展望高电压新技术在等离子体、静电、液电效应、电磁发射等领域的应用前景，及其在环境保护中的潜在作用。

5.1 高电压与绝缘技术的发展

高电压与绝缘技术是一种基于试验研究的应用技术，它深入探索了在高电压环境下各种绝缘介质的性能以及不同类型的放电现象。此外，该技术还涉及高电压设备的绝缘结构设计、高电压试验和测量的设备及方法、电力系统的过电压、高电压或大电流产生的强电场、强磁场或电磁波对环境的影响和防护措施，以及高电压、大电流的应用等多个方面。高电压技术对多个领域，包括电力工业、电工制造业以及近代物理的发展（如 X 射线装置、粒子加速器、大功率脉冲发生器等），都产生了重大影响。

在历史的长河中，高电压技术的探索和应用可追溯到多个重要的实验和研究。1752 年，富兰克林进行了著名的风筝引电实验，这一实验不仅证明了雷电与摩擦所产生的电荷性质相同，而且实质上也是一种高电压试验，为高电压技术的研究奠定了基础。随后，1895 年 11 月 8 日，伦琴（W. C. Roentgen）在进行阴极射线的实验时，首次观察到放在射线管附近的氰亚铂酸钡小屏上发出微光。经过深入研究，他确定这种荧光是由于射线管中发出的某种射线所致。这种射线最终被命名为伦琴射线，并在人手骨骼摄像等应用中发挥了重要作用，而这些应用都涉及了高电压技术。1911 年，卢瑟福（E. Rutherford）根据 α 粒子轰击金箔引起的散射现象提出了原子模型，这一研究同样离不开高电压技术的应用。1931 年，范德格拉夫（van de Graaff）发明了高压静电起电机（见图 5-1），这一发明为正离子加速器或高穿透性 X 射线发生器的电源提供了可能。

a) 巨型起电机　　　　　　b) 小型起电机

图 5-1　范德格拉夫高压静电起电机

第 5 章 高电压与绝缘技术

高电压是相对于低电压而言的，对于电力系统来说，1~220kV 称为高压，而 220~800kV 称为超高压（EHV），1000kV 以上称为特高压（UHV）。电压等级与高电压技术密切相关，维持高电压安全运行要有水平非常高的技术，电气绝缘起着维持高电压长期安全的作用。绝缘体是相对于导体而言的，绝缘体电阻率很高（一般可达 10^9~$10^{22}\Omega\cdot cm$），通常流过的泄漏电流非常小，可以忽略不计。

作为一门与国民经济密切相关的技术科学，高电压与绝缘技术是因输电工程和高电压设备的需要而蓬勃发展起来的。1891 年，德国建造了从腊芬到法兰克福长 175km、电压为 15.2kV 的三相交流输电线路，虽然输送功率只有 200kW，但这却开创了高电压技术在输电工程中实际应用的先河。随着人类生产活动的不断发展、生活水平的不断提高，高电压技术不仅在物理研究和输电工程方面得到了越来越快的发展，而且还深入人们生产与生活的许多方面。电视机、霓虹灯、复印、废水废气处理、人体内结石破碎、静电防护等，都应用了高电压技术的成果。而绝缘技术是使高电压设备在电气领域安全、稳定、可靠运行的基础。高电压下绝缘材料的开发、绝缘结构的设计和绝缘性能的试验等都是维持电力运行的基础技术，支持着电力技术的发展。高电压与绝缘技术已成为电气工程及其自动化的一个重要分支。

发电厂发出的电能都要用输电线送到用户（见图 5-2）。交流发电机发出的 6~10kV 的电压，经变压器升压，通过主干输电线送到需求地附近的高压或超高压变电站，再经过降压，送到二级高压变电站或特别高压用户变电站中，然后通过二级输电线送到配电变电站中，经过配电变压器降压，输送到用户。为适应这一要求，必须尽可能提高输电电压，因为电流大时，在输电线电阻 R 上引起的热损耗将增大。提高输电电压，可以提高输电功率，从而降低损耗。

图 5-2 高压电力输送

就世界范围而言，输电电压等级经历了交流 6kV、10kV、20kV、35kV、60kV、110kV、150kV、220kV 的高压（HV），287kV、330kV、400kV、500kV、735~765kV 的超高压（EHV），直至 1150kV 的特高压（UHV）。与此同时，高压直流输电技术也得到了快速发展，电压由 ±100kV、±250kV、±400kV、±500kV、±750kV 发展至 ±1100kV。20 世纪 60 年代以来，为了适应大城市电力负荷增长的需要，以及克服城市架空输电线路走廊用电的困难，地下高压输电发展迅速（由 220kV、275kV、345kV 发展到 400kV、500kV、750kV 电缆和六氟化硫管道线路）；同时，为减少变电占地面积和保护城市环境，气体绝缘金属封闭组合电器（GIS）得到越来越广泛的应用。由于我国国土辽阔，能源分布不均匀，动力资源和一些负荷中心相距遥远，"西电东送"和"南北互供"必然成为我国 21 世纪的送电格局，因此我国必将成为世界上少数几个发展 1000kV 及以上特高压（UHV）输电技术的国家之一。

绝缘是高电压技术及电气设备结构中的重要组成部分，其作用是把电位不等的导体分开，使其保持各自的电位，没有电气连接。具有绝缘作用的材料称为绝缘材料，即电介质。电介质在电场作用下，有极化、电导、损耗和击穿等现象。

高电压绝缘应用于国民经济的许多领域，其中最大量的是用于电力系统。随着电力系统电压等级的进一步提高，有关电气设备绝缘的问题也日益重要。当作用电压超过临界值时，绝缘将被破坏而失去绝缘作用。电力系统的发展，建立在对电介质的电晕、放电、击穿现象、输变电设备及其绝缘、过电压的防护和限制、高电压试验技术，以及静电场、电磁场对环境的影响等方面进行深入研究的基础之上，这些研究促使高电压与绝缘技术不断发展，并逐步形成为一门学科。

从 20 世纪 60 年代开始高电压与绝缘技术加强了与其他学科的相互渗透和联系，在不断吸取其他科技领域的新成果，促进自身的更新和发展的同时，也使高电压与绝缘技术方面的新进展、新方法更广泛地应用到诸如大功率脉冲技术、激光等离子体、受控热核反应、原子物理、生态与环境保护、生物医学、高压静电工业应用等科技领域，显示出强大的生命力。

例如，靠高电压放电使中性分子电离或产生离子，或使离子附着于某物，或产生臭氧，在净化环境的有关技术上有各种应用；另外，超高压电子显微镜和 X 射线发生装置等，技术上没有高电压也是实现不了的。高电压在小曲率半径电极处或电极边缘棱角处容易形成高电场，同时，当绝缘极薄时，即使在低电压下也容易形成高电场，以超大规模集成电路（ULSI）为代表的元器件小型化给层间绝缘带来了苛刻的工作条件。

随着计算机、微电子、材料科学等新兴学科的出现，高电压与绝缘技术这门学科的内容也正日新月异地得到改造和更新。当前，数据采集和处理、光电转换和新型传感技术、计算机和微处理机等已大量应用于高电压测试技术；数字及模拟计算机的仿真技术、随机信号处理和概率统计理论等也已进入系统过电压、绝缘和绝缘水平与配合的领域，这些新兴理论和技术的应用将极大地推进高电压与绝缘技术学科的发展。

5.2 电介质的电气强度

电介质在电气设备中是作为绝缘材料使用的，按其物质形态，可分为气体介质、液体介质和固体介质。在实际应用中，对高压电气设备绝缘的要求是多方面的，单一电介质往往难以满足要求，因此实际的绝缘结构由多种介质组合而成。电气设备的外绝缘一般由气体介质和固体介质联合组成，而设备的内绝缘则往往由固体介质和液体介质联合组成。液体介质和固体介质的电气特性大致相似又各有特点，而它们与气体介质都有很大的差别，主要表现在气体介质的极化、电导和损耗都很微弱。

电介质的电气特性，主要表现为它们在电场作用下的导电性能、介电性能和电气强度。在电场的作用下，电介质中出现的电气现象可分为两大类：

1) 在弱电场的作用下（当电场强度比击穿场强小得多时），主要是极化、电导、介质损耗等。

2) 在强电场的作用下（当电场强度等于或大于放电起始场强或击穿场强时），主要有放电、闪络、击穿等。

5.2.1 气体放电的物理过程

1. 气体放电的主要形式

气体放电又称气体击穿，广泛存在于自然界（雷电放电）及社会工业的许多领域中（如高电压绝缘技术、气体光源、气体电子器件、放电加工等），所以多年来人们对气体放电现象进行了大量的观察和研究，积累了丰富的资料。实验观察在不同的情况下，气体放电现象很不相同，大致可以分为以下几种放电形式。

1) 火花放电：当施加在电极上的电压达到一定值时，电极间的气隙将会突然发生明亮的火花，火花从一个电极向另一个电极伸展出细光束。在电源功率不大时，这种火花会瞬时熄灭，接着又突然发生。这种放电多发生在气压不太低时（常压附近），是高压放电试验中常见的现象。

2) 辉光放电：电极间出现均匀的、明暗相间的几个辉光区，这时外电路电流不大，电极温度亦不高。辉光放电是在低气压（几十毫米汞柱）下发生的放电现象。

3) 电晕放电：当电极的曲率半径较小时，电场很不均匀，这时在电极尖端附近出现暗蓝色微光，并发出声音，如不提高电压，放电就局限在较小的范围，称为局部放电。各种高压装置的导体尖端，常常发生这种电晕放电。

4) 电弧放电：当电源功率足够大而外电路电阻较小时，气隙发生火花放电之后，便立即从一个电极向另一个电极发展，并形成非常明亮的连续弧光叫作电弧放电，电弧温度极高。

2. 气体放电的经典理论

气体放电的经典理论主要有汤逊放电理论和流注放电理论等，汤逊放电理论与流注放电理论相互补充，说明不同的放电现象。两个理论都是假说，还不完备，无法精确计算具体绝缘材料的击穿电压，要通过实验方法获取。

（1）汤逊放电理论

1903 年，为了解释低气压下的气体放电现象，英国物理学家汤逊（J. S. Townsend）提出了气体击穿理论，引入了三个系数来描述气体放电的机理，并给出了气体击穿判据。它的适用条件为均匀电场、低气压、短间隙。汤逊放电理论可以解释气体放电中的许多现象，如击穿电压与放电间隙及气压之间的关系、二次电子发射的作用等。但是汤逊放电解释某些现象也有困难，如击穿形成的时延现象等；另外，汤逊放电理论没有考虑放电过程中空间电荷作用，而这一点对于放电的发展是非常重要的。

汤逊放电理论的实质如下：

1) 气体间隙中发生的电子碰撞电离是气体放电的主要原因（电子崩）。

2）二次电子来源于正离子撞击阴极表面逸出电子，逸出电子是维持气体放电的必要条件。

3）所逸出的电子能否接替起始电子的作用是自持放电的判据。

（2）流注放电理论

在高气压、长气隙情况下，有两个不容忽视的因素对气体放电过程产生了影响。一个因素是空间电荷对原有电场的影响，另一个因素是空间光电离的作用。针对汤逊放电理论的不足，1940年前后，H. Raether 及 Loeb、Meek 等人提出了流注（Streamer）击穿理论。该理论认为在气体击穿的过程中，除了汤逊放电理论中所阐述的电离现象之外，空间电荷引起的电场畸变，以及间隙中的光电离也是很重要的影响因素，从而弥补了汤逊放电理论中的一些缺陷，使得放电理论得到进一步的完善。

流注的特点是电离强度大、传播速度快，流注一旦形成，放电由自身产生的空间光电离维持，进入自持放电阶段，均匀电场间隙被击穿。可见这时出现流注的条件就是自持放电的条件，也等同于均匀电场间隙击穿条件。

流注形成的主要因素是电子碰撞电离及空间光电离，只有电子崩头部电荷达到一定数量，空间电荷畸变电场达到一定程度，造成足够的空间光电离才能转入流注。

近年来，随着新的气体放电工业应用的不断涌现，以及实验观测技术的进一步发展，将放电理论与非线性动力学相结合，利用非线性动力学的方法来研究气体放电中的各种现象，也成为气体放电研究中的重要内容。

5.2.2 液体和固体介质的电气特性

液体介质和固体介质广泛用作电气设备的内绝缘。应用得最多的液体介质是变压器油，而成分相似但品质更高的电容器油和电缆油也分别用于电力电容器和电力电缆中。用作内绝缘的固体介质最常见的有绝缘纸、纸板、云母、塑料等，而用于制造绝缘子的固体介质有电瓷、玻璃和硅橡胶等。

电介质的电气特性，主要表现为它们在电场作用下的导电性能、介电性能和电气强度，它们分别以四个主要参数，即电导率 γ（或绝缘电阻率 ρ）、介电常数 ε、介质损耗角正切值 $\tan\delta$ 和击穿电场强度（以下简称击穿场强）E_b 来表示。液体和固体介质的电气特性虽各有特点，但大致相似，而它们与气体介质就有很大的差别。

1. 液体和固体电介质的极化

电介质在电场作用下，其束缚电荷相应于电场方向产生弹性位移现象和偶极子的取向现象。这时电荷的偏移大都是在原子或分子的范围内做微观位移，并产生电矩。电介质极化的强弱可以用介电常数的大小来表示，它与该电介质分子的极性强弱有关，还受到温度、外加电场频率等因素的影响。

具有极性分子的电介质称为极性电介质，而由中性分子构成的电介质称为中性电介质。中性电介质的介电常数一般小于10，而极性电介质的介电常数一般大于10，甚至达数千。

介质的相对介电常数为

$$\varepsilon_r = \frac{c}{c_0} = \frac{\varepsilon}{\varepsilon_0} \tag{5-1}$$

式中，ε 为介质的介电常数；ε_0 为真空的介电常数，$\varepsilon_0=8.86\times10^{-14}$F/cm。

ε_r 是综合反映电介质极化特性的一个物理量。在表 5-1 中列出了若干常用电介质在 20℃ 时工频电压下的 ε_r 值。气体介质由于密度很小，其 ε_r 接近于 1，而液体和固体介质的 ε_r 大多为 2～6。

表 5-1 常用电介质的 ε_r 值

材料类型		名　称	ε_r（工频，20℃）
气体介质 （标准大气条件下）	中性	空气	1.00058
		氮气	1.00060
	极性	二氧化硫	1.009
液体介质	弱极性	变压器油	2.2
		硅有机液体	2.2～2.8
	极性	蓖麻油	4.5
		氯化联苯	4.6～5.2
	强极性	酒精	33
		水	81
固体介质	中性或 弱极性	石蜡	2.0～2.5
		聚苯乙烯	2.5～2.6
		聚四氟乙烯	2.0～2.2
		松香	2.5～2.6
		沥青	2.6～2.7
	极性	纤维素	6.5
		胶木	4.5
		聚氯乙烯	3.0～3.5
	离子性	云母	5～7
		电瓷	5.5～6.5

用于电容器的绝缘材料，显然希望选用 ε_r 较大的电介质，因为这样可使单位电容的体积减小及重量减轻。但其他电气设备中往往希望选用 ε_r 较小的电介质，这是因为较大的 ε_r 往往和较大的电导率相联系，因而介质损耗也较大。采用 ε_r 较小的绝缘材料还可减小电缆的充电电流、提高套管的沿面放电电压等。

在高压电气设备中常常将几种绝缘材料组合在一起使用，这时应注意各种材料的 ε_r 值之间的配合，因为在工频交流电压和冲击电压下，串联的多层电介质中的电场强度分布与各层电介质的 ε_r 成反比。

最基本的极化形式有电子式极化、离子式极化和偶极子极化三种，另外还有夹层极化和空间电荷极化等。

2．液体和固体电介质的电导

任何电介质都不同程度地具有一定的导电性，只不过电导率很小而已，而表征电介质导电性能的主要物理量即为电导率 γ 或其倒数电阻率 ρ。影响电介质电导率的因素主要是温度和杂质。表 5-2 给出了一些常用电介质的电导率。

表 5-2 常用电介质的 γ 值

材料类型	名 称	电导率 γ/S·cm^{-1}（20℃）
液体介质	变压器油	$10^{-15} \sim 10^{-12}$
	硅有机液体	$10^{-15} \sim 10^{-14}$
	蓖麻油	$10^{-13} \sim 10^{-12}$
	氯化联苯	$10^{-12} \sim 10^{-10}$
固体介质	石蜡	10^{-16}
	聚苯乙烯	$10^{-18} \sim 10^{-17}$
	聚四氟乙烯	$10^{-18} \sim 10^{-17}$
	松香	$10^{-16} \sim 10^{-15}$
	沥青	$10^{-16} \sim 10^{-15}$
	纤维素	10^{-14}
	胶木	$10^{-14} \sim 10^{-13}$
	聚氯乙烯	$10^{-16} \sim 10^{-15}$
	云母	$10^{-16} \sim 10^{-15}$
	电瓷	$10^{-15} \sim 10^{-14}$

讨论电介质电导的意义体现在以下三个方面。

1）绝缘预防性试验：利用绝缘电阻、泄漏电流及吸收比可判断设备的绝缘状况。

2）多层介质绝缘配合：直流电压下分层绝缘时，各层电压分布与电导率成反比，应使材料合理使用，实现各层之间的合理分压。

3）电气设备运行维护：注意环境湿度对固体介质表面电阻的影响，注意亲水性材料的表面防水处理。

在液体介质中，还存在一种电泳电导，其载流子为带电的分子团，通常是乳化状态的胶体粒子（例如绝缘油中的悬浮胶粒）或细小水珠，它们吸附电荷后变成了带电粒子。

工程上使用的液体电介质通常只具有工业纯度，其中仍含有一些固体杂质（纤维、灰尘等）、液体杂质（水分等）和气体杂质（氧气、氮气等），它们往往是弱电场下液体介质中载流子的主要来源。

当温度升高时，分子离解度增大、液体的黏度减小，所以液体介质中的离子数增多、迁移率增大，可见其电导将随温度的上升而急剧增大。

固体介质的电导除了体积电导外，还存在表面电导，后者取决于固体介质表面所吸附的水分和污秽，受外界因素的影响很大。在测量固体介质的体积电导时，应尽量排除表面电导的影响，为此应清除表面上的污秽、烘干水分，并在测量接线上采取一定的措施。

3. 液体和固体电介质的损耗

在电场作用下，没有能量损耗的理想电介质是不存在的，实际电介质中总有一定的能量损耗，包括由电导引起的损耗和某些有损极化（例如偶极子转向极化、夹层极化等）引起的损耗，总称介质损耗。

在直流电压的作用下，电介质中没有周期性的极化过程，只要外加电压还没有达到引起局部放电的数值，介质中的损耗将仅由电导所引起，所以用体积电导率和表面电导率两个物理量就已能充分说明问题，不必再引入介质损耗这个概念了。

在交流电压下，流过电介质的电流 $\dot{I}$ 包含有功分量 $\dot{I}_R$ 和无功分量 $\dot{I}_C$，即

$$\dot{I} = \dot{I}_R + \dot{I}_C$$

图 5-3 中绘出了此时电流、电压的相量图，从图中可以看出，此时的介质功率损耗为

$$P = UI\cos\varphi = UI_R = UI_C\tan\delta = U^2\omega C_P\tan\delta \qquad (5-2)$$

式中，ω 为电源角频率；φ 为功率因数角；δ 为介质损耗角。

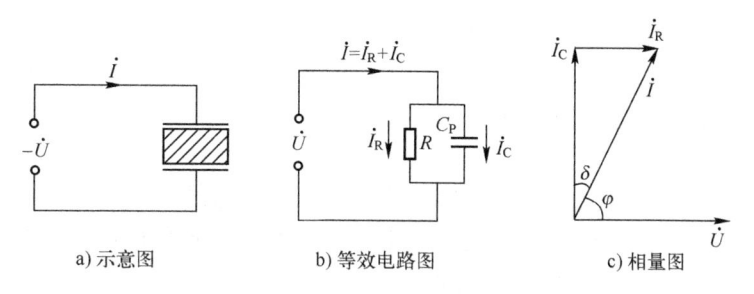

图 5-3 介质在交流电压下的等值电路和相量图

介质损耗角 δ 是功率因数角 φ 的余角，其正切 $\tan\delta$ 又可称为介质损耗因数，常用百分数（%）来表示。

由于 $\tan\delta$ 仅取决于材料的损耗特性，因此通常用它作为综合反映电介质损耗特性优劣的指标。测量和监控各种电力设备绝缘的 $\tan\delta$ 值已经成为电力系统绝缘预防性试验的重要项目之一。

单位时间内消耗的能量称为介质损耗功率。介质损耗是绝缘材料的重要品质指标之一，特别是用作电容器的介质，不容许有大量的能量损耗，否则会降低整个电路的工作质量，损耗严重时甚至会引起介质的过热而损坏绝缘。介质损耗与材料的化学组成、显微结构、工作频率、环境温度和湿度、负荷大小和作用时间等许多因素有关。

4. 液体和固体电介质的击穿

一旦作用于液体和固体介质的电场强度增大到一定程度时，在介质中出现的电气现象就不再限于前面介绍的极化、电导和介质损耗了。与气体介质相似，液体和固体介质在强电场的作用下，也会出现由介质转变为导体的击穿过程。

（1）液体电介质击穿

关于纯净液体电介质的击穿，主要有电击穿理论和气泡击穿理论。

电击穿理论认为液体中因强电场发射等产生的电子，在电场中被加速，与液体分子发生碰撞电离。击穿特点与长空气间隙的放电过程相似。

气泡击穿理论认为当外加电场较高时，液体介质内由于各种原因产生气泡。由于串联介质中，场强的分布与介质的介电常数成反比，电离首先在气泡中发生。如果许多电离的气泡在电场中排列形成气体小桥，击穿就可能在此小桥通道中发生。这个击穿理论也称为"小桥理论"。

常见的液体介质主要有天然矿物油和人工合成油两大类，此外还有蓖麻油等植物油。目前用得最多的是从石油中提炼出来的矿物绝缘油，通过不同程度的精炼，可得出分别用于变压器、高压开关电器、套管、电缆及电容器等设备中的变压器油、电缆油和电容器油等。用

于变压器中的绝缘油同时也起散热媒质的作用，用于某些断路器中的绝缘油有时也兼作灭弧媒质，而用于电容器中的绝缘油也同时起储能媒质的作用。

工程中实际使用的液体介质并不是完全纯净的，往往含有水分、气体、固体微粒和纤维等杂质，对于非纯净液体介质而言，往往杂质的 ε_r 很大，在外电场力的作用下，很易沿电场方向极化定向，并逐渐沿电力线方向排列成杂质的"小桥"。当杂质小桥接通电极，由于杂质中水分及纤维等的电导大，导致泄漏电流增大、发热增多，促使水分汽化、气泡扩大，发展下去也会出现气体小桥，使液体电介质发生击穿。

绝缘油中杂质对油的工频击穿电压有很大的影响，所以对于工程用油来说，应设法减少杂质的影响，提高油的品质。通常可以采用过滤、防潮、去气等方法来提高油的品质。

（2）固体电介质击穿

气体、液体和固体三种电介质中，固体密度最大，耐电强度最高。但在电场作用下，固体介质也可能发生电击穿、热击穿和电化学击穿。固体电介质的击穿过程最复杂，击穿后永久丧失绝缘性能，是唯一不可恢复的绝缘。

电击穿：电击穿理论建立在固体电介质中发生碰撞电离基础上，固体电介质中存在少量传导电子，在电场加速下与晶格结点上的原子碰撞，从而击穿。

热击穿：由于介质损耗的存在，固体电介质在电场中会逐渐发热升温，温度升高导致固体电介质电阻下降，电流进一步增大，损耗发热也随之增大。在电介质不断发热升温的同时，也存在一个通过电极及其他介质向外不断散热的过程。如果同一时间内发热超过散热，则介质温度会不断上升，以致引起电介质分解炭化，最终击穿，这一过程称为电介质的热击穿过程。

电化学击穿：在电场的长时间作用下逐渐使介质的物理、化学性能发生不可逆的劣化，最终导致击穿。电老化的类型有电离性老化、电导性老化和电解性老化。前两种主要在交流电压下产生，后一种主要在直流电压下产生。

与气体介质和液体介质不同，固体介质的击穿具有累积效应。固体介质在不均匀电场中，或在幅值不很高的过电压，特别是雷电冲击电压下，介质内部可能出现局部灼伤，并留下局部炭、烧焦或裂缝等痕迹。多次加电压时，局部损伤会逐步发展，称为累积效应。

以固体介质作为绝缘材料的电气设备，随着施加冲击或工频试验电压次数的增多，很可能因累积效应而使其击穿电压下降。因此在确定这类电气设备耐压试验加电压的次数和试验电压值时应考虑累积效应，而在设计固体绝缘结构时，应保证一定的绝缘裕度。

5.2.3 常用的绝缘材料

高电压设备中，绝缘材料的选择至关重要，它关乎设备的安全运行和使用寿命。在众多绝缘材料中，矿物油和纸绝缘因其出色的性能和稳定性，自 20 世纪 30 年代起就得到了广泛应用。这两种材料不仅具有良好的绝缘性能，还在长期实践中证明了其可靠性和耐久性，因此至今仍是高压设备中不可或缺的一部分。然而，随着科学技术的不断进步，人们对绝缘材料的要求也在不断提高。从 20 世纪 40 年代开始，新型合成绝缘材料开始崭露头角，它们以其优异的性能逐渐取代了部分天然材料。这些新型合成绝缘材料通常具有更高的绝缘强度、更好的耐热性和耐腐蚀性,同时还具备更低的介电常数和介质损耗,使得它们在高压电器中得到了广泛应用。下面介绍一些较为常用的固体绝缘。

1. 无机绝缘材料

无机绝缘材料可分为玻璃、电工陶瓷和云母。无机绝缘材料具有较好的耐热性,在一些有特殊要求的场合有较多的应用。

(1) 玻璃

玻璃是透明的无定形物质,化学成分主要是 SiO_2,因而这类玻璃统称为硅酸盐玻璃。玻璃的介电性能主要由其成分和分子结构决定,其介电常数可在较大范围内变化。纯英玻璃结构紧密,排列整齐,故介电常数较小;普通玻璃中加入各种碱金属氧化剂、添加剂,而碱金属离子与玻璃的结合不牢固,在外电场的作用下形成离子电导并产生松弛极化,故碱玻璃介电常数较大。为了改善玻璃的介电性能,往往采用无碱玻璃。一般玻璃的抗压强度很高,但是抗拉强度很低、耐冲击性也差。将玻璃熔融后拉成丝或用丝织成玻璃布,浸环氧漆后成环氧玻璃布,力学强度高,又称玻璃钢。玻璃的最新用途就是将玻璃纤维制作成光导纤维用于通信。目前使用最多的光纤是石英玻璃,其性能稳定损耗小、光学性能随温度变化小、机械性能高。玻璃绝缘材料在电真空器件、发光和显示器件、输电线路上的绝缘子都具有广泛的应用。图 5-4 所示为架空线路悬式玻璃绝缘子串。同时玻璃纤维有耐高温、抗腐蚀、高强度等一系列优点,因而在电工领域有广泛的应用前景。

高电压与绝缘领域最常见的无机玻璃材料用在钢化玻璃绝缘子上,如图 5-5 所示。钢化玻璃绝缘子强度能达到瓷绝缘子的两倍,耐击穿性能达到瓷绝缘子的三倍以上;钢化玻璃的耐振动性、耐电弧烧伤和耐冷热冲击性能都比较好;钢化玻璃绝缘子的串级电容比一般瓷绝缘子要高很多,可以减少无线电的干扰,降低电晕损耗,提高玻璃绝缘子的闪络电压。

图 5-4 架空线路悬式玻璃绝缘子串　　　　图 5-5 钢化玻璃绝缘子

(2) 电工陶瓷

电工陶瓷在电工行业有广泛的应用,除绝缘有一定的耐压要求,还要有一定的耐热性和耐电晕性等,比如电加热器的绝缘、电弧预热器的绝缘等都需要有较好的耐电晕性和耐热性。飞机、汽车的绝缘子除了有良好的耐电性能外,还要有良好的耐热性和耐火性能。在传统的绝缘材料中,通常不能兼顾这几种性能。但是熔融石英陶瓷却兼顾介电强度、耐火性和耐热性的特性,可应用于很多耐火、耐热的绝缘结构。石英陶瓷可以制作成适合各种条件的绝缘结构,这种绝缘具有很高的介电常数,在高温条件下具有很高的击穿电压,介质损耗因数低。

高压电瓷主要用于高压线路上的绝缘子、套管及各种绝缘件。低压电瓷主要用在500V以下工频交流设备的绝缘子和绝缘零部件。无线电电瓷用于制作各种高频电容等元件。瓷绝缘子、瓷穿墙套管如图5-6所示。

a) 瓷绝缘子 　　　　　　　　　　b) 瓷穿墙套管

图5-6　电工陶瓷

（3）云母

云母是一种天然矿物，如图5-7所示。从矿里开采出的云母种类很多，应用较广的是白云母和金云母，白云母无色透明，偶尔也呈红色、绿色或其他颜色；金云母大多为琥珀色或金黄色。云母呈片状结构，很容易剥离成薄片，具有耐热、不易腐蚀、有一定弹性、不燃烧、耐电晕等特性。白云母加热到500～600℃时失去部分结晶水，力学强度及电性能下降；而金云母可在800～900℃下工作，故金云母的耐热性比白云母好，但是介电性能要差。在电热器、电烙铁、电熨斗中的绝缘一般用金云母。云母本身的耐热性虽然很好，但是制成云母制品后，其耐热性要受黏合剂或补强材料的限制。天然云母的尺寸越大，开采越困难，价格也越高。把云母或粉云母与黏合剂、补强材料复合后可得各种云母制品，如云母带、云母板、云母箔、云母玻璃等，它们已在各类电机、电器中得到广泛应用。现代合成了人造云母，如氟金云母是用 SiO_2、Al_2O_3、MgO 等原料制得。由于它不含结晶水，故电性能比白云母还好。但是人造云母价格较贵，应用受到一定限制。

云母基复合绝缘材料性能良好，在电气行业有广阔的应用。云母基复合材料包括云母纸、云母板和云母带等。用氯硅烷、无水基酸乙酯、硅酸钾、钡盐对云母纸和云母浆进行处理，提高了云母纸的拉伸强度和抗潮性能，经过一定浓度的无水烷基酸乙酯处理云母鳞片后抗拉强度比传统的云母纸增强了约1.5倍。同时经处理后的云母纸遇水不易化开，机械强度有了大幅提升。为了提高云母纸的柔韧性、耐热性、介电性能和抗拉强度，可将云母粉末在80℃左右的王水（浓盐酸和浓硝酸按体积比为3∶1组成的混合物，是少数几种能够溶解金物质的液体之一）中浸泡进而制作出性能优良的云母纸。另外，云母鳞片用烷基邻钛酸处理改性，可以极大地提高云母纸抗拉强度、撕裂度和抗皱度。

云母板是由云母纸通过有机黏结剂黏合在一起的，所以黏合剂的性质很大程度上决定云母板的性能。不同粒径云母粉按照一定的比例混合在一起，加入一定量的黏合剂和纤维，通过挤压制成云母板，这样云母具有更好的界面结合性，制备方法能耗少、低成本和环境无污染。应用硅烷偶联剂浸泡过的云母鳞片，通过一系列流程获得复合云母坯，然后分步对坯料加热成型，可以解决坯料成型时的排气问题，增大云母板的强度。

云母带是电机绝缘用量最多的绝缘材料，如图5-8所示。我国云母带生产面临多重挑战，包括生产过程中出现的飞尘、分层、断裂等技术问题，以及伴随而来的环境污染问题。目前，国内生产的云母带主要适用于 13.8kV 以下的电机绝缘，但对于高压电机，特别是大型高压电机，所需的云母带几乎完全依赖进口。相比之下，国外的云母带生产公司，如比利时的柯吉比（Cogebi）公司和德国的肯博（Krempel）公司，已经掌握了先进的生产工艺，如浸涂胶工艺、擦胶工艺和粉末涂胶工艺等。这些特殊工艺不仅提高了云母带的品质，还减少了黏结剂的使用量，增强了云母的透气性、渗透性和柔软性。同时，补强材料性能的提升也显著增强了绝缘材料的整体性能。为了解决国内云母带生产的问题并满足高压电机等高端市场的需求，我国云母带行业需要加大技术研发和创新力度，引进和吸收国外先进的生产工艺和技术，提高产品质量和性能。同时，还应注重环保和可持续发展，减少生产过程中的环境污染，推动行业向绿色、低碳、循环的方向发展。

图 5-7　天然云母矿石图　　　　　　图 5-8　云母带

2. 有机绝缘材料

在天然树脂基础上形成的绝缘材料都属于有机绝缘材料的范畴，有机绝缘还包括自然形成的天然橡胶和人工合成的合成橡胶以及纤维制成品。有机绝缘材料可分为如下几类。

塑料：塑料分为热塑性和热固性两种。热塑性塑料包括聚乙烯、ABS 树脂（丙烯腈-丁二烯-苯乙烯共聚物）、聚苯乙烯和聚甲基丙烯酸甲酯等；热固性塑料常用的有酚醛树脂、脲醛树脂、不饱和聚酯树脂、有机硅树脂和聚氨酯等。

橡胶：橡胶分为天然橡胶和合成橡胶。天然橡胶只能从热带植物获得；合成橡胶种类较多，有丁苯橡胶、顺苯橡胶、异戊橡胶、乙丙橡胶和氯丁橡胶等。

纤维：纤维分为天然纤维和合成纤维。天然纤维有棉花、麻、毛和蚕丝等；合成纤维有氯纶纤维、氨纶纤维和人造纤维。

绝缘漆：有天然绝缘漆和合成绝缘漆两种。天然绝缘漆有亚麻油为基础的漆；合成绝缘漆包括环氧树脂、有机硅等。

下面对几类主要的有机绝缘材料进行介绍。

（1）热塑性材料

热塑性绝缘材料的特点是在高温条件下易熔化，熔点较低，在一定的溶剂中可以溶解。例如常用的热塑性绝缘材料聚乙烯（Polyetyene，PE）是乙烯分子在高压条件下加聚而成的一种固体材料，如图 5-9a 所示。它呈乳白色，半透明。聚乙烯分为高密度聚乙烯、中密度聚乙烯和低密度聚乙烯三类。聚乙烯介电系数较低，化学性质稳定，正常温度下不溶于溶剂。聚乙烯有一定的憎水性，耐水性能好，长时间浸泡在水中仍能够有良好的介电性能。

a) 线型低密度聚乙烯　　b) 交联聚乙烯电缆

图 5-9　线型低密度聚乙烯与交联聚乙烯电缆

聚乙烯有多种加工方法，电缆绝缘层与护套的加工方法一般为挤压法。聚乙烯的性质决定其可塑性是通过控制分子链的长短来调节的，从而得到不同塑性的聚乙烯绝缘材料。由于聚乙烯的耐热性能不好，当温度高于 70℃时机械性能就会变差，并且受力容易开裂，易老化，这些缺点都极大限制了它在电力系统中的应用。所以通常将聚乙烯采用过氧化物进行交联，过氧化物受热生成游离基获取乙烯上的原子，使聚乙烯链上形成空位，链与链之间形成化学键，线性结构改变成网络状结构，进而改变聚乙烯的物理和化学性能。实际生产中这种化学反应发生在聚乙烯交联蒸汽房（罐）中。

交联聚乙烯（Cross-linked Polyethylene，XLPE）的工业化生产在 20 世纪 50 年代。1954 年，美国通用电气公司使用交联法制得的交联聚乙烯实现了工业化生产。20 世纪 70 年代美国道康宁公司开发硅烷交联聚乙烯。目前，交联聚乙烯由于其优越的物理和化学性能，广泛用于交直流电力电缆等高电压运行条件下。我国 2010 年敷设的 500kV 长距离输电线路在上海静安（世博）站投入应用，采用的就是交联聚乙烯绝缘电力电缆，如图 5-9b 所示。

目前，针对传统热塑性材料的缺点出现了新一批改良型热塑性材料，其中包括自增强型热塑性材料、弹性体增强型热塑性材料、纳米材料增强型热塑性材料、合金增强型热塑性材料和纤维增强型热塑性材料。

（2）热固性材料

热固性材料是一种分子立体网状结构的高分子聚合物，其不溶于任何溶剂，受热后塑性不变，当温度高到一定程度会分解；当温度再降回到低温时，热固性材料的性质不会恢复。酚醛树脂是一种热固性材料，由甲苯和甲醛聚合而成，工作温度在 100℃，有较强的亲水性。由于其结构极性强，所以耐电弧性能较差，常应用于低压电器的绝缘材料。目前低压配电插座就是以酚醛树脂为基础制作而成的。

环氧树脂（Epoxy Resin，ER）也是一种热固性绝缘材料，如图 5-10 所示。环氧树脂具有良好的物理、化学性能，黏附性好，机械强度大，介电性能良好，耐寒性好，化学稳定性、耐老化性和耐热性都比较好。同时，环氧树脂具有一定的耐电弧性能，可广泛应用于干式配电变压器中，如图 5-11 所示。

图 5-10　环氧树脂层压板 　　　　　图 5-11　环氧浇注干式变压器

三聚氰胺甲醛树脂是一种热固性材料，对于表面放电具有较好的抑制作用，当介质表面有电弧产生时会分解出氮气，从而使电弧熄灭，因而三聚氰胺甲醛树脂经常被用作灭弧材料，在断路器等高压电器中广泛应用。

聚酰亚胺（Polyimide，PI）是指主链上含有酰亚胺环（-CO-N-CO-）的一类聚合物，聚酰亚胺耐热性很好，可以长期工作在 250℃的工作环境下，并且由于其分子结构对称，在工作条件下极性损耗特别低，同时具有良好的弹性。聚酰亚胺可以制作成薄膜或用于漆包线绝缘，如图 5-12 所示。

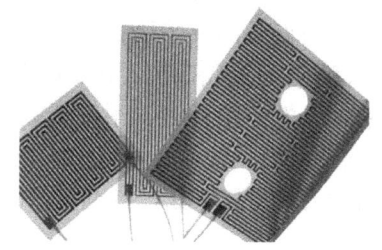

a) 聚酰亚胺薄膜　　　b) 聚酰亚胺电热膜　　　c) 耐220℃聚酰亚胺漆包线

图 5-12　聚酰亚胺

（3）橡胶

天然橡胶是从热带植物上提取加工形成的一种半透明的弹性体。天然橡胶具有良好的弹性，抗拉强度以及耐磨性很好。天然橡胶化学性质不稳定，在空气中容易被氧化，从而弹性下降。天然橡胶优点较多，但是因产量有限只能应用于特殊场合。

氯丁橡胶是一种合成橡胶，由氯丁二烯聚合而成，如图 5-13 所示。氯丁橡胶耐油性好，耐氧化性也很强，抗拉强度与天然橡胶很相似。氯丁橡胶工作温度高于天然橡胶，但是介电性能与耐水性都很差，不能作绝缘材料，所以仅用作电缆护套。

乙丙橡胶（Ethylene Propylene Diene Monomer，EPDM）是弱极性材料，分子间作用力小，机械强度较低，耐酸、碱性好，耐溶剂性差，工作温度比一般橡胶高，可以达到 80～90℃，电性能好，最突出的电性能为耐电晕性。乙丙橡胶主要用在电线电缆中作绝缘材料，如图 5-14 所示。目前已有最高电压 35kV 等级的乙丙橡胶绝缘电机引接线和 ±320kV 直流电缆中间接头。

图 5-13 氯丁橡胶

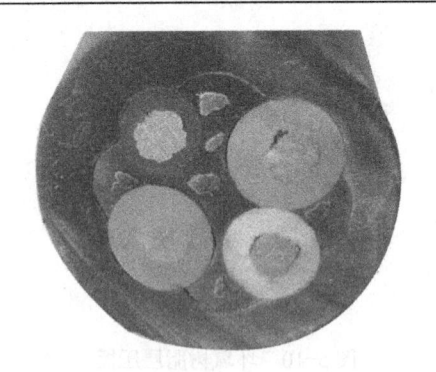

图 5-14 船用乙丙橡胶电缆

硅橡胶（Silicone Rubber，SR）分子主链是化学性质稳定的 Si-O 键结构，硅橡胶分子主链无不饱和键。对有机聚合物而言，不饱和键是其硫化的化学活性区域，并且该区域会由于紫外线、臭氧、光照和热量的作用而降解。Si-O 键的高键能、完全饱和的基本结构以及过氧化物硫化是保持硅橡胶良好耐热和耐候性能的关键所在。硅橡胶除了具有优异的耐大气老化性、耐臭氧老化性等类似于无机物材料的特性外，还具有高弹性、憎水性等有机高分子材料的特点。

目前，室温硫化（Room Temperature Vulcanized，RTV）硅橡胶具有优良的抗污秽性能和耐老化性能，主要用于变电站电力设备的外绝缘，较少用于架空输电线路；而高温硫化（High Temperature Vulcanized，HTV）硅橡胶在抗劣化、耐漏电起痕及电蚀损、憎水性、防污性、阻燃性、耐臭氧性、耐紫外光性、耐潮湿、耐高低温和抗撕强度等方面具有突出优点，已逐渐取代其他复合绝缘材料，在高压线路和变电站中获得了较为广泛的应用。图 5-15 所示为硅橡胶绝缘子，图 5-16 所示为硅橡胶表面，具有优良的憎水性。

图 5-15 硅橡胶绝缘子

图 5-16 硅橡胶绝缘子表面憎水性

丁腈橡胶极性很强，所以电性能比较差，但是它具有较强的耐油性并且具有耐寒、柔软、耐磨、防油等特性，工作温度较高，最高工作温度为 105℃。丁腈橡胶适用于交流额定电压 0.6/1kV 及以下具有耐寒、防油等特殊要求的移动电器用连接电缆。

（4）纤维

用于绝缘的纤维制品很多，有天然纤维，如木材、棉、麻、丝、毛、石棉纤维；人造纤维,如再生纤维、半合成纤维、合成纤维以及无机纤维等。

植物纤维都是由同一种天然高分子化合物,即纤维素组成。纤维素极性很大,相对介电常数很高,分子间力大,机械强度高。日常所见的植物纤维都是由许多纤维束组成,由于羟基的存在,纤维素大分子内部和大分子间都生成氢键,使许多纤维素大分子链聚集成纤维束,它是薄壁中空的管状物质。纤维材料很容易吸水或被其他填充物填充。在电工中植物纤维材料很少单独使用作为绝缘材料,总是要浸以各种浸渍剂,把空隙填满或以绝缘橡皮涂在布袋上供绝缘使用。这样一方面可以改善吸湿性,另一方面还可以提高其介电性能。如图 5-17 所示,变压器吊心后可见,线圈主要是由纤维素纸构成绝缘。

绝缘纸有天然纤维纸和合成纤维纸,天然纤维纸一般由木材打成纸浆制得。纸的介电性能与含水量有关,含水量增加时介质损耗因数上升,体积电阻率下降;纸的含水量还会影响纸的力学性能。纤维素的存在有利于提高纸的机械强度,但是过多会使电性能下降。

变压器绝缘件主要有胶木筒(或纸板筒)、端绝缘、层绝缘、油道撑条、静电屏和静电板、垫块、角环、绝缘端圈等,变压器绝缘件由多层纤维素纸板涂刷适当的绝缘胶相互黏合,而后热压而成。层压件热压的压力一般在 4~6MPa,但压制机械强度要求较高的绝缘件时,则需要 8~10MPa 的压力,此时纸的密度可达 $1.3g/cm^3$,纤维素纸板本身疏松的空腔有明显的缩小。层压件在压制时,除了压力、温度外,还要有足够的压制时间,才能保证胶黏剂树脂有足够的反应过程,保证黏合强度。通常层压件压制需要经历预热和保压两个阶段,完成压制后压制品可以根据需要的外形加工成所需规格。图 5-18 所示为变压器油系垫块绝缘件,应用中置于绕组的线段间构成绕组径向油道。

图 5-17 电力变压器吊心　　　　图 5-18 变压器油系垫块绝缘件

棉纱、棉带和棉布是由棉纤维撮合而成,常用两三根纱并在一起使用。纱越细,单位面积的拉应力越大,一般用它作为电线电缆及变压器的包扎线或电磁线的编织层。棉布主要是制成漆布或用酚醛树脂浸渍后制造胶布板、胶布棒、胶布管。

非织布复合材料是由聚酯纤维、聚芳酰胺纤维或聚砜纤维制成。非织布吸潮性低、耐热性好,介电性能和力学性能良好,可以广泛用作电绝缘材料。如聚酯薄膜聚酯纤维非织布柔软复合材料($Dacron^{TM}/Mylar^{TM}/Dacron^{TM}$,DMD)是由两层聚酯无纺布中间夹一层绝缘聚酯薄膜复合而成的三层绝缘材料,分为 B 级和 F 级两种,B 级耐温 105℃,F 级耐温 155℃。我国市场上,B 级产品为白色,F 级产品通常为蓝色或粉色,以示区分。DMD 外观平滑,无气泡,适用于干式电抗器或变压器层绝缘、电机槽绝缘和衬垫绝缘。

$Nomex^{TM}$ 纸是一种合成的芳香族酰胺聚合物绝缘纸,具有较高的机械性能、柔性和良好电气性能,有较高的耐热性,$Nomex^{TM}$ 绝缘纸连续置于 220℃下能保持有效性能 10 年以上。在 180℃下经 3000h 或 260℃下经 1000h 后仍能保持原来强度的 65%~75%,常用于 F

级、H 级电机槽绝缘和导线换位绝缘，以及变压器中作相间绝缘。因而，合成纤维已经成为纤维素绝缘材料的发展方向，国内外已将聚丙烯纸和聚苯醚纸用于 500kV 超高压电缆中取代天然纤维纸。

（5）绝缘漆

绝缘漆主要是以天然树脂或合成树脂作为漆基，再加入某些辅助材料组成，按用途可以分为浸渍漆、漆包线漆和覆盖漆。

浸渍漆主要用于浸渍电极、电器的线圈和绝缘零部件，浸渍漆的要求是：黏度低、浸渍性能好、能渗入并充分填充浸渍物；固化均匀并且速度快、黏合力强、漆膜弹性好、化学稳定性强；介电性能、防潮、耐热、耐油性及对导体及其他材料的相容性好。无溶剂漆是近年来发展起来的一种浸渍漆，因为固化过程中无溶剂挥发，所以固化速度快，且可以减少空气污染。无溶剂漆的黏度随温度变化快，流动性和浸渍性好，固化后绝缘无空隙，导热性和防潮性好。

常用的漆包线漆有油性漆、聚酯漆、聚氨酯漆、聚酰亚胺漆等。油性漆防潮性好，但是耐热性和耐溶剂性较差，适合用于涂制潮湿环境中高频电器、仪表或通信仪器的漆包线等。环氧漆耐酸碱、耐腐蚀、耐油、耐水解性好，但耐刮性差，适用于涂制油浸变压器、化工电器及潮湿环境中使用的漆包线。

覆盖漆的作用是涂在浸渍处理的线圈和绝缘零部件上，使其表面形成一层连续且厚度均匀的薄膜作为绝缘的保护层，防止机械损伤和受大气、油类及化学药品的侵蚀，以保护表面，提高放电电压。放电晕漆主要用于高压线圈防电晕，常用于高压大电机的槽部、端部等部位。

3. 新型纳米材料

（1）纳米材料一般性质及特点

纳米级结构材料简称为纳米材料（Nanometer Materials），是指其结构单元的尺寸介于 1～100nm 之间。由于它的尺寸已经接近电子的相干长度，小尺寸效应、表面效应、量子尺寸效应、宏观量子隧道效应和介电限域效应都是纳米微粒和纳米固体的基本特征，这一系列效应导致了纳米材料在熔点、蒸气压、光学性质、化学反应性、磁性、超导及塑性形变等许多物理和化学方面都显示出特殊的性能。它使纳米微粒和纳米固体呈现许多奇异的物理、化学性质。

纳米颗粒材料又称为超微颗粒材料，由纳米粒子组成。纳米粒子也叫超微颗粒，一般是指尺寸在 1～100nm 间的粒子，处于原子簇和宏观物体交界的过渡区域，从通常的微观和宏观观点来看，这样的系统既非典型的微观系统亦非典型的宏观系统，是一种典型的介观系统（Mesoscopic Systems），具有表面效应、小尺寸效应和宏观量子隧道效应。

（2）纳米材料的发展过程

1861 年，随着胶体化学的建立，科学家们开始了对直径为 1～100nm 的粒子体系展开研究。真正有意识地研究纳米粒子可追溯到 20 世纪 30 年代日本为了军事需要而开展的"沉烟试验"，但受到当时试验水平和条件限制，虽用真空蒸发法制成了世界上第一批超微铅粉，但光吸收性能很不稳定。

20 世纪 60 年代，人们开始对分立的纳米粒子进行研究。1963 年，德国科学家乌伊达（Uyeda）用气体蒸发冷凝法制成了金属纳米微粒，并对其进行了电镜和电子衍射研究。1984

年，德国萨尔兰大学（Saarland University）的格雷特（Gleiter）教授以及美国阿贡实验室的西格尔（Siegal）博士相继成功制得了纯物质的纳米细粉。格雷特在高真空的条件下将粒子直径为 6nm 的铁粒子原位加压成形，烧结得到了纳米微晶体块，从而使得纳米材料的研究进入了一个新阶段。1994 年至今，纳米组装体系和人工组装合成的纳米结构材料体系成为纳米材料研究的新热点。国际上把这类材料称为纳米组装材料体系或者纳米尺度的图案材料，其基本内涵是以纳米颗粒以及由它们组成的纳米丝、管为基本单元，在一维、二维和三维空间组装排列成具有纳米结构的体系。

（3）绝缘领域中的纳米材料

当聚合物材料如聚乙烯中添加纳米粒子后，纳米粒子与聚合物、纳米粒子之间会形成界面效应，这些界面会间接影响载流子的迁移以及复合电介质内部载流子的浓度。研究表明，纳米粒子的引入可以使直流电场与温度梯度场下聚乙烯纳米复合材料内的空间电荷积聚和局部电场畸变得到削弱，直流击穿场强提高，同时使聚乙烯纳米复合材料的体积电阻率随着温度的升高呈现先升后降的趋势。

采用不同形状和尺寸的纳米材料改性环氧树脂时，由于界面结构不同，环氧树脂增韧机理亦有所不同。研究表明，环氧类纳米材料改性环氧树脂的潜在优势在于环氧树脂韧性获得改善的同时，热性能亦可能获得大幅度提高。近年来，采用中空纤维状碳纳米管改性环氧树脂的研究日渐增多，其改性大多是为了获得环氧树脂/碳纳米管导电型复合材料。

通过在聚合物材料中添加无机纳米粒子，并进行界面微观结构设计和调控，可制备出聚合物纳米复合电介质材料。由于受纳米粒子小尺寸、比表面积大、量子隧道效应等特性的影响，聚合物纳米复合电介质表现出优异的击穿特性。其击穿性能受纳米粒子表面处理纳米粒子类型和含量、内聚能密度（Cohesive Energy Density，CED）和玻璃化转变温度等多个因素的影响。

纳米粒子的物理化学性质对纳米复合电介质的击穿至关重要。粒子表面极性和非极性的官能团与聚合物分子链相互作用将影响其击穿过程。另外，纳米粒子的引入改变了聚合物的形态结构，特别是结晶行为，进而影响击穿。纳米粒子通常位于聚合物的无定形区或无定形与结晶区的界面，改变了聚合物的形态和结构。由于电荷输运特性与聚合物的形态和结构密切相关，因此，纳米复合电介质的击穿取决于微观界面区的形态和结构对其电荷输运特性的影响，需要研究纳米复合电介质微观-介观-宏观（Micro-Meso-Macro，3M）的时空层次关系，阐明纳米复合电介质的时空物理特性和机理。这也是 2009 年雷清泉院士在第 354 次香山科学会议上提出的关键科学问题。当聚合物中引入纳米粒子后，聚合物的时空层次结构和形态变得更加复杂，如何考虑这种复杂的结构对纳米复合电介质性能的影响是未来研究面临的挑战。

5.3 高电压试验技术

高电压与绝缘技术是一门高度依赖试验研究的学科，其理论基础与实验实践紧密相连。由于电介质理论尚待进一步完善，许多高电压与电气绝缘领域的问题需要通过实验来深入理解和解释。电气设备绝缘设计、故障检测与诊断等方面的工作，也离不开实验的支持和验证。

高电压试验面临的问题首先就是如何产生各种高电压，而且所产生的高电压波形和幅值都方便可调，这就需要研究各种经济、灵活的高电压发生装置。有了人工产生的高电压，如何对电气设备进行各类高电压试验也是值得研究的。另外，还有高电压测量问题，低电压下各种电量的测量方法手段和仪器很多，但高电压下的测量则困难许多。高强量、微弱量、快速量都难于测量，而高电压试验中这三类信号都存在，微弱量受到高电压、大电流下的强电磁干扰也是普通干扰所不能比拟的。

电气设备绝缘试验在确保设备安全运行中起着至关重要的作用。这些试验的目的在于判断设备是否具备投入运行的条件，检测其是否存在潜在缺陷，从而预防设备损坏，确保电力系统的安全稳定运行。绝缘试验主要分为两大类：预防性试验（也称为检查性试验或非破坏性试验）和耐压试验（也称破坏性试验）。预防性试验主要用于检测绝缘材料的电气性能，包括绝缘电阻、介质损耗、泄漏电流等参数，通常在较低电压下进行，不会对绝缘材料造成损伤。这类试验可以及时发现绝缘材料的潜在缺陷，为后续的耐压试验提供参考依据。耐压试验则是一种更为严格的试验方式，通过在绝缘材料上施加等于或高于设备运行中可能承受的各种电压来检测其电气强度。这种试验的结果通常最为有效和可信，因为它能够直接反映出绝缘材料在高电压下的承受能力。然而，由于耐压试验可能会对绝缘材料造成一定的损伤，因此需要在预防性试验合格的基础上进行，并且需要严格控制试验条件和时间。

除了绝缘试验外，还有一类称为特性试验的测试方法。这类试验主要表征电气设备的电气和机械特性，不同类型的电气设备有其各自的特性试验项目。例如，变压器和互感器需要进行电压比试验、极性试验；电缆需要进行直流电阻测量；电机线圈需要进行损耗测量；开关设备则需要进行分合闸时间和速度实验等。这些特性试验有助于全面评估电气设备的性能状态，为设备的运行和维护提供重要依据。

5.3.1 电气设备绝缘的预防性试验

电气设备绝缘的预防性试验基本项目包括测量绝缘电阻、吸收比、泄漏电流、介质损耗因数、介质相对介电常数、绝缘电阻、局部放电量、电位分布、油气色谱分析等。各试验项目反映绝缘缺陷的性质不同，对不同绝缘材料和绝缘结构的有效性也不同。

新电气设备投入运行前，在交接、安装、调试等环节要进行预防性试验，运行中的各种电气设备要定期进行预防性试验检查，以便及早发现绝缘缺陷，及时更换或修复有缺陷的设备，防患于未然。

1. 绝缘电阻、吸收比与泄漏电流的测量

绝缘电阻是表征电介质和绝缘结构的绝缘状态最基本的综合性特性参数，绝缘电阻高，表示电气设备绝缘良好。测量绝缘电阻能有效发现的缺陷：总体绝缘质量欠佳、绝缘受潮、两极间有贯穿性的导电通道。测量绝缘电阻不能发现的缺陷有绝缘中的局部缺陷、绝缘的老化、绝缘表面情况不良等。

吸收比定义为加压 60s 时的绝缘电阻与 15s 时绝缘电阻的比值。一般认为，如吸收比小于 1.3，就可判断为绝缘可能受潮。

目前测量绝缘电阻与吸收比，数字绝缘电阻表已经基本上取代了手摇式的绝缘电阻表。数字绝缘电阻表由高压发生器、测量桥路和自动量程切换显示电路三大部分组成。图 5-19 是几款常用数字绝缘电阻表面板外观。

图 5-19 几款数字绝缘电阻表

测量时的注意事项如下：试验前后将试品接地放电一定时间；高压测试连线保持架空；测吸收比时，应待电源电压稳定后再接入试品；防止试品向绝缘电阻表反向放电；带有绕组的被试品，应先将被测绕组首尾短接，再接到 L 端子，其他非被测绕组也应先首尾短接后再接到应接端子；绝缘电阻与温度的关系密切。

测量泄漏电流与测量绝缘电阻的原理是相似的，但所加的直流电压要高得多，能发现用绝缘电阻表所不能显示的某些缺陷。

当绝缘电阻很高且通过的电流小于 10^{-10}A 时，最灵敏的绝缘电阻表也是无法进行测量，此时可以采用高阻计进行测量。目前，高阻计是测量绝缘电阻最灵敏的仪器，可测量电阻值达 $10^{17}\Omega$，但准确度较差，在测量 $10^{15}\Omega$ 以下的电阻时，误差约为 ±10%，测量更高的电阻时误差可达 ±20%。高阻计外观如图 5-20 所示。

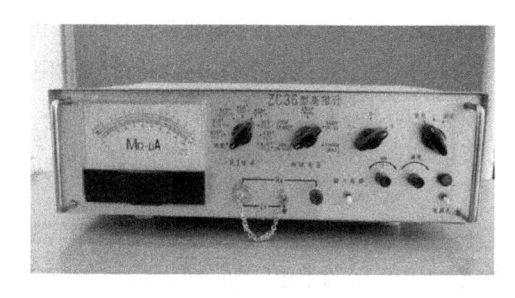

图 5-20 高阻计外观

2. 介质损耗因数 tanδ 的测量

介质损耗角正切值 tanδ 又称介质损耗因数或简称介损。测量介质损耗因数是判断电气设备绝缘状态的一种灵敏有效的方法，它能反映绝缘介质整体受潮、老化变质以及小电容试品中的严重局部性缺陷。例如，某台变压器的套管，正常 tanδ 值为 0.5%，而当受潮后 tanδ 值为 3.5%，是正常值的 7 倍，而用测量绝缘电阻检测，受潮前后的数值相差不大。但是，测量损耗因数不能灵敏地反映大容量发电机、变压器和电力电缆（它们的电容量都很大）绝缘介质中的局部性缺陷，这时应尽可能将这些设备分解成几个部分，然后分别测量它们的损耗因数。

tanδ 值的测量，最常用的是西林电桥。图 5-21 是西林电桥的基本电路，图中，高压臂的 C_x、R_x 分别为被测试品的等效电容与电阻，用阻抗 Z_1 表示，无损耗的标准电容 C_0，用阻抗 Z_2 表示；低压臂处在桥箱体内的可调无感电阻 R_3，用 Z_3 表示，无感电阻 R_4 和平衡损耗角正切的可调电容 C_4 并联，用 Z_4 表示。放电管 P 起保护作用，检流计 G 过零时，电桥平衡。

高压引线与低压臂之间有电场的影响，可看作其间有杂散电容 C_s。由于低压臂的电位很低，C_x 和 C_0 的电容量很小，杂散电容 C_s 的引入会产生测量误差。若附近另有高压源，其间的杂散电容 C_{s1} 会引入干扰电流，也会造成测量误差。杂散电容的影响需要屏蔽，用金属屏蔽罩或网把试品与干扰源隔开，可以大幅提高测量的准确度。

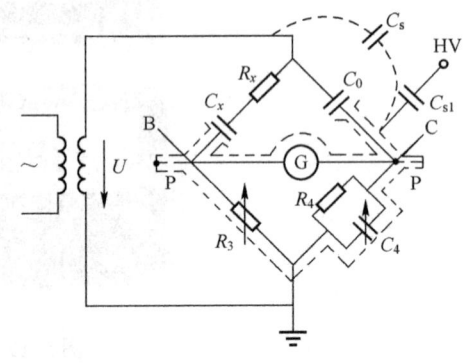

图 5-21 西林电桥的基本电路

电桥的平衡条件 $Z_1Z_4=Z_2Z_3$，解方程，得

$$C_x = \frac{R_4}{R_3}C_0 \frac{1}{1+\tan^2\delta} \quad (5-3)$$

$$\tan\delta = \omega C_4 R_4$$

当 tanδ<0.1 时，试样电容可近似地按下式计算：

$$C_x = \frac{R_4}{R_3}C_0$$

因此，若桥臂电阻 R_3、R_4 和电容 C_0、C_4 已知，就可以求得试品电容和损耗因数，计算出 C_x 后，根据试品与电极的尺寸可计算其相对介电常数。

测量时，一定要使电桥测量部分可靠接地；特别要注意的是，正接法测量时（见图 5-21），标准电容器高压电极、试品高压端和升压变压器高压电极都带危险电压，一般电压要加到 1kV。各端之间连线都要架空，试验人员要远离！在接近测量系统、接线、拆线和对测量单元电源充电前，应确保所有测量电源已被切断！还应注意低压电源的安全。

3. 局部放电的测量

在电气设备的绝缘系统中，各部位的电场强度往往是不相等的，当局部区域的电场强度达到该区域介质的击穿场强时，该区域就会出现放电，但这放电并没有贯穿施加电压的两导体之间，即整个绝缘系统并没有击穿，仍然保持绝缘性能，这种现象称为局部放电。其中，发生在绝缘体内的称为内部局部放电；发生在绝缘体表面的称为表面局部放电；发生在导体边缘而周围都是气体的，可称为电晕。

局部放电的危害在于，局部放电发生在一个或几个绝缘缺陷中，在这个小空间内电场强度很大。虽然其放电能量很小，短期内对设备的绝缘强度并不造成影响，但在工作电压的长期影响下，局部放电会逐步扩大，并产生不良化合物，使绝缘慢慢损坏，导致整个绝缘被击穿，发生突发性故障。因此，必须把局部放电限制在一定水平之下。高电压电工设备都把局部放电的测量列为检查产品质量的重要指标，产品不但出厂时要做局部放电试验，而且在投入运行之后还要经常进行测量。

发生局部放电时，会伴随着诸多现象。有些属于电的，例如电脉冲、介质损耗的增大和电磁波辐射；有些属于非电的，如光、热、噪声、气体压力的变化和化学变化。这些现象都可以用来判断局部放电是否存在，因此检测的方法也可以分为电测法和非电测法两类。

局部放电试验内容包括测量视在放电量、放电重复率、局部放电起始电压和熄灭电压，以及确定放电的具体部位。

目前得到广泛应用的是电测法，即脉冲电流法：将被试品两端的电压突变转化为检测回路中的电流。它不仅可以判断局部放电的有无，还可以判定放电的强弱。

非电量法检测方法主要有以下四种。

1）超声波检测法：超声波检测法通过检测局部放电过程中产生的声波和超声波（通常频率在 20kHz 以上）来分析放电情况，超声波传感器接收这些信号并将其转化为电信号进行处理。该方法具有较强的抗电磁干扰能力，适合在复杂电磁环境中使用，尤其适用于检测电气设备内部的放电现象。然而，检测结果容易受到环境条件如湿度和温度的影响，同时超声波在金属外壳设备中的传播会出现较大衰减。因此，超声波检测法主要应用于电缆、变压器和高压开关等设备的现场检测。

2）电磁波检测法：电磁波检测法利用局部放电过程中产生的高频电磁波（尤其是在 30～300MHz 的频段）进行检测，通过天线和接收器接收这些信号来定位放电位置。该方法灵敏度高，适合进行大范围和非接触式的检测，能够在较远距离内识别局部放电。然而，由于容易受到外部电磁干扰的影响，检测需在屏蔽良好的环境中进行，同时信号在传播过程中衰减较快。电磁波检测法广泛应用于变压器、GIS（气体绝缘开关设备）、高压电缆等电气设备的局部放电检测。

3）光学检测法：光学检测法通过捕捉局部放电在气体介质中产生的光辐射（如可见光或紫外光）进行分析，利用光学传感器（如紫外传感器）和图像处理技术，判断放电的强度和位置。该方法能够实现放电现象的可视化检测，便于直接观察，特别适用于户外高压设备的检测。然而，它容易受到环境光的干扰，尤其在白天检测时难度较大，并且光信号在传播过程中易被遮挡，因此检测点需要与放电点有良好的可视性。光学检测法广泛应用于高压开关、绝缘子和变电站等户外设备的局部放电检测。

4）红外检测法：红外检测法利用红外热成像仪检测局部放电在绝缘材料中产生的热量，从而通过温度变化来确定放电位置。该方法可以远距离检测，适合在线监测，不需要与设备直接接触，对放电点的定位和热效应分析具有较大优势。然而，红外检测法对微弱放电的灵敏度较低，主要适用于放电强度较高的情况，并且容易受到外界温度变化的影响。该方法主要用于变电站高压设备和输电线路的在线监测。

5.3.2　电气设备绝缘的耐压试验

电气设备的绝缘在运行中，除了长期受到工作电压的作用外，还会受到各种过电压的侵袭。为了检验电气设备的绝缘强度，在出厂时、安装调试时或大修后，需要进行各种高电压试验。

1. 工频耐压试验

交流高压的产生通常采用工频试验变压器或其串级装置，但对于一些特殊试品，如变压器的感应试验，采用频率不超过 500Hz 交流电压；对于大容量高电压设备的试验，采用串联谐振方法产生 30~300Hz 交流电压；固体绝缘的加速老化试验则采用几千赫兹的高频交流电压等。

高压试验变压器接线如图 5-22 所示，图中，T 是试验变压器，用来升高电压；TA 是调压器，用来调节试验变压器的输入电压；F 是保护球隙，用来限制试验时可能产生的过电压，以保护试品；R_1 为保护电阻，用来限制试品突然击穿时在试验变压器上产生的过电压及限制流过试验变压器的短路电流；R_2 是球隙保护电阻，用来限制球隙击穿时流过球隙的短路电流，以保护球隙不被灼伤；C_x 是被测试品。

工频试验变压器与电力变压器相比，主要特点是电压比较大，容量较小，工作时间短。试验变压器的电压必须从零调节到指定值，要靠连到变压器一次绕组电路中的调压器来进行。为实现更高电压等级的交流试验电压，可采用变压器串联形式。自耦式串级变压器是目前最常用的串级方式，如图 5-23 所示。三台试验变压器高低压绕组的匝数分别对应相等，高压绕组容量一致，串联起来输出高电压。为给下一级试验变压器提供电源，前一级变压器里增设励磁绕组，该绕组除了向负载传递高压容量外，还要向更高一级的变压器提供励磁容量。

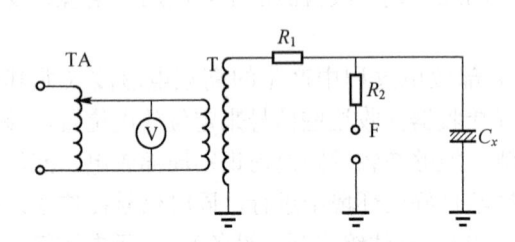

图 5-22　高压试验变压器接线

图 5-23　自耦式串级变压器

试品上工频高压的测量目前最常用的方法有：用测量球隙或峰值电压表测量交流电压的峰值、用静电电压表测量交流电压的有效值；为了观察被测电压的波形，也可从分压器低压侧将输出的被测信号送至示波器显示。在被测电压高于 200kV 时，直接用指示仪表测量高压比较困难，通常采用电容分压器配用低压仪表测量高压。图 5-24 是一种水平式放电球隙测压器，图 5-25 为电容分压器。

图 5-24　水平式放电球隙测压器

图 5-25　电容分压器

工频交流耐压试验是判断电气设备能否继续运行，避免其在运行中发生绝缘事故的重要手段。实施方法如下：按规定的升压速度升高作用在被测试品上的电压，直到等于所需的试验电压为止，这时开始计算时间。为了让有缺陷的试品绝缘来得及发展局部放电或完全击穿，在该电压下还要保持一段时间，一般取 1min 即可。如果在此期间没有发现绝缘击穿或局部损伤的情况，即可认为该试品的工频耐压试验合格通过。

2. 直流耐压试验

获得直流高电压，最常用的途径就是采用如图 5-26a 所示的串级直流电路。其工作原理与倍压整流电路类似，电源为负半波时依次给左柱电容器充电，而电源为正半波时依次给右柱电容器充电。空载时，n 级串接的整流电路可输出 $2nU_m$ 的直流电压（U_m 为变压器高压侧输出电压峰值）。随着串接级数的增多，接入负载时的电压脉动和电压降落迅速增大。实际采用的串级直流高压发生器如图 5-26b 所示。

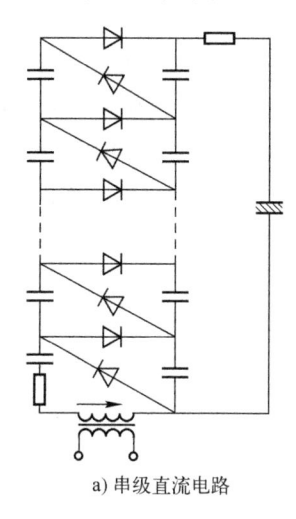

a) 串级直流电路　　　　b) 户外串级直流高压发生器

图 5-26　串级直流高压发生器

直流电压的特性由极性、平均值、脉动等来表示。高压试验的直流电源在提供负载电流时，脉动电压要非常小，要求直流电源必须具有一定的负载能力。

直流高电压的测量方法或测量工具主要有：①高压高阻法，高阻可作为放大器或分压器来使用；②旋转电位计，测量精度高；③静电电压表，可测量直流电压的平均值；④标准棒-棒间隙；⑤标准球间隙。直流电压的测量，要求电压算术平均值总不确定度不超过 3%，直流电压的纹波幅值总不确定度不超过 10%，或脉动系数测量不确定度应小于 1%。

直流耐压是直流电力设备的基本耐压方式。对于交流电网中的长电力电缆等，在现场进行交流耐压试验常出现困难，因为长电缆的电容量较大。为了减小试验电源的试验容量，GB/T 3048.9—2007《电线电缆电性能试验方法　第 9 部分：绝缘线芯火花试验》采用直流耐压来检查电缆绝缘的质量。直流耐压基本上不会对绝缘造成残留性损伤。

直流耐压试验能反映设备受潮、劣化和局部缺陷等多方面的问题。它和交流耐压试验相比，主要有以下一些特点：试验设备的容量较小，可以做得比较轻巧，适合于现场进行试验；在试验时可以同时测量泄漏电流，直流耐压试验比交流耐压试验更能发现电机端部的绝缘缺陷；在直流高压下，局部放电较弱。

3. 冲击耐压试验

冲击电压是指持续时间短、电压上升速度快、缓慢下降的暂态电压，如雷电冲击电压、操作冲击电压，由波头时间、波尾时间、峰值和极性来表示。

雷电冲击电压是利用冲击电压发生器产生，操作冲击电压既可以利用冲击电压发生器产生，也可以利用冲击电压发生器与变压器联合产生。图 5-27a 所示为一种常用的高效率多级冲击电压发生器电路，其工作原理概括来说就是利用多级电容器并联充电，然后通过球隙串联放电，从而产生高幅值的冲击电压。冲击高电压有两种测量方法，分别是分压器与数字记录仪法和标准球间隙测压法。

冲击电压的测定包括幅值测量和波形记录。对于标准全波、波尾截断波以及 1/5s 短波，幅值的测量不确定度不超过 3%，1s 以内波头截断波，其幅值的测量不确定度不超过 ± 5%，波头及波长时间的测量不确定度不超过 10%。

图 5-27b 是国产 7200kV/480kJ 户外型冲击电压发生器成套试验装备。冲击电压发生器成功产生 4845kV 操作冲击电压，表明我国特高压直流试验基地完全具备进行 ± 1000kV 及以上电压等级特高压直流，以及 1000kV 及以上电压等级特高压交流输电技术研究所需的冲击电压试验能力，可为更高电压等级的特高压交直流输电工程设计提供宝贵的试验依据和技术支持。

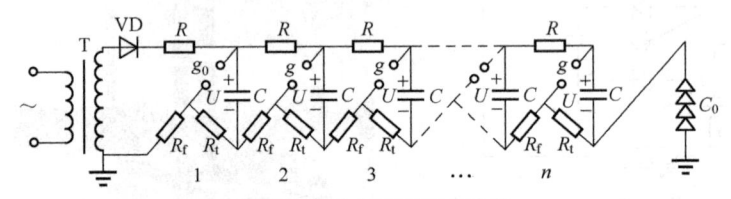

a) 高效率多级冲击电压发生器电路

b) 7200kV/480kJ户外型冲击电压发生器成套试验设备

图 5-27 冲击电压发生器

电气设备内绝缘的雷电冲击耐压试验采用三次冲击法，即对被测试品施加三次正极性和三次负极性雷电冲击试验电压，对变压器和电抗器类设备的内绝缘，还要再进行雷电冲击截波耐压试验，它对绕组绝缘，特别是纵绝缘的考验往往比雷电冲击全波试验更加严格。电气设备外绝缘的冲击高压试验可采用 15 次冲击法，即对被测试品施加正、负极性冲击全波试验电压各 15 次，相邻两次冲击的时间间隔应不小于 1min。在每组 15 次冲击的试验中，如果击穿或闪络的次数不超过两次，即可认为该外绝缘试验合格。

5.4 电力系统过电压防护与绝缘配合

过电压指电力系统中出现的对绝缘有危险的电压升高和电位差升高。电气设备的绝缘长期承受着工作电压,同时还必须能够承受一定幅度的过电压,这样才能保证电力系统安全可靠运行。研究各种过电压的起因,预测其幅值,并采取措施加以限制和消除,是确定电力系统绝缘配合的前提,对于电气设备制造和电力系统运行都具有重要意义。异常过电压可能是外来的,也可能是设备、装置内部自生的。过电压的侵入途径,可以通过导线传导进入,也可以通过静电感应、电磁感应侵入。过电压的出现可能是有规律的、周期性的,但更多则是随机的。因此在大多数情况下,很难准确地把握它。依据其成因的不同,电力系统过电压主要类型如图 5-28 所示。

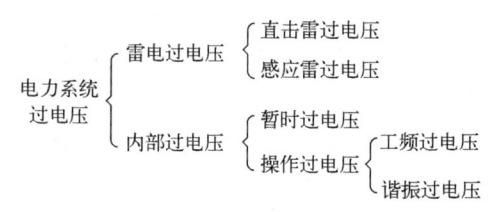

图 5-28 电力系统过电压分类

5.4.1 雷电过电压及防护

雷电过电压又称外部过电压或大气过电压,由大气中的雷云对地面放电而引起(见图 5-29)。它源于雷电直击或雷电感应,可分为直击雷过电压和感应雷过电压两种。雷电过电压的持续时间为几十微秒,具有脉冲的特性,故常称为雷电冲击波。雷电冲击电压和冲击电流的幅值都很大,虽然作用的时间不长,但其破坏力极大。直击雷过电压是雷闪直接击中电气设备导电部分时所出现的过电压。雷闪击中带电的导体,如架空输电线路导线,称为直接雷击。雷闪击中正常情况下处于接地的导体,如输电线路铁塔,使其电位升高以后又对带电的导体放电称为反击。直击雷过电压幅值可达上百万伏,会破坏设备绝缘,引起短路接地故障。感应雷过电压是雷闪击中电气设备附近地面,在放电过程中由于空间电磁场的急剧变化而使未直接遭受雷击的电气设备(包括二次设备、通信设备)上感应出的过电压。因此,架空输电线路需架设保护装置进行保护。通常用线路耐雷水平和雷击跳闸率表示输电线路的防雷能力。

图 5-29 自然界的闪电现象

1. 雷电放电过程

作用于电力系统的雷电过电压,最常见的情况(约90%)是由带负电的雷云对地放电引起的,称为负下行雷。负下行雷通常包括若干次重复的放电过程,而每次可以分为先导放电、主放电和余辉放电三个阶段。

(1)先导放电阶段

当天空中有雷云的时候,因雷云带有大量电荷,由于静电感应作用,大地感应出与雷云相反的电荷。雷云与其下方的地面就形成一个已充电的电容器。雷云中的电荷分布是不均匀的,当雷云中的某个电荷密集中心的电场强度达到空气击穿场强(25~30kV/cm,有水滴存在时约为10kV/cm)时,空气便开始电离,形成指向大地的一段微弱的导电通道,该过程称为先导放电。先导放电的开始阶段是跳跃式向前发展,每段发展的速度约为$4.5×10^7$m/s,延续时间约为1μs,但每段推进约50m就有30~90μs的脉冲间隔,因此它发展的平均速度只有10^5~10^6m/s。从先导放电的光谱分析可知,先导发展时,其中心温度可达$3×10^4$K,在停歇时约为10^4K。先导中心的线电荷密度为$(0.1~1)×10^{-3}$C/m,纵向电位梯度为100~500kV/m,先导的电晕半径为0.6~6m,先导放电常常表现为树枝状,这是由于放电是沿着空气电离最强、最容易导电的路径发展的。这些树枝状的先导放电通常只有一条放电分支达到大地。整个先导放电时间为0.005~0.01s,相应于先导放电阶段的雷电流很小,约为100A。

(2)主放电阶段

当先导放电到达大地,或与大地较突出的部分迎面会合以后,就进入主放电阶段。主放电过程是逆着负先导的通道由下向上发展的。在主放电中,雷云与大地之间所聚集的大量电荷,通过先导放电所开辟的狭小电离通道发生猛烈的电荷中和,放出巨大的光和热(放电通道温度可达15000~20000℃),使空气急剧膨胀震动,发生霹雳轰鸣,这就是雷电过程中强烈的闪电和震耳的雷鸣。在主放电阶段,雷击点有巨大的电流流过,大多数雷电流峰值可达数十乃至数百千安,主放电的时间极短,为50~100μs,主放电电流的波头时间为0.5~10μs,平均时间约为2.5μs。

(3)余辉放电阶段

当主放电阶段结束后,雷云中的剩余电荷将继续沿主放电通道下移,使通道连续维持着一定余辉,称为余辉放电阶段。余辉放电电流仅数百安,但持续的时间可达0.03~0.05s。

雷云中可能存在多个电荷中心,当第一个电荷中心完成上述放电过程后,可能引起其他电荷中心向第一个中心放电,并沿着第一次放电通路发展,因此,雷云放电往往具有重复性。每次放电间隔时间为0.6~800ms,即多次重复放电。据统计,55%的落雷包含两次以上,重复3~5次的约占25%,平均重复3次,最高纪录42次。第二次及以后的先导放电速度快,称为箭形先导,主放电电流较小,一般不超过50kA,但电流陡度大大增加。图5-30所示为负雷云下行雷过程。

2. 雷电参数的统计数据

雷电放电受气象条件、地形和地质等许多自然因素影响,带有很大的随机性,表征雷电特性的各种参数具有统计的性质。

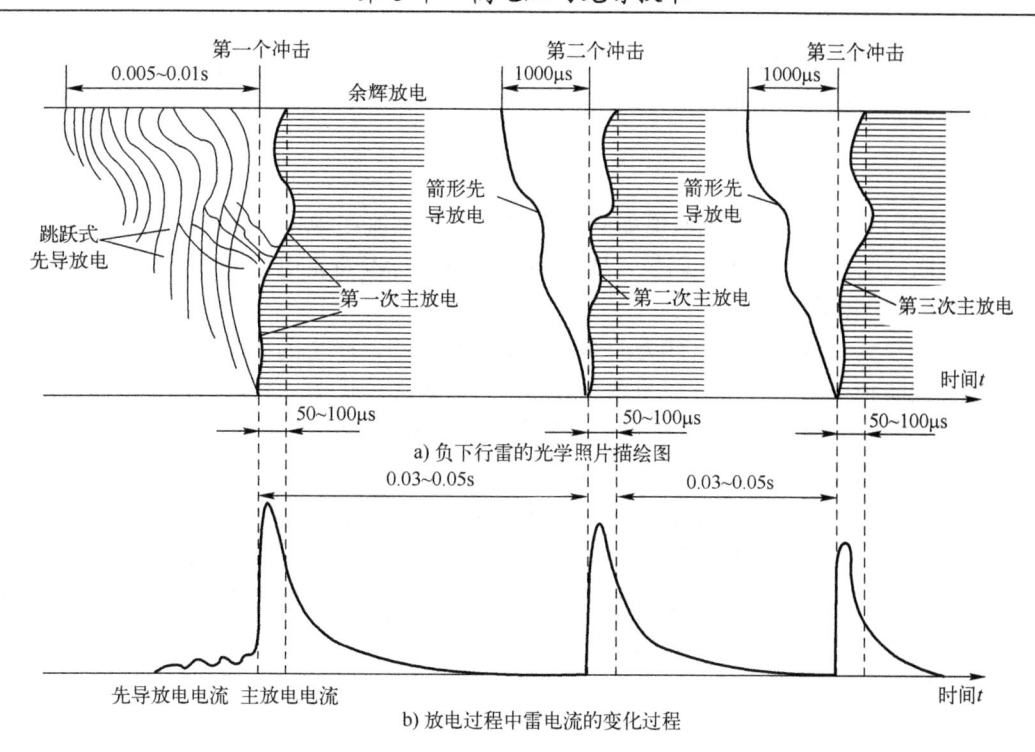

图 5-30 负雷云下行雷的过程

1)雷电流波形与陡度:雷电流标准波形如图 5-31 所示,波形参数:波头时间 τ_t 为 1~5μs,平均取 2.6μs;波长时间 τ 为 20~100μs,平均取 50μs。雷电流陡度是指雷电流随时间上升的速度。我国在防雷保护设计中取 τ_t、τ 分别为 2.6μs、50μs,陡度 $a=I/\tau_t=I/2.6$kA/μs。

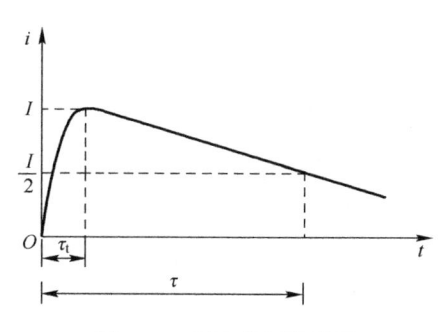

图 5-31 雷电流标准波形

2)雷暴日及雷暴小时:一年中发生雷电放电的天数,标准雷暴日是 40。不超过 15 的为少雷区,超过 15 但不超过 40 的为中雷区,超过 40 但不超过 90 的为多雷区,超过 90 的为强雷区。雷暴小时是指平均一年内有雷电的小时数。

3)地面落雷密度:每雷暴日每平方千米地面落雷次数,按电力行业标准《交流电气装置的过电压保护和绝缘配合》(DL/T 620—1997)标准,每雷暴日每平方千米地面落雷次数是 0.07 次。

4)雷电流幅值:在雷击于低阻接地电阻(≤30Ω)的物体时流过雷击点的电流,它近

似等于电流入射波 I_0 的两倍，即 $I=2I_0$。按 DL/T 620—1997 标准，一般我国雷暴日超过 20 的地区雷电流的概率分布为

$$\lg P = -\frac{I}{88}$$

5）雷电通道波阻抗：雷电通道如同一个导体，雷电流在导体中流动对电流波呈现一定的阻抗，该阻抗叫作雷电通道波阻抗。DL/T 620—1997 标准将雷电通道波阻抗取为 300Ω。

3．防雷保护装置

雷电放电作为一种强大的自然力的爆发是难以制止的，产生的雷电过电压可高达数百千伏，如不采取防护措施，将引起电力系统故障，造成大面积停电。目前人们主要是设法去躲避和限制雷电的破坏性，基本措施就是加装避雷针、避雷线、避雷器、防雷接地、电抗线圈、电容器组、消弧线圈、自动重合闸等防雷保护装置。避雷针、避雷线用于防止直击雷过电压，避雷器用于防止沿输电线路侵入变电所的感应雷过电压。

1）避雷针：避雷针是明显高出被保护物体的金属支柱，其针头采用圆钢或钢管制成，如图 5-32 所示，其作用是吸引雷电击于自身，并将雷电流迅速泄入大地，从而使被保护物体免遭直接雷击。避雷针需有足够截面积的接地线和良好的接地装置，以便将雷电流安全可靠地引入大地。

图 5-32 各种样式的避雷针

当雷电的先导头部发展到距地面某一高度时，因避雷针位置较高且接地良好，在避雷针的顶端因静电感应而积聚了与先导通道中电荷极性相反的电荷，形成局部电场强度集中的空间，该电场随即开始影响雷击先导放电的发展方向，将先导放电的方向引向避雷针，同时避雷针顶部的电场强度将大幅加强，产生自避雷针向上发展的迎面先导，更增强了避雷针的引雷作用。

避雷针一般用于保护发电厂和变电所，可根据不同情况装设在配电构架上，或独立架设。

2）避雷线：通常又称架空地线，简称地线。避雷线的防雷原理与避雷针相同，主要用于输电线路的保护，也可用来保护发电厂和变电所。近年来，许多国家采用避雷线保护 500kV 大型超高压变电所。在用于输电线路时，避雷线除了防止雷电直击导线外，还具有分流作用，以减少流经杆塔入地的雷电流，从而降低塔顶电位。此外，避雷线对导线的耦合作用还可以降低导线上的感应雷过电压。

3）避雷器：避雷器是专门用以限制线路传来的雷电过电压或操作过电压的一种防雷装置。避雷器实质上是一种过电压限制器，与被保护的电气设备并联。当出现过电压且超

过避雷器的放电电压时,避雷器先放电,从而限制了过电压的发展,使电气设备免遭过电压损坏。

为了使避雷器达到预期的保护效果,必须正确使用和选择避雷器,一般有以下基本要求:①避雷器应具有良好的伏秒特性曲线,并与被保护设备的伏秒特性曲线之间有合理的配合;②避雷器应具有较强的快速切断工频续流,快速自动恢复绝缘强度的能力。

避雷器的常用类型有保护间隙、排气式避雷器(常称管型避雷器)、阀式避雷器和金属氧化物避雷器(常称氧化锌避雷器)四种。

4)消弧线圈:消弧线圈的作用是减少单相接地电流,从而促成接地电弧自熄,以防止发展成相间短路或烧伤导线。

在雷电活动强烈而接地电阻又难以降低的地区,对于110kV及以下电压等级的电网,可考虑采用系统中性点不接地或经消弧线圈接地方式。这样可以使绝大多数雷击单相闪络接地故障被消弧线圈消除,不至于发展成持续工频电弧。

4. 接地技术

接地就是指将电力系统中电气装置和设施的某些导电部分,经接地线连接至接地极。埋入地中并直接与大地接触的导体称为接地极,兼作接地极用的直接与大地接触的各种金属构件、金属井管、钢筋混凝土建筑物的基础、金属管道和设备等称为自然接地极。电气装置、设施的接地端子与接地极连接用的金属导电部分称为接地线。接地极和接地线合称接地装置。

接地按用途可分为工作接地、保护接地、防雷接地和防静电接地四种。

1)工作接地:电力系统电气装置中,为运行需要所设的接地,如中性点的直接接地、中性点经消弧线圈、电阻接地,又称系统接地。工作接地要求接地电阻为$0.5\sim10\Omega$。正常情况下,流过接地装置的电流为系统的不平衡电流,系统发生短路故障时,将有数十千安的短路电流流过接地装置,持续时间0.5s左右。

2)保护接地:电气装置的金属外壳、配电装置的构架和线路杆塔等,由于绝缘损坏有可能带电,为防止其危及人身和设备的安全而设的接地。高压设备接地保护要求的接地电阻为$1\sim10\Omega$。当电气设备的绝缘损坏而使外壳带电时,流过保护接地装置的故障电流应使相应的继电保护装置动作,切除故障设备;也可通过降低接地电阻保证外壳的电位在人体安全电压值之下,避免造成触电事故。

3)防雷接地:为雷电保护装置(避雷针、避雷线和避雷器等)向大地泄放雷电流而设的接地,也称为雷电保护接地,接地电阻值为$1\sim30\Omega$。

4)防静电接地:为防止静电对易燃油、天然气贮罐、氢气贮罐和管道等的危险作用而设的接地,接地电阻宜小于30Ω。

接地体包括水平接地体、垂直接地体、水平接地网、复合接地网和引外接地体等。接地电阻是电流I经过接地极流入大地时,接地极的电位V对I的比值,它主要是大地所呈现的电阻。

接地电阻的大小主要由土壤电阻率、接地极尺寸、形状、埋入深度、接地线与接地体的连接情况决定。由于接地线和接地体的电阻相对较小,可以认为接地电阻主要是指接地体的流散电阻。对防雷起作用的是冲击接地电阻,与工频电阻有区别。大地具有一定的电阻率,如果有电流经过接地极注入,电流以电流场的形式向大地做半球形扩散,则大地就不再保持等电位,将沿大地产生电压降。在靠近接地极处,电流密度和电场强度最大;离电流注入点越远,地中电流密度和电场强度就越小,可以认为在相当远处(20～40m),为零电位。

人处于分布电位区域内,可能有两种方式触及不同电位点而受到电压的作用。当人触及漏电外壳,加于人手、脚之间的电压,称为接触电压。当人在分布电位区域内跨开一步,两脚间(水平距离约0.8m)的电位差,称为跨步电位差,即跨步电压。

发电厂、变电所中的接地网是集工作接地、保护接地和防雷接地为一体的良好接地装置。一般除利用自然接地极以外,根据保护接地和工作接地要求敷设一个统一的接地网,然后在避雷针和避雷器安装处增加3～5根集中接地极,以满足防雷接地的要求。

对高压输电线路,每一杆塔都有混凝土基础,它也起着接地极的作用,其接地装置通过引线与避雷线相连,目的是使击中避雷线的雷电流通过较低的接地电阻而进入大地。

5.4.2 内部过电压与绝缘配合

内部过电压是电力系统内部运行方式发生改变而引起的过电压,使电力系统内部的能量发生转换。内部过电压有操作过电压和暂时过电压。

1. 操作过电压

操作过电压是由电网内开关操作或故障引起的电磁暂态过程中出现的过电压,常见的操作过电压主要包括:切断空载线路过电压、空载线路合闸过电压、切除空载变压器过电压、间歇电弧接地过电压、解列过电压等。

操作过电压通常具有幅值高、存在高频振荡、强阻尼和持续时间短(几至几十毫秒)的特点,危害性大。操作过电压的幅值和持续时间与电网结构参数、断路器性能、系统接线、操作类型等因素有关。其中,很多因素具有随机性,因此过电压幅值和持续时间也具有统计性,最不利情况下过电压倍数较高,330kV及以上超高压系统的绝缘水平往往由防止操作过电压决定。

(1) 切断空载线路过电压

在切断空载线路等容性负载的过程中,虽然断路器切断的是几十至几百安的电容电流,比短路电流小得多,但如果断路器灭弧能力不强,在切断这种电容电流时就可能出现电弧重燃,从而引起电磁振荡造成过电压。消除或降低操作过电压的措施有:改善断路器的结构,避免发生重燃;采用带有并联电阻的断路器;将 ZnO 或磁吹避雷器安装在线路首端或末端,能有效地限制这种过电压的幅值。

(2) 空载线路合闸过电压

空载线路合闸分为正常操作和自动重合闸两种情况。产生过电压的原因是,线路电容、电感间产生电磁振荡,其振荡电压叠加在稳态电压上。线路重合时,由于电源电势较高以及线路上残余电荷存在,电磁振荡加剧,使过电压进一步升高。断路器上装设并联合闸电阻,可有效抑制这种过电压,另外可采用能控制合闸相位的电子装置及装设避雷器来保护。

(3) 切除空载变压器过电压

切除空载变压器相当于开断小容量电感负载,会在变压器和断路器上出现很高的过电压。原因是变压器的空载电流过零前就被断路器强制熄弧而切断,导致全部电磁能量转化为电场能量而使电压升高。开断并联电抗器、电机等,也属于这种切断感性小电流的情况。对这类过电压限制措施主要有:提高断路器性能、在断路器的主触头装设并联电阻、改进变压器铁心材料，以及采用避雷器保护等。

（4）间歇电弧接地过电压

当中性点不接地系统中发生单相接地时，经过故障点将流过数值不大的接地电容电流，可能出现电弧时燃时灭的不稳定状态，引起电网运行状态的瞬时变化，导致电磁能量的强烈振荡，并在健全相和故障相上产生过电压，这就是间歇性电弧接地过电压。

改变中性点接地方式是消除间歇性电弧的根本途径，若中性点接地，单相接地故障将在接地点产生很大的短路电流，断路器将跳闸，从而彻底消除电弧接地过电压。目前，110kV及以上电网大多采用中性点直接接地的运行方式。35kV 及以下电压等级的配电网采用中性点经消弧线圈接地的运行方式可减少电弧重燃次数，采用中性点经电阻接地方式可有效消除间歇性电弧。

（5）解列过电压

多电源系统中因故障或系统失稳在长线路的一端解列，导致瞬态振荡所引起的过渡过程过电压即为解列过电压。超高压远距离输电系统的振荡解列过电压可能达到较高的数值，需采用综合措施加以限制。

2. 暂时过电压

在暂态过渡过程结束以后出现的，持续时间大于 0.1s 甚至数小时的持续性过电压称为暂时过电压。暂时过电压包括工频电压升高及谐振过电压，暂时过电压的严重程度取决于其幅值和持续时间，在进行绝缘配合时，应首先考虑暂时过电压。

（1）工频过电压

工频过电压是指在正常或故障时出现幅值超过最大工作电压，频率为工频或接近工频的电压升高，也称工频电压升高。

作为暂时过电压中的一种，工频电压升高的倍数不大，一般而言，工频电压升高对220kV 等级以下、线路不太长的系统的正常绝缘电气设备是没有危险的。但对超高压、远距离传输系统绝缘水平的确定却起着决定性的作用，必须予以充分重视。

讨论工频过电压的意义在于：

1）由于工频电压升高大都在空载或轻载条件下发生，与多种操作过电压的发生条件相同或相似，所以它们有可能同时出现、相互叠加，也可以说多种操作过电压往往就是在工频电压升高的基础上发生和发展的，所以在设计高压电网的绝缘时，应考虑它们的联合作用。

2）由于工频电压升高是不衰减或弱衰减现象，持续的时间很长，对设备绝缘及其运行条件也有很大的影响，例如，有可能导致油纸绝缘内部发生局部放电、污秽绝缘子发生沿面闪络、导线上出现电晕放电等。

3）工频电压升高的数值是决定保护电器工作条件的主要依据，例如，金属氧化物避雷器的额定电压就是按照电网中工频电压升高来确定的，如果要求避雷器最大允许工作电压较高，则其残压也将提高，相应地，被保护设备的绝缘强度也应该随之提高。

4）在超高压系统中，为降低电气设备绝缘水平，不但要对工频电压升高的数值予以限制，对持续时间也给予规定。

产生工频过电压的主要原因有：

1）空载长线电容效应引起的工频电压升高。输电线路具有分布参数，对于空载线路，线路中流过的是电容电流，在工频电源作用下，由于远距离空载线路电容效应的积累，使沿线电压分布不等,末端电压最高。

2)不对称短路引起的工频电压升高。不对称短路是电力系统中最常见的故障形式,当发生单相或两相不对称对地短路时,非故障相的电压一般将会升高,其中单相接地的非故障相的电压可达到较高的数值。

3)突然甩负荷引起的工频电压升高。发电机突然失去负荷后,由于转速升高和线路电容对电机的助磁作用,可使工频电压升高。如果甩负荷是切除对称短路故障引起的,则由于强行励磁的作用,工频过电压还要大。

限制工频过电压的措施主要有:

1)利用并联高压电抗器、静止无功补偿器补偿空载线路的电容效应。

2)变压器中性点直接接地,可降低由于不对称接地故障引起的工频电压升高。

3)发电机配置性能良好的励磁调节器或调压装置,在发电机突然甩负荷时,能抑制容性电流对发电机的助磁电枢反应。

4)发电机配置反应灵敏的调速系统,使得突然甩负荷时能有效限制发电机转速上升造成的工频过电压。

运行经验证明,通常 220kV 及以下的电网中不需要采取特殊措施限制工频过电压。在 330kV 及以上电网中,出现雷过电压或操作过电压时的工频电压升高应该限制在 1.3~1.4 倍相电压以下。例如,500kV 电网要求母线的暂态工频电压升高不超过工频电压的 1.3 倍(420kV),线路不超过 1.4 倍(444kV),空载变压器允许 1.3 倍工频电压持续 1min。

(2)谐振过电压

电力系统中的电感元件主要有电力变压器、互感器、发电机、消弧线圈、电抗器、线路导线电感等;电容元件主要有线路导线对地和相间电容、补偿用的并联和串联电容器组、高压设备的杂散电容等。

当系统进行操作或发生故障时,电感、电容元件可形成各种振荡回路,在一定的能源作用下,会产生串联谐振现象,导致系统某些元件出现严重的过电压,这称为电力系统谐振过电压。对应三种电感参数,在一定的电容参数和其他条件的配合下,可能产生三种不同性质的谐振现象:

1)线性谐振过电压。谐振回路由不带铁心的电感元件。(如输电线路的电感、变压器的漏感)或励磁特性接近线性的带铁心的电感元件(如消弧线圈)和系统中的电容元件所组成。在正弦电源作用下,系统自振频率与电源频率相等或接近时,可能产生线性谐振,其过电压幅值只受回路中损耗的限制。完全满足线性谐振的机会极少,但是,即使在接近谐振条件下也会产生很高的过电压。

限制这种过电流和过电压的方法是使回路脱离谐振状态或增加回路的损耗。在电力系统设计和运行时,应设法避开谐振条件以消除这种线性谐振过电压。

2)铁磁谐振过电压。谐振回路由带铁心的电感元件。(如空载变压器、电压互感器)和系统的电容元件组成。因铁心电感元件的饱和现象,使回路的电感参数是非线性的,这种含有非线性电感元件的回路在满足一定的谐振条件时,会产生铁磁谐振,也称为非线性谐振。电力系统中发生铁磁谐振的机会是相当多的,运行经验表明,它是电力系统某些严重事故的直接原因。

为了限制和消除铁磁谐振过电压,人们已找到了许多有效的措施。例如,改善电磁式电压互感器的励磁特性，或改用电容式电压互感器；在电压互感器开口三角形绕组中接入阻尼电阻，或在电压互感器一次绕组的中性点对地接入电阻；在有些情况下，可在 10kV 及以下的母线上装设一组三相对地电容器，或用电缆段代替架空线段，以增大对地电容，从参数搭配上避开谐振；在特殊情况下，可将系统中性点临时经电阻接地或直接接地，或投入消弧线圈，也可以按事先规定投入某些线路或设备以改变电路参数，消除谐振过电压。

3）参数谐振过电压。系统中某些元件的电感会发生周期性变化，例如发电机转动时，其电感的大小随着转子位置的不同而周期性地变化。当发电机带有电容性负载（例如一段空载线路）时，若再存在不利的参数配合，就有可能引发参数谐振现象。有时将这种现象称为发电机的自励磁或自激过电压。

由于回路中有损耗，所以只有当参数变化所吸收的能量（由原动机供给）足以补偿回路的损耗时，才能保证谐振的持续发展。从理论上来说，这种谐振的发展将使振幅无限增大，而不像线性谐振那样受到回路电阻的限制；但实际上，当电压增大到一定程度后，电感一定会出现饱和现象，而使回路自动偏离谐振条件，使过电压不致无限增大。

发电机在正式投入运行前，设计部门要进行自激的校核，避开谐振点，因此一般不会出现参数谐振现象。

5.4.3 电力系统绝缘配合

电力系统的运行可靠性主要由停电次数及停电时间来衡量。尽管停电原因很多，但绝缘的击穿是引发停电的主要原因之一。电力系统运行的可靠性，在很大程度上取决于电气设备的绝缘水平和工作状况。在不过多增加设备投资的前提下，如何选择采用合适的限压措施及保护措施就是绝缘配合问题。绝缘配合旨在解决电力系统中过电压与绝缘这一对矛盾，权衡设备造价、维修费用和故障损失，力求用合理的成本获得较好的经济利益，将电力系统绝缘确定在既经济又可靠的水平。

电气设备的绝缘水平可以用设备绝缘可以承受（不发生闪络、放电或其他损坏）的试验电压值表示。

对应于设备绝缘可能承受的各种作用电压，绝缘试验类型主要有短时工频试验、长时间工频试验、操作冲击试验、雷电冲击试验等。

过电压的参数影响绝缘的耐受能力，它们在确定绝缘水平中起着决定性的作用。对不同电压等级的电力系统，绝缘配合原则是不同的。

对于 220kV 及以下的电力系统，一般以雷电过电压决定设备的绝缘水平。主要保护装置是避雷器，以避雷器的保护水平为基础确定设备的绝缘水平，并保证输电线路具有一定的耐雷水平。具有正常绝缘水平的电气设备应当能承受内部过电压的作用，一般不专门采用针对内部过电压的限制措施。

对于 330kV 及以上的超高压电力系统，额定电压高，内部过电压可能比现有防雷措施下的雷电过电压高。在按内部过电压进行绝缘配合时，通常不考虑谐振过电压，因为在系统设计和选择运行方式时均应设法避免谐振过电压的出现。此外，也不单独考虑工频电压升高，而把它的影响包括在最大长期工作电压中。因此，在超高压电力系统的绝缘配合中，操作过电压逐渐起主导作用。

5.5 高电压新技术及应用

5.5.1 等离子体技术及其应用

等离子体（Plasma）是由正、负离子和电子，以及一些原子、分子组成的集合体，可以是固态、液态和气态，宏观上一般呈电中性。等离子体中各种带电粒子在电场和磁场的作用下相互作用，引起多种效应。根据等离子体的特点，有多种应用方式，现已构成电工技术的一个新领域。

高温等离子体的温度为 $10^2 \sim 10^4 \text{eV}$[等离子体的温度通常用电子伏（eV）表示，1eV 相当于 1.1×10^4 K]，主要用于热核聚变发电。典型的聚变反应为氘-氚反应和氘-氘反应。

通常把温度在几十万摄氏度及以下的等离子体称为低温等离子体。这种称呼只是学术上的叫法，在日常生活中，几十万摄氏度的温度已经是非常高了。低温等离子体又分为热等离子体和冷等离子体。近年来，低温等离子体得到了非常广泛的研究，关于这种等离子体的文章数量已大大超过核聚变等离子体的文章数量。低温等离子体中含有大量的高能电子、离子、受激原子和分子以及自由基，易于参与及促进各种化学反应，因此在微电子制造、材料改性、冶金、环境保护等方面获得越来越广泛的应用。低温等离子体科学技术在将来会得到更大的发展。图 5-33 所示是低温等离子体科学技术在各种领域中的应用。

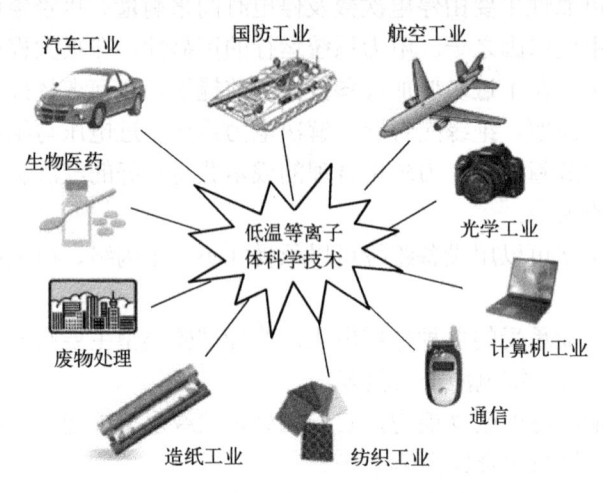

图 5-33 低温等离子体科学技术的应用

5.5.2 静电技术及其应用

静电感应、气体放电等效应可以用于生产、生活等多方面的活动，形成了静电应用技术（简称静电技术），广泛应用于电力、机械以及轻工技术等领域。

1. 静电分选

静电分选用于导电体或介电体固体材料粒子的分离，如粮食净化、茶叶挑选、冶炼选矿、纤维选拣等，是一种利用电场对导电材料或介质材料的静电力，选择性地分离不同材料的技术。进入分选区（静电场）前，待分选的固体材料应先带电。带电情况分以下三种：①两种材料带反向电荷，在进入分选区后，不同粒子受到的电场力方向相反，因而被分离；②两种材料中只有一种显著带电，或两种材料粒子所受电场力大小不同，当电场力的差别足够时，两者将被分离；③不同材料的粒子进入分选区时被极化，但偶极矩显著不同，电场也能使它们分离。

2. 静电喷涂

静电喷涂是利用静电吸附作用，将涂料或漆液涂敷到目标物上的技术。聚合物涂料的静电喷涂技术广泛应用于仪器仪表、电气设备绝缘、元器件外保护和导体外绝缘等。直径为 $5\sim30\mu m$ 的聚合物涂料粒子，因电晕电极产生的电荷作用而带电，在压缩空气和静电力的作用下，飞向接地的工件（被涂物）。

静电喷漆广泛应用于汽车、机械和家用电器。从喷枪喷出的漆雾因高压静电场的作用而带电，并飞向带异号电荷的工件，在工件表面沉积成均匀的漆膜。使用静电喷漆工艺时，漆液利用率高，对周围环境的影响小。

3. 静电植绒

静电植绒是利用静电原理生产绒毛制品的技术，可用来生产以下几种类型的制品：纤维制品（地毯、坐垫、人造皮毛和印花绒布等）、塑料制品（装饰布、保护用吸声布等）和金属制品（装饰材料、保护材料和隔热材料等）。

4. 静电纺纱

静电纺纱是在纺纱过程中利用静电场作用使纤维得到伸直、排列和凝聚，它是一种新型纺纱技术。该技术最早于 1949 年在美国开展研究，目前全球范围内，包括中国在内的多个国家已取得显著进展。静电纺纱技术已经从理论研究阶段迈向实际应用，尤其在生物医学、纺织和过滤领域表现突出。我国在该领域的研究起步稍晚，但近年来通过科研院所和企业的合作，静电纺纱技术取得了显著突破，尤其是在纳米纤维制备和应用领域，已具备一定的产业化基础。然而，大规模工业生产仍面临技术和成本方面的挑战，目前处于小规模试验和应用推广阶段。总体而言，我国在该技术上已逐步达到国际前沿，正向规模化应用迈进。

5. 静电制版

静电制版是利用静电复印原理，使具有光导电性能的纸版成为静电照相版。与传统的照相制版相比，静电制版速度快、工序少、成本低、操作简便、节约白银。

静电还有其他应用，如静电轴承、静电透镜、静电陀螺仪和静电火箭发电机等。

5.5.3 液电效应及其应用

液电效应是液体电介质在高电压、大电流放电时伴随产生的力、声、光、热等效应的总称。

液电效应原理如图 5-34 所示，C 为储能电容，S 为开关，G 为处于水中的间隙。设电容 C 上充有高电压 U，当开关 S 接通时，电容 C 上的初始电压突然加到水中间隙 G 上，使 G 立即击穿，则电容 C 经过 S 和 G 迅速放电，出现强流脉冲放电效应。放电时间在数纳秒至数毫秒，并产生数千安至数百千安的强大放电电流。

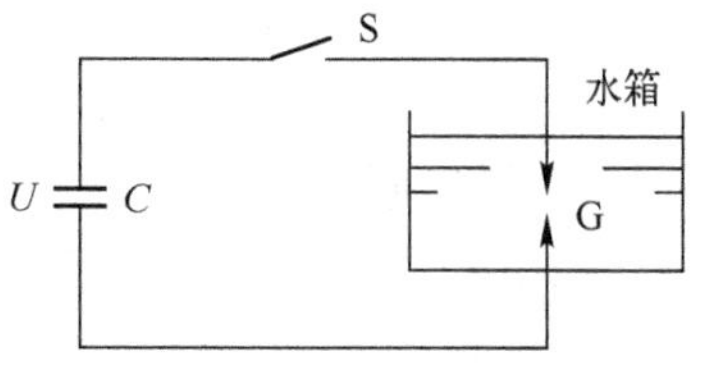

图 5-34 液电效应原理图

由于巨大能量瞬间释放于 G 的放电通道内，通道中的水就迅速汽化、膨胀并引起爆炸，爆炸所引起的冲击压力可达 $10^3 \sim 10^5$Pa，这种水中放电产生强烈爆炸的效应称为液电效应。

爆炸所产生的压力急剧升高（$10^8 \sim 10^{10}$Pa），并高速地向外膨胀，形成具有超声波特性的激波向外传播，然后衰减为声脉冲。放电结束之后，等离子体放电通道成为气泡，在其内依然很高的压力作用下，以稍小于弧道的膨胀速度向外扩张，对周围的介质做功。液电爆炸可以将电能转化为光能、声能、机械能等，而不需要其他的中间环节。

液电效应的物理机理可解释为：在高压强电场作用下，电极间液体中的电子被加速，并电离电极附近的液体分子。液体中被电离出的电子被电极间强电场加速而电离出更多的电子，形成电子雪崩，在液体分子被电离的区域形成等离子体通道。随着电离区域的扩展，在电极间形成放电通道，液体被击穿。放电通道产生后，由于放电电阻很小，将产生极强的放电电流。放电电流加热通道周围液体，使液体汽化并迅速向外膨胀。迅速膨胀的气腔外沿在水介质中产生强大的冲击波。冲击波随放电电流和放电时间的不同，以冲量或者冲击压力的方式作用于周围介质。

利用此原理开发的高功率强流脉冲水下放电技术已经应用在液电成型、矿藏勘探、医疗保健等领域。

1．液电成型

液电效应产生的冲击波在液体介质中迅速向四周扩散，冲击波作用到工件上，促使工件成型，这就是液电成型的机理。这样可以省去庞大昂贵的冲压机械。对比于炸药爆炸成型来说，它能很方便地连续作业，操作安全可靠。

液电成型主要用于板料的拉延、冲孔和管件的胀形。对于浅拉延和较薄的工件，一次放电即可成型，对于较大尺寸和较深拉延的材料，可采用反复放电完成。模具（只需凹模）可采用锌合金、环氧树脂塑料、石膏等制作。液电成型由于放电时间短，冲击波传播速度快，因此成型速度快、工件回弹小、成型精度高。利用液电成型方法可以同时进行拉伸、冲孔、剪切、压印、翻边等复合加工工序，因此加工一些形状复杂的零件，可以简化工序，减少工装，降低制造成本和制造周期。由于液电加工原理简单，无须一系列复杂的辅助设备，而且能准确地控制加工能量，操作简单，加工速度快，没有环境污染，因此该项技术用途十分广泛。对于航空航天和汽车制造工业中的一些高精度零件加工和特殊形状及采用特殊材料零件的试制，具有特别重要的意义。

2．液电破碎

基于液电爆炸能够产生一个具有十分陡峭压力前沿的冲击波，在其入射到固体介质体内后，必然会引起固体介质内部很大的拉伸内应力。假如冲击波的峰值压力足够高，在固体介质体内引起的拉伸内应力超过介质极限强度时，则将导致固体介质的破碎。根据这一原理，液电破碎可用于制作碎石机和工程打桩机，既可简化装置，又能节约能源，还可用于微细磨粒制作，如 300 目以上的金刚石、碳化硅磨料，且效率高，制作简单。

3．液电喷涂

在电极间用合金导线连接，放电时导线瞬间熔化和气化，并以超声速向四周扩散。利用这种原理可实现零件表面合金化，显著强化零件的机械物理性能，是一种有前途的喷涂工艺。

4．液电清砂

在机械制造行业中，铸件的清砂工艺普遍落后。手工操作的生产效率低，难以保证清砂质量且工作环境恶劣。采用液电清砂技术，可清理用其他方法难以除掉的砂芯，对盲孔、细长弯曲孔的清砂具有特殊效果，而且可实现工艺过程自动化，生产效率高，无环境污染。

5. 液电硬化

液电硬化主要用于奥氏体锰钢，锰钢广泛用于制作承受严重冲击和磨损的零件。采用液电硬化技术可使这类承受严重的连续冲击载荷的零件能够显著硬化，而不需要显著地改变整个零件的尺寸。而冷碾冷拉、冷锻等常规加工方法是靠应变硬化机理，因此要达到与液电加工相同的硬化程度，则需要大量的变形才能办到。

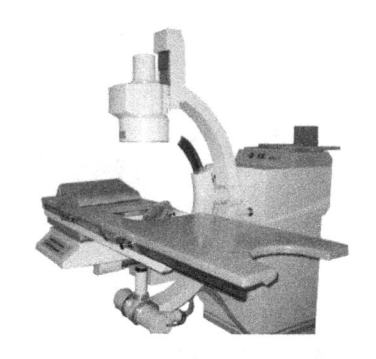

6. 体外冲击波碎石技术

体外冲击波碎石（Extracorporeal Shock Wave Lithotripsy，ESWL）又称非接触碎石，是一种新型临床治疗技术。该方法在体外把冲击波集中在病灶部位，通过对结石进行牵拉、挤压、共振等物理作用，使得结石粉碎，是液电技术在医疗领域的一项成功应用。

图 5-35 给出了体外冲击波碎石机的基本原理图，图 5-36 是一台体外冲击波碎石机的实物照片。冲击波发生器有三种类型：液电效应式压、电效应式和电磁感应式。冲击波传导介质包括水槽和水囊。结石定位系统有 X 射线定位、超声定位、X 射线与超声综合定位等形式。目前碎石机的波源以液电式居多，因其发展早、技术成熟、碎石效果好而被广泛采用。它于 1980 年 2 月 2 日在德国慕尼黑首次应用于临床。

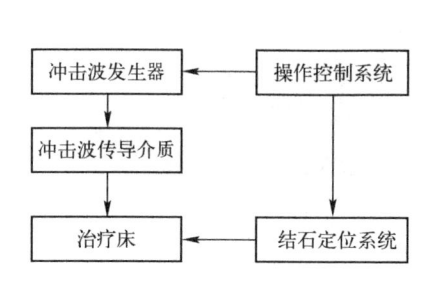

图 5-35 体外冲击波碎石机原理示意图

图 5-36 体外冲击波碎石机

液电式冲击波源是在一个半椭圆形金属反射体内安置电极，反射体内充满水，当高压电在水中放电时，在电极极尖处产生高温高压，因液电效应而形成冲击波。冲击波向四周传播，碰到反射体非常光滑的内表面而反射，电极极尖处于椭球的第一焦点处，所以在第一焦点发出的冲击波经半椭圆球反射体聚焦后，通过水的传播进入人体，其能量作用于第二焦点，形成压力强大的冲击波聚焦区，当人体结石处于第二焦点时，结石在冲击波的拉应力和压应力的多次联合作用下粉碎。

人体组织与结石在性质上存在着差异，结石密度与人体组织的密度不同，且结石为脆性材料，人体组织近似为弹性体，能够承受较大的拉伸内应力，为结石的 5~10 倍，就使得大量的入射冲击能量被结石材料吸收，软组织吸收的较少。

7. 电脉冲物探

利用强电流脉冲技术在水下的放电作为电火花震源，其产生的能量极强的冲击声波在遇到一般的岩石层所产生的反射与遇到石油或其他地质矿藏所产生的反射，其反射波有比较明显的差异，通过分析这些差异可以来判断海底是否有石油等矿物质的储藏，而且这一技术也被用来进行地震勘测,并且已经相当成熟。

8. 电脉冲采油

将高功率脉冲电源引至油井下进行瞬间放电,产生很强的冲击波,此冲击波将地下岩层震裂,使得原有的缝隙增大,起到解堵作用,改善储层连通孔隙和油水分布状态,提高油层渗透率,使原油渗出更容易,从而提高油井的产量。

液电效应已经在很多领域得到了实际的应用,但仍有许多实际应用还有待于进一步研究开发。目前,这项技术最主要的发展方向是:提高电源的储能密度,研制大功率的转换开关和产生高重复频率的大功率脉冲。

5.5.4 电磁发射技术及应用

电磁发射技术是把电磁能转化为动能,借助电磁力做功,实际上是一种特殊的电气传动装置。电磁发射装置可以分为导轨式、同轴线圈式和磁力线重接式三种。电磁发射有着一系列优点,在科学实验、武器装备、导弹防御系统、发射火箭和卫星以及航空弹射器等许多领域内有广泛的应用前景。图 5-37 所示的是美国海军电磁炮实验装置及试射瞬间,在试验中,这种电磁炮的炮弹速度达 5 倍音速,射程可达 110n mile(海里)。

图 5-37 美国海军电磁炮实验装置及试射瞬间

1. 导轨式电磁发射

导轨式电磁发射是指利用流经轨道的电流所产生的磁场与流经电枢的电流之间相互作用的电磁力加速发射体并将其发射出去。在目前的电磁发射技术中,这种方式研究最为成熟,相继研制出了一系列改进型。导轨式电磁发射不适合发射大质量发射体,但能够使小质量发射体达到超高速。电磁轨道炮作为发展中的高技术兵器,可用于反导系统、防空系统、反舰系统、反装甲武器,以及改装常规火炮。

2. 线圈式电磁发射

线圈式电磁发射是由普通的直线电机演变而来的,研究的历史最为久远。优点是:发射线圈和驱动线圈不接触,故速度不受摩擦的限制;可按较大比例增加发射线圈的尺寸,便于发射大质量发射体。一旦线圈式电磁发射技术成功实用化,将对卫星发射、太空运输、舰载飞机弹射等方面带来难以估量的价值。

3. 重接式电磁发射

重接式电磁发射是一种多级加速的无接触电磁发射装置,没有炮管,但要求弹丸在进入重接炮之前应有一定的初速度。其结构和工作原理是利用两个矩形线圈上下分置,之间有间隙。长方形的"炮弹"在两个矩形线圈产生的磁场中受到强磁场力的作用,穿过间隙在其中加速前进。与其他形式的电磁发射器相比,重接式电磁发射具有无接触、稳定性好、适于发射大质量载荷的优点,因此也可以应用在空间应用和飞机弹射等大质量发射场合。

5.5.5 在环保领域的应用

当前,人类正面临着有史以来最为严重的环境危机。空气污染、臭氧层破坏、酸雨危害、全球变暖与海平面上升、淡水供给不足与水源严重污染、土壤流失与土地沙漠化、森林资源减少、生物物种锐减等,严重威胁着世界经济的发展、人类的健康和社会的安定,亟待世界各国、各行各业行动起来,解决日益严重的环境危机,从而走上可持续发展道路。高电压新技术在环保领域的应用有以下方面。

1. 静电除尘

静电除尘用于工厂烟气除尘。它是利用静电场的作用,使烟气中的尘粒带电,并将其从烟气中分离、去除的技术。静电除尘实际上也是一种分选。

2. 静电喷雾

静电喷雾是利用静电吸附作用,将农药喷洒到防治对象上。农药的喷洒可使用静电喷雾机或静电喷粉机。将数百到数千千伏的直流高电压接至喷头,药液或药粉通过喷头时颗粒带电,而防治对象因静电感应而带反向电荷,这样药液或药粉颗粒在静电场作用下飞向防治对象。静电喷洒显著提高了命中率,减少了药剂损失和环境污染。同时药剂可喷洒到对象背面,增强了防治效果。

3. 烟气脱硫

我国的一次能源以煤为主,煤直接燃烧产生大量的 SO_2 和 NO_x 等污染物。目前国内正在大力研究低温等离子体、热等离子体、脉冲功率技术及电子束技术在环境保护中的应用,试图解决有毒有害气体(特别是 SO_2 和 NO_x)、难降解高分子有机废水、污水、污泥、放射性废料和剧毒废料处理等严重的环境问题,这些问题可望在不久的将来得到解决。其中,脉冲电晕放电等离子化学(PPCP)方法是 20 世纪 70 年代发展起来的,被认为是解决 SO_2 和 NO_x 问题的最有发展前途的新技术,该方法具有联合脱硫脱硝、高效率、可回收资源、无二次污染、可与静电除尘器联合使用等优点。

目前,日本、美国、意大利、俄罗斯、中国等国家都开展了 PPCP 方法的研究。试验规模已从用 SO_2 和 NO_x 配制的模拟烟气进行实验室研究,发展到用垃圾焚烧场烟气和燃煤发电厂烟气进行小规模试验。此前规模最大的工业化试验是在意大利的一个热电厂进行的,可处理 $1000m^3/h$ 的烟气。然而近年来,我国和美国已经进行了更大规模的试验,特别是在碳捕获和减少温室气体排放方面取得了显著进展

5.5.6 其他应用

1. 在材料、冶金及加工中的应用

电弧等离子体温度从几千摄氏度到几十万摄氏度,是一种非常优异的热源。电弧等离子体冶炼技术和其他电炉冶炼技术相比,具有如下优点:电能转化为高热熔气体热能的效率高;电弧等离子体能提供比常规熔炼方式更高的温度、更干净更集中的热量;在集中的高强度热源条件下,冶金过程大幅加快,反应进行更彻底;能实现某些在一般条件下不能进行的反应,制取有特殊性能和结构的材料,还可强化许多现有的过程。等离子冶炼过程容易控

制，操作稳定、简单，电源设备不复杂，废气量少。在当前环境保护要求日益严格的条件下，等离子冶炼技术是降低成本、减少污染的一种很有前途的方法。目前，等离子冶炼技术已用于矿石和精矿的热分解、熔炼、氧化、还原等过程，并且已有用于碳钢或合金钢生产的容量达 30～40t 的直流电弧等离子体炉。等离子体炉还可用于铁合金的生产，难熔金属和合金的熔化，以及从工业副产品、废料、切屑、边角料中回收废金属等领域。

2. 激光放电

激光是激光振荡器发出的强度大、方向集中的光束。用激光照射气体引起的气体放电称为激光放电。当激光脉冲的作用时间短，或激光作用于低气压气体时，气体原子连续吸收几个光子，使电子获得超过电离能的能量而成为自由电子，并引发击穿。在高气压及宽脉冲激光的作用下，气体中的初始电子从激光中获得能量，与原子碰撞时引起碰撞电离，形成电子崩，并引发击穿。曾有学者提出，可运用激光导向击穿技术，将雷电引导至选定的地点，以保护设备或建筑物。利用激光束来触发火花间隙，可制成动作准确的开关，应用于高电压大功率脉冲试验装置中。

3. 在照明技术中的应用

光电源通常分为热辐射源和气体放电光源两大类。前者是利用被加热（白炽）物体的辐射效应而发光，后者则是通过气体放电将电能转换为光能。

气体放电光源中，应用较多的是辉光放电和弧光放电现象。辉光放电用于霓虹灯和指示灯，弧光放电有很强的光输出，用于照明光源。气体放电灯的用途极为广泛，在摄影、放映晒图、照相复印、光刻工艺、化学合成、荧光显微镜、荧光分析、紫外探伤、杀菌消毒、医疗、生物栽培、固体激光等方面也都有广泛的应用。如霓虹灯是一种装饰使用的高电压、弱电流气体放电灯；气体放电照明灯的泡壳与电极间采用真空密封，泡壳内充有放电气体；荧光灯、高压汞灯、钠灯和金属卤化物灯是应用最多的照明用气体放电灯。

思 考 题

5-1 为什么电力系统要尽可能提高输电电压？

5-2 气体放电的主要形式有哪些？

5-3 试叙述汤逊理论，并说明其适用的场合。

5-4 什么是电介质的极化？

5-5 简述测试绝缘电介质电导的意义。

5-6 在液体电介质中，什么是"小桥理论"？

5-7 常见的无机、有机绝缘材料有哪些？

5-8 电气设备绝缘试验的目的和主要内容是什么？

5-9 串级直流发生器的工作原理是什么？

5-10 冲击电压发生器的工作原理是什么？

5-11 电力系统过电压是怎样分类的？

5-12 避雷针与避雷器有何区别？

第 6 章 电工新技术

电工理论与新技术,主要研究内容为电磁现象的基础理论及新技术的开发与应用、电磁能量的控制和电磁信息的处理,并衍生出各类高新技术,如强磁场和磁悬浮技术、脉冲功率技术、电磁兼容技术、无损检测与探伤技术、新型电源技术、大系统的近代网络理论与智能算法应用技术等,并通过与其他学科交叉、融合,发展形成多种新技术,如电磁环境保护技术、生物电磁学技术等。

6.1 超导电工技术

6.1.1 超导现象

20 世纪初,人们从经典理论出发得到纯金属的电阻应随温度降低而逐渐减小,在绝对零度时电阻将会达到零。也有人认为,当温度极低时,金属电阻可能先达到某一极小值再重新增加,因为传导电子也许会凝聚在原子上,这就意味着电阻在极低温度下无穷大。为了验证这个设想,需要接近绝对零度的低温环境。

1908 年 7 月 10 日,荷兰莱顿大学的 Kamerlingh-Onnes 成功攻克了液化氦气的技术壁垒,通过减小氦气压力,得到 1.5K 的极低温环境——当时地球上的最低温度。这就为探索上述设想提供了条件。1911 年 4 月 8 日,Kamerlingh-Onnes 意外地发现,将汞(Hg)冷却到 4.2K 时,其电阻突然消失而变成零。这个结果与之前人们预言的电阻随温度降低逐渐减小到零或变成无穷大的设想完全不一样。Kamerlingh-Onnes 将这种现象称为"超导"。图 6-1 显示的是 Kamerlingh-Onnes 和他的实验员 Gerrit Flim 于 1911 年发现超导现象时的照片。Kamerlingh-Onnes 本人由于发展液氦低温技术和发现超导现象而荣获 1913 年诺贝尔物理学奖。

图 6-1 Kamerlingh-Onnes(右)和他的实验员 Gerrit Flim(左)于 1911 年在世界上首台氦液化器旁的照片

6.1.2 超导技术发展历程

1930 年,科学家们发现转变温度为 9.3K 的铌（Nb）；1954 年，马赛厄斯（Matthias）发现 V_3Si 和 Nb_3Sn 化合物具有超导性，转变温度分别为 17.1K 和 18.1K；1973 年发现 Nb_3Ge 的转变温度为 23.2K。1961 年，庞兹雷等人首次采用粉末冶金法获得 Nb_3Sn 线材，并绕成线圈，产生 8.8T 的磁场和 $1×10^5 A/cm^2$ 的临界电流密度，为 Nb_3Sn 化合物超导体的发展做出重大贡献；随后，相继发展了气相沉积、固态扩散、等离子喷镀以及阴极溅射等方法，制取性能较好的 Nb_3Sn 化合物超导体材料。但由于方法的局限性，不能实现大规模的应用。

1969 年，随着 Nb-Ti 组合导体的研制成功，应用类似工艺促进了多芯 Nb_3Sn 超导体的迅速发展。美国的航空动力公司为满足可控热核聚变对磁体的需要，研制出 644411 芯的 Nb_3Sn 超导体。美国布鲁克海文实验室、磁体通用公司、通用电气公司，英国的卢瑟福实验室，日本的工业电器公司、金属技术材料研究所、古河电工、真空冶金公司以及德国的西门子公司在这方面的研究取得较好的成果。多芯 Nb_3Sn 超导体电缆用于发电机电枢绕组、建立核聚变高强度磁场、高能粒子加速器偶极子磁体激磁。美国能源部与匹兹堡西屋研究和发展中心研究地下超导体输电。由于某些材料（如 Nb-Ti）在温度接近绝对零度时其电阻基本消失，超导体输电因之而几乎没有电阻损耗。采用这些超导材料制成的绕组于所需温度下冷却后可产生超效率的电流。1966—1972 年，日本曾经发展过 V_3Ga 等超导化合物，用表面扩散法制造的超导 V_3Ga 带能够产生高达 1.8T 的磁场，而由反应性溅射生成的 NbN 薄膜和以 V_2Hf 为基的三元拉乌斯相化合物在 4.2K 时的上临界磁场超过 2.5T。但是直到 1985 年，关于超导的研究基本上仍处于徘徊状态。

1986 年，在国际物理学界突然出现了一个"超导热"，美、中、日三国展开以提高超导体转变温度为开端的研究竞争。1986 年 1 月，位于瑞士苏黎世的美国 IBM 公司实验室的科学家柏诺兹和缪勒，首先发现钡镧钙氧（Ba-La-Ca-O）四元系组成的金属氧化物在 30K 实现了超导电性。他们摆脱了从金属和合金中寻找超导材料的传统方法，从氧化物中找到了突破口，揭开竞争的序幕。柏诺兹和缪勒因此获得 1987 年诺贝尔物理学奖。1986 年 11 月，日本东京大学的科学家获得了锶镧铜氧系材料的超导体，转变温度达 37.5K；12 月，美国贝尔实验室和休斯敦大学华裔物理学家朱经武，分别宣布获得 36K 和 40.2K 的超导体。1987 年 1 月 30 日，日本冈崎国立共同研究机构宣布发现 43K 的超导体，随后日本电子技术综合研究所的伊原英雄又将此纪录先后提高到 46K、54K。1986 年 12 月 26 日，中国科学院物理研究所赵忠贤、陈立泉领导的超导研究组，获得了转变温度为 48.6K 的锶镧铜氧系超导体，并观察到在 70K 时的转变迹象。

1987 年，超导研究的竞争进入白热化。1987 年 2 月 15 日，美联社宣布朱经武、吴茂昆获得 98K 的超导材料，这是第一个用液氮冷却的超导体，而在此以前，仅能用液氦作为制冷剂获得超低温，而氦是稀有气体，液化技术复杂，价格昂贵。当突破 77.3K 这一氮气液化的分界温度时，因氮气取之不尽、液化简易，成本降为液氦的 1/10。1987 年 2 月 20 日，中国科学院赵忠贤、陈立泉获得 100K 以上的超导材料，冲破 77.3K 氮气液化的分界温度；3 月 3 日又宣布创造了 123K 的新纪录；随后，中国科学院、北京大学、中国科学技术大学不断刷新纪录，把转变温度提高到 215K。1987 年 3 月 10 日，美国《纽约时报》报道，休斯敦大学等单位可能发现 240K 的超导体；不久，苏联发现了 250K 超导材料，并在室温下记录到超导效应，继而科学家们乐观地预计，不久就可以找到室温下工作的超导材料。1987 年 6 月 4 日，美国宣布获得 280K 的超导物质，是在钇钡铜氧化物中加入了氟的成分；同日，苏联研制成 308K 的超导物质，但由于高温超导物质的不稳定，研制的新材料两天后就不呈超导性了。1987 年 8 月 5 日，美国一个研究小组宣布，在一些直径仅为人头发丝粗细的材料粒子上发现了超导现象，其转变温度为 294K。然而，专家们认为，这些材料都没有达到呈超导的所有条件，今后研究的主要方向是制作稳定的高温超导物质。

在陶瓷超导材料应用方面，把超导材料制成线材和薄膜是利用超导的基本工艺。陶瓷超导新材料太脆而易折，加工很困难，工艺要求很高。另外，陶瓷超导新材料通过的电流量偏低，如何提高临界电流，是超导材料应用的重要指标之一。1987 年春，日本东芝公司已制出直径 0.6mm、长 20~30m 的超导线材。1987 年夏，日本住友公司制成的超导线材在 77K 下通过电流已达 $1240A/cm^2$。在超导薄膜方面，1987 年 8 月，日本宣布已掌握不需要高温处理，仅在低温下形成超导陶瓷薄膜的新技术。1988 年 2 月 22 日，在美国召开的"第一次超导世界会议"上，日本宣布成功研制出当时世界最高临界电流密度 $353×10^5A/cm^2$ 的超导薄膜。同期，我国也研制出一种新超导薄膜——铋锶钙铜氧（BSCCO）新体系超导薄膜。

大约到 20 世纪 90 年代，超导技术实用化方面取得重大进展。目前，高温超导材料中 Bi 系（Bismuth Strontium Calcium Copper Oxide，BSCCO，指铋锶钙铜氧化物）、Y 系（Yttrium Barium Copper Oxide，YBCO，指钇钡铜氧化物）和 MgB_2 应用最为广泛，铁基超导体方面也很受关注。而有机超导体依旧处于实验阶段。

1）Bi 系（BSCCO）超导体。1988 年，Maeda 等首先发现 BSCCO 超导材料，其临界温度 T_c 为 105K，为脆性的高温超导材料成材化和工业应用指明方向。同年，Berry 等利用有机金属化学气相沉积法首次生长出超导 Bi-Sr-Ca-Cu-O 薄膜，Komatus 等采用熔体淬火法制备了 Bi-Sr-Ca-Cu-O 超导陶瓷。1990 年，Mitzi 等采用定向凝固方法进行 BSCCO 体系中离子掺杂和氧掺杂单晶的生长和制备。1994 年，Tomita 等则采用连续浸涂和熔融固化法制备 $Bi_2Sr_2CaCu_2O_x$（简称 Bi-2212）饼状线圈。1995 年，Zoller 等测出 $BiSr_2CaCu_2O_x$（Bi-1212）的临界温度 T_c 为 102K。2014 年，Koch 等利用氧化物粉末，采用金属前驱体法制备了 $Bi_2Sr_2CaCu_2O_x$（Bi-2212），并对其他铋基超导体进行了探究。Mizuguchi 等对 BiS_2 基超导性的探究，证明一种新的铋氧基硫化物 $Bi_4O_4S_3$ 的超导性。

目前应用的 Bi 系高温超导体主要有三种：$Bi_2Sr_2CuO_{6+y}$（Bi-2201）、$Bi_2Sr_2CaCu_2O_{8+y}$（Bi-2212）和 $Bi_2Sr_2Ca_2Cu_3O_{10+y}$（Bi-2223），其制备主要采用粉末管装法（PIT），其过程是：首先，将制备材料所需的粉末均匀地混合在一起；然后，通过金属套管（多用银作为套管）包裹填装粉末；再次，经拉拔、轧制工艺制备成导线样式；最后，通过热处理烧结形成带状的超导导线。美国超导公司、中国西部超导公司等均可批量化生长千米长带材，其临界电流密度 J_c 已达到 $200A/mm^2$。Bi 系带材制造时需用到大量的银或银合金，其制备成本高，各向异性大，载流能力在外加磁场下急剧下降，而外加磁场一般是高温超导材料应用的硬性要求，这使得 Bi 系带材在工业应用中受到一定的限制。Bi 系材料未来主要聚焦于制备更高机械强度的复合导线及批量化的加工生产。

2）Y 系（YBCO）超导体。1987 年初，YBCO 在 92K 的超导性被宣布发现。科学家们研究发现 YBCO 超导体通过熔体工艺制备处理后，获得较高的临界电流密度 J_c。1988 年，Malozemoff 等研究高温超导体的物理性能时发现 Y 系比 Bi 系具有更好的磁场特性。1991 年，Ogawa 等发现铂在 Y_2BaCuO_5 包体的成核中起着显著的作用，是一种能显著提升 YBCO 超导体临界电流密度 J_c 的熔体生长工艺的添加剂。1992 年，Lijima 等首先使用离子束辅助沉积（IBAD）工艺在柔软的多晶金属带上获得了一层高度织构的钇稳定氧化锆膜；随后，采用脉冲激光沉积工艺，在该基带涂层上外延沉积了 YBCO 功能层，标志着采用薄膜沉积技术制备的 Y 系高温超导带材的问世。同年，Liang 等采用磁通法生长了大尺寸、高质量的 YBCO 单晶，使用 CuO-BaO 熔剂可重复生长几乎独立的 YBCO 单晶。Takematsu 等使用聚酰亚胺电沉积导体可消除 YBCO 线圈环氧浸渍后由应力集中引起的退化，使导体可靠更易于应用。2019 年，Krutika 等发现在 YBCO 中加入 GnPs 提高了材料的 J_c，改善了钉扎势能（UI）的特性。与 Bi 系相比，Y 系超导材料的基带可以采用 Ni 的合金或不锈钢制备，成本较低，且 Y 系在较高磁场下仍可保持较高的 J_c，可用于高场磁体的研制。

YBCO 超导体一般采用薄膜工艺制备成带材，各国均投入了大量人力物力开发 Y 系超导带材的制备工艺技术，提供了多种物理或化学的制备方案。美国橡树岭国家实验室开发的基带轧制辅助双轴织构技术路线，采用成熟的、工业上可扩展的热机械工艺，将强双轴织构赋予基底金属。德国 Theva 公司开发的基带倾斜沉积路线，无需离子束辅助，采用连续脉冲激光沉积技术制备具有双轴取向的长 YBCO 带。我国企业不断加强对 YBCO 材料制备工艺研究的参与度，YBCO 材料的制备技术取得快速提升，目前已进入世界的先进行列。

3）MgB_2 超导体。MgB_2 早在 20 世纪 50 年代初首次合成，但直到 2001 年，Nagamatsu 和 Muranaka 等发现 MgB_2 具有超导性质，其临界温度 T_c 为 39K。随后，Kim 等利用脉冲激光沉积技术成功制备了高质量 MgB_2 薄膜。2003 年，Badr 等用单一的热处理工艺成功制备致密多晶和单晶 MgB_2 高质量样品，而 Xi 利用沉积技术生长高质量 MgB_2 薄膜。2011 年，Ma 等利用金属和碳基化学共掺杂工艺在低温下快速合成了低成本的 MgB_2 超导体。2020 年前后，Guo 等应用溶胶凝胶法制备了 MgB_2 薄膜的超导接头，临界温度为 40K，0T 外磁场时的临界电流 I_c 为 340mA，在高达 4T 的磁场中具有非常大的电流容量。Xiong 等采用中心镁扩散技术（IMD）制备了 100m 级长的 MgB_2 的 IMD 线。Kambe 等采用一种先在 MgB_2 薄膜上形成 Nb 保护层，再高温退火的制备工艺，抑制 Mg 的蒸发和氧化。

当前，MgB_2 超导带材的制备工艺已相对成熟。哥伦布超导公司可制备量级达 1800m 长的铜基 MgB_2 多芯带材，国内西北有色金属研究院也可有效制备千米级 MgB_2 超导带材。MgB_2/Fe 超导线材具有较长的相干长度，对研制较低电阻的接头工艺十分有利，被认为是研究磁共振成像（MRI）超导磁体的理想线材。

4）铁基超导体。铁基超导材料是继铜基超导材料后的又一个"高温超导家族"。2006 年，日本 Hosono 研究小组在 LaOFeP 中探测到了超导电性，T_c 约为 4K，没有引起重视。直到 2008 年 2 月，他们在 $LaFeAsO_{1-x}F_x$ 中采用氧位氟（F）掺杂方式替换氧原子，发现高达 26K 的超导电性存在。同年，赵忠贤等科学家采用稀土替代和高压方法获得了一系列高质量样品，临界温度 T_c 突破 40K，优化后达到 55K，由此引发铁基超导体研究的热潮。2009 年，Mizuguchi 等用纯 Fe 管作为套管和合成原料，采用 PIT 法制备 Fe（Se,Te）超导带材。2012 年，Liu 等通过分子束外延生长的单层 FeSe 薄膜，其临界温度 T_c 达到了 77K。2015 年，Mitchell 等用氨热法优化合成硒化铁基超导粉末，制备出 Ba 插层的 $Ba(NH_3)Fe_2Se_2$ 线材。2018 年，日本东京大学采用 PIT 法制备 $CaKFe_4As_4$ 圆线，然后将其热等静压至 175MPa，在 4.2K 时其电流密度 J_c 达到 100kA/cm^2，几乎达到实际应用水平。2021 年，Yuan 等通过钴（Co）掺杂，生长出了高质量的 11 型铁基超导单晶，表明铁基超导材料具有在信息存储领域应用的可能性。

铁基超导体的晶体结构主要分为基于铁砷（FeAs）"1111"体系、"122"体系、"111"体系和不含砷（As）的"11"体系。"11"体系的代表化合物为 FeSe，临界温度在 8K 左右，高压下临界转变温度最高可达 38.5K。用 Te 元素取代部分 Se 元素可获得更好的超导性能。"11"体系的本征临界电流密度超过 $10^6 A/cm^2$，本征上临界场超过 50T，能够满足低温下的实际应用。

"11"体系的超导线带材最先由日本国立材料研究所 Mizuguchi 等人在 2009 年制备成功。2014 年，日本东京都立大学的 Izawa 等人采用一种基于化学相变的粉末装管工艺，提升铁基超导材料超导性能，带材临界电流密度达到 $3.0 \times 10^3 A/cm^2$（4.2K，自场）。意大利热那亚大学的 Palombo 等人在 2015 年探究用先位粉末装管法制备 Fe（Te，Se）导体的可能性，研究 Fe、Cu、Ag、Nb、Ni 等多种包套材料对 Fe（Te，Se）性能的影响。

中国科学院电工研究所、西北有色金属研究院、俄罗斯科学院列别杰夫物理研究所、日本国立材料科学研究所等都在开展铁基超导线带材的相关研究。其中，中国科学院电工研究所马衍伟团队于 2016 年成功制备出了世界首根量级达百米的铁基超导线材，又于 2018 年通过热压工艺优化得到了 J_c 高达 $150kA/cm^2$ 的铁基带材，铁基超导材料已经进入了实用化的快速发展阶段。2016 年，西北有色金属研究院的冯建情等采用粉末装管法结合高能球磨辅助烧结工艺制备了高超导相含量和高临界电流密度的 FeSe 超导带材。2019 年，俄罗斯科学院列别杰夫物理研究所 Vlasenko 等人采用热气挤压法在钢护套中制备了 FeSe 丝样品，再制成超导线材。2021 年，日本国立材料科学研究所的 Farisoğullar1 等人采用先位粉末装管法制备了添加 Ag 的 $FeSe_{0.94}$ 超导线材。2022 年，西北有色金属研究院的刘吉星等人对 Fe（Se，Te）多晶进行 Ag/O 共掺杂，通过这种掺杂使得 Fe（Se，Te）多晶的超导性能显著提升。

总的来说，铁基超导材料正处于快速发展阶段，其小的各向异性、高的上临界磁场等特点使得其在超导材料大家族中有着独特的地位，其中"11"体系因其结构简单以及毒性小等特点备受研究人员的青睐，是研究超导材料的基础理论和实用化方向的首选。但是该体系实用化方面的研究仍存在一些问题，比如 FeSe 基超导材料的晶界弱连接的问题，间隙铁的存在及力学性能较差也限制"11"体系铁基超导材料实用化。

5）有机超导体。早在 1964 年，美国斯坦福大学 Little 理论预测有机物中存在着超导电性，且其临界温度 T_c 理论上可达到室温。但直到 1980 年，法国南巴黎大学固体物理实验室 Jerome 等才发现第一个有机体系的超导材料——四甲基四硒富瓦烯（$(TMTSF)_2PF_6$），其临界温度 T_c 为 0.9K。1987 年底，日本东京大学固体物理研究所 Urayama 等发现了临界温度 T_c 高于 10K 的有机超导体 $(BEDT-TTF)_2Cu(SCN)_2$。1989 年，Ishigoro 和 Anzai 整理当时有机超导体的发展状况，在论文中累计列出 31 个有机超导体，而在其论文发表之后不到两年时间中又发现了 9 个新的有机超导体，临界温度 T_c 提高到了 12.5K。1991 年，美国新泽西州 NEC 研究所 Ebbesen 等人通过碱金属掺杂 C60 单晶的方式得到一系列 T_c 较高的超导材料，其中 Cs_3C_{60} 的 T_c 达到了 40K。2001 年，美国新泽西州朗讯科技贝尔实验室 Schon 等发现用 $CHCl_3$ 和 $CHBr_3$ 插层拓展 C60 单晶，得到的 C60 单晶具有多孔表面，T_c 达到了 117K。具有三维结构的 C_{60} 类超导材料实用潜力相当大。有机物超导材料的优点是密度低、重量相对较轻，但存在制备困难、易氧化变质、不易保存等不足。有机超导材料研究目前主要处在实验阶段。

6.2 超导技术在各领域的应用

时至今日，超导使许多技术成为可能，包括磁共振成像（Magnetic Resonance Imaging，

MRI）和高能粒子加速器等。寻找高温甚至室温超导材料一直是凝聚态物理、材料物理等研究领域最为重要的目标之一。超导电线相对昂贵，只用于性能优于成本的应用中。例如，从室温电源到欧洲核子研究中心大型强子对撞机（LHC）偏转磁体的电流引线，是由 Bi-Sr-Ca-Cu-O 超导材料制成的。在液氮温度下运行的电力运输用高温超导电缆已经测试成功。诸如 Nb-Ti 和 Nb_3Sn 等超导材料在超过 20T 的磁场中没有损耗，具有很好的抗磁性。

低电流超导电子产品也是一个重要的市场，它主要基于库珀对的隧道效应（1962 年预测并首次观测到的约瑟夫逊效应）和超导量子干涉器件（SQUID）中磁通量的量化。几乎在每个固态或材料物理实验室都可以找到基于 SQUID 的非常灵敏的测量设备。

超导体的应用具有极其广阔的前景，超导体产业涉及能源、交通运输、通信、精密及尖端设备加工、医疗、国防等许多部门。这里简单介绍其中几个方面的应用及其展望。

1. 在能源方面的应用

在电力输送过程中，采用由无电阻的超导材料制成的电缆可基本上消除能耗，从而大幅提高电力输送的效率。

超导电缆按采用超导材料的不同，分为低温超导电缆和高温超导电缆。低温超导电缆的载流导体是低温超导线材，通常是 NbTi/Cu 或 Nb_3Sn/Cu 复合超导线。NbTi 超导线的临界温度是 9.5K，Nb_3Sn 的临界温度是 18.1K；低温超导电缆都必须在液氦温区下运行。高温超导电缆的载流导体主要采用 BSSCO 氧化物超导材料，其临界温度约为 110K，可在液氮温区下运行，其低温冷却系统要比在液氦温区下运行的低温超导电缆简单。

（1）超导电缆的结构

超导电缆主要由电缆本体、终端以及低温制冷装置组成。电缆本体包括电缆芯、电绝缘和低温恒温管。电缆芯由超导线带绕成，装在维持电缆芯所需低温的低温恒温管中，低温恒温管两端与终端相连。电缆芯的超导线带在终端处通过电流引线与外部电源或负荷相连。低温恒温管一般采用具有高真空和超级绝热的双不锈钢波纹管结构，保证超导电缆的柔性和夹层高真空度。

超导电缆有常温绝缘和低温绝缘两种绝缘方式。常温绝缘超导电缆的电绝缘层处在电缆低温恒温管外的常温区，可以采用常规电缆的电绝缘材料和技术，图 6-2 是单相常温绝缘超导电缆的示意图。

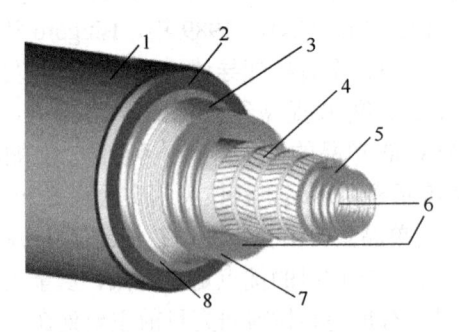

图 6-2　单相常温绝缘超导电缆示意图
1—外护套　2—电绝缘　3—热绝缘　4—高温超导带材
5—波纹管骨架　6—LN2　7—低温恒温管内管　8—低温恒温管外管

低温绝缘超导电缆的电绝缘层直接缠包在导体上，并与导体一起处在低温区，电缆尺寸更紧凑。为防止电缆载流时产生的磁场对周围环境的影响，通常在绝缘层外加有屏蔽层。图6-3为低温绝缘高温超导电缆示意图。

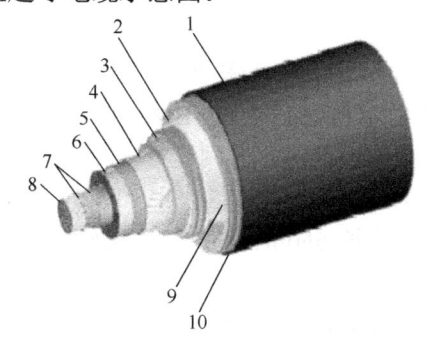

图6-3 低温绝缘高温超导电缆示意图
1—外护层 2—低温恒温层 3—液氮 4—铜屏蔽 5—超导屏蔽
6—电绝缘 7—超导带材 8—电缆骨架 9—超导绝热材料 10—恒温器外壁

和常规电缆一样，超导电缆也可分为单相超导电缆和三相超导电缆。三相超导电缆也可由3根独立的单相超导电缆组成，但需要3个单独的低温恒温管。而三相同心超导电缆将具有各自导体层和电绝缘的3根单相电缆组装在同一低温恒温管中，其电绝缘一般采用低温绝缘方式，电缆结构紧凑、尺寸小。

（2）超导电缆的冷却

高温超导电缆大都采用过冷液氮循环迫流冷却方式，其基本原理是利用过冷液氮的显热，将高温超导电缆产生的热量带到冷却装置，通过液氮冷却装置冷却后，再将过冷液氮送到高温超导电缆中去，液氮在闭合回路中循环。

冷却装置可以采用各种不同的制冷方式，如常压液氮沸腾制冷方式、减压降温制冷方式、低温制冷机方式等。图6-4为采用斯特林制冷机作低温冷源的高温超导电缆的过冷液氮循环迫流的冷却系统流程图。

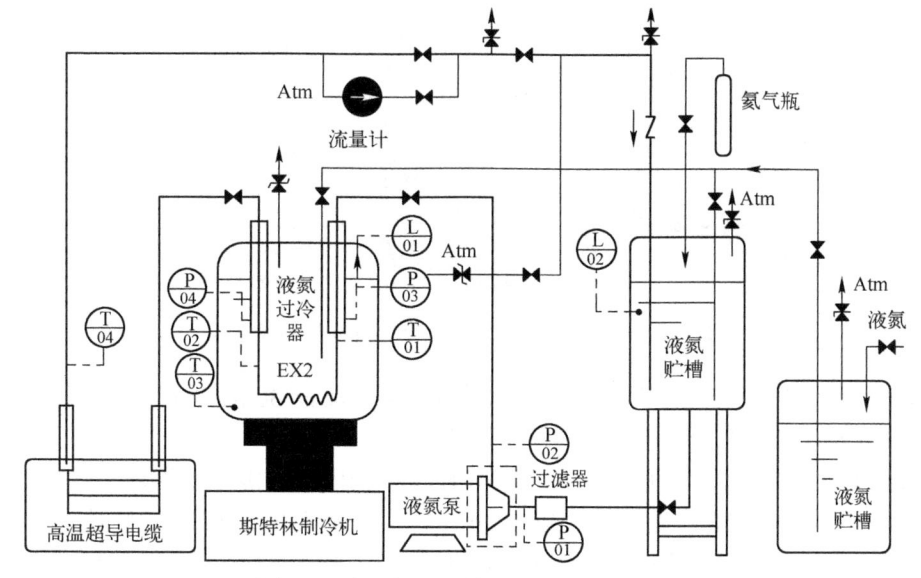

图6-4 高温超导电缆的冷却系统流程图

（3）各国超导电缆

自 20 世纪 90 年代以来，美国、日本、丹麦、中国和韩国等都相继开展高温超导电缆的研究。

美国 Southwire 研制成 12.5kV/1.25kA 的长 30m 三相高温超导电缆并安装在其总部进行供电运行。丹麦 NKT 公司利用自己研制的 Bi2223 带材于 2001 年研制出长 30m、36kV/2kA 的三相高温超导交流电缆并进行并网运行实验。美国 Ultera、Super Power 公司分别研制长 200m、13.5kV/3kA 和长 350m、34.5kV/0.8kA 高温超导输电电缆，并于 2006 年并网运行；美国 AMSC 研制的长 660m、138kV/0.4kA 的高温超导输电电缆，也在 2007 年通电运行。

1995 年日本研制出长 7m、66kV/2kA 的三相交流超导电缆；随后，住友电工、古河电工（Furukawa）以及日本电力公司，于 1997 年分别研制出长 50m、1200A 和 2200A 的交流超导输电电缆；2001 年，东京电力公司和住友电工合作研制出长 100m、66kV/1kA 的三相高温超导交流电缆，并进行通电、负荷变动和耐压等试验。2004 年，古河电气公司和电力工业中心研究所等研制出长 500m、77kV/1kA 单相高温超导电缆并进行现场试验。韩国也于 2001 年制定了高温超导技术十年发展规划，开展高温超导输电电缆等研究。

我国自"九五"以来即开展高温超导电缆的研究。1998 年，中国科学院电工研究所与西北有色金属研究院、北京有色金属研究总院合作，成功研制了长 1m、1000A 的高温超导直流输电电缆模型，2000 年完成长 6m、2000A 高温超导直流输电电缆的研制和实验。中国科学院电工研究所于 2003 年研制出长 10m、10.5kV/1.5kA、三相交流高温超导输电电缆。在此基础上，2004 年中国科学院电工研究所与甘肃长通电缆公司等合作研制成功长 75m、10.5kV/1.5kA 三相交流高温超导电缆，并安装在甘肃长通电缆公司供电运行。图 6-5 是安装在甘肃白银长通电缆公司的 75m 高温超导电缆。

图 6-5　安装在长通电缆公司的 75m 高温超导电缆

云南电力公司与北京英纳超导公司合作，2004 年完成长 30m、35kV/2kA 高温超导交流电缆的研究开发，安装在云南普吉变电站试验运行。

21 世纪 10 年代后期，各国高温超导电缆研究与应用进入加速发展阶段。

美国能源部早在 2003 年发布了 Grid 2030 计划，持续推进高温超导电缆技术及应用，将高温超导技术列为电力网络未来 30 年发展的关键技术之一，支持工业部门实施高温超导电缆工程项目。2008年4月22日，由AMSC公司牵头、法国Nexans、液化空气和美国长岛电力局合作完成了600m长高温超导电缆的研制，并于长岛电力公司挂网运行，电压/电流等级为138kV/2.4kA。2021年，芝加哥REG项目建成一根200m、12kV、62MV·A的三相同轴高温超导电缆；后续计划采用高温超导电缆将3个变电站连接成环网，用于构建自适应电网系统以提升电网的稳定性。

2007年，日本经济产业省（MEIT）和新能源与工业技术发展机构（NEDO）支持启动新的高温超导电缆项目，目标是在实际电网中运行66kV/200MV·A的高温超导电缆。电缆长240m，安装在东京电力公司位于横滨的电网中，运行时间从2012年10月至2013年12月，用于连接154/66kV的变压器和66kV的母线。2012年，在日本"材料与涂层导体的电力应用"计划支持下，古河电工完成了基于YBCO带材275kV/3kA、30m长超导电缆的研制，通过了短路测试、雷电冲击测试和交流损耗的要求，安装在沈阳古河电缆公司。2015年，日本中部大学超导及可持续能源研究中心与住友电工的科研人员，成功研制500m长直流超导电缆，实现光伏电站与石狩数据中心的直流输电。电缆安装在地下管道，由一根300m和一根200m的超导电缆连接构成，额定电流为5kA，输电容量为100MV·A。2019年开发了310m馈电电缆，用于轨道交通供电研究。

韩国在高温超导电缆上有较大进展，在2004—2011年期间，先后开发了30m、100m、410m等长度的高温超导电缆实验线路。2011年8月19日，韩国LS电缆公司研制了500m长、三相平行轴、22.9kV、额定电流1.25kA、传输容量50MV·A的高温超导电缆，在首尔近郊的利川变电站投入运行。2014年，韩国在济州岛示范运行长度为500m、直流80kV、传输容量500MV·A的超导电缆系统，用于连接直流架空线路和直流-交流换流站。2015年，在济州岛完成100m、80kV的直流高温超导电缆示范工程建设。2019年，完成首条千米级高温超导电缆示范工程。

德国于2013年在埃森市建设了世界上首根千米级高温超导电缆挂网线路。2022年，耐克森公司承建首条火车站高温超导电缆项目，安装两根60m长的直流高温超导电缆并持续运行，这也是商业轨道交通线路中首次使用直流高温超导电缆。

在我国，2011年初，上海电缆研究所牵头的"冷绝缘（CD）高温超导电缆系统及电力应用示范工程设计研究"项目通过验收，成功完成了一条30m长、三相、35kV/2kA的冷绝缘超导电缆系统的研发，超导电缆系统顺利通过型式试验。2012年，河南中孚实业股份有限公司应用了电解铝用直流高温超导电缆。2013年，上海宝山钢铁股份有限公司建设了国内首条冷绝缘高温超导电缆示范线路。此外，富通集团（天津）超导技术应用有限公司已成功研制一条100m长、三相35kV/1.0kA的冷绝缘三相交流高温超导电缆，电缆完成组装和各种实验后，于2017年6月在天津滨海高技术开发区进行挂网测试运行。2021年，我国建设了两条高温超导电缆工程：广东省深圳市挂网的10kV、43MV·A三相同轴高温超导电缆工程，用于给深圳平安大厦供电；上海市挂网的35kV、133MV·A三芯高温超导电缆工程，为徐汇区约4.9万户居民供电。2021年，上海市建成了世界上首条运行于大型城市中心电网、长度为千米级的高温超导电缆工程，供电范围覆盖大型医院、天文台、金融机构、地铁等重要用户以及众多的居民区。该工程连续稳定运行超过950天，经历了严寒和酷暑的考验，最大负载电流达2160A，充分验证了高温超导电缆在提升电网输电能力方面发挥的关键作用。

(4) 超导电缆的应用

未来,以下几个方面,高温超导电缆有比较明显的技术和经济的优势,并有可能获得实际应用。

1) 城市地下输电电缆。许多城市已有的地下输电电缆容量已达饱和,如果采用高温超导电缆替换原有的常规电缆,在现有城市地下电缆沟容积不变的情况下,即可将输电容量提高 3~5 倍,是提高城市输电功率的有效选择。

2) 发电站和变电站的大电流母线。采用高温超导电缆做大电流母线,可以大幅减少损耗,降低母线占用空间。

3) 金属冶炼工业的大电流母线。采用高温超导电缆可以大幅降低电能损耗和节省厂房面积。

2. 在电工方面的应用

超导体在电工方面早已得到应用,主要是制成超导磁体。超导磁体的优点是能耗低、体积小、重量轻。1987 年 4 月 6 日,日本电力中央研究所已开发出用于交流电的当时世界上最大容量(500kV·A)的超导线圈,其耗电量极少。

美国阿贡国家实验室根据迈斯纳效应的超导特性研制成世界上第一台超导电机。它由一个 8.5in(1in=25.4mm)的铝质圆盘和镶嵌在这个圆盘周围的 24 块小电磁体组成,表明用超导特性制造电机是可行的。

美国海军正在研究将超导发电机和船用发电机结合起来,以取代巨大的机械驱动轴的可能性。图 6-6 为某一超导发电机。超导发电机磁负荷较大(约 5T),但要达到实用、大容量,提高临界送电能力和与常规发电机并列运行的能力,必须确保安全稳定运行,故对超导发电机可靠性的要求较高。

图 6-6 超导发电机

3. 在交通运输方面的应用

利用磁极同性相斥的原理设计超导磁悬浮列车。强大的斥力由安装在列车车体底部的几乎没有磁阻的超导电磁铁,以及与线路路基上装设的由外部供电的线圈和封闭铝环所产生的同性强大磁场形成。给线路上的线圈供电后,车体就"漂浮"起来,同时直线感应电动机驱动列车前进。已经研制并试验运行的超导磁悬浮列车的时速已达 500km。随着超导转变温度的提高，磁悬浮列车最终进入实用阶段。图 6-7 所示是上海的磁悬浮列车。此外，日本科学家已设计出超导体推进船的构想。

图 6-7　上海磁悬浮列车

4. 在高能物理研究方面的应用

在原子核和基本粒子的研究中，用各种各样的加速器以加速各种带电粒子（如电子、质子、α 粒子）等。这些经过加速的高能粒子打在"靶子"上，就能产生基本粒子反应，所以加速器是研究原子核和基本粒子的重要工具。据 1987 年 8 月报道，欧洲第一台超导电子加速器在联邦德国建成，并部分投入运行。它与一般加速器的不同之处在于，电子由具有超导特性的结构——超导室组成的谐振器进行加速，最终速度能接近光速，携带的能量可达 130MeV。另外，部分使用超导体装备加速器的还有联邦德国同步电子加速器。美国已开始实施一个由 400 个超导空腔谐振器组成的加速器计划，使电子能量达到 4000MeV。图 6-8 为安装在我国合肥高新区的超导回旋加速器。

图 6-8　超导回旋加速器

5. 在医学方面的应用

1962 年发现的约瑟夫森效应——超导隧道效应，促成了一类器件的问世。这类器件用超导结工作，灵敏度高、响应快、噪声小、损耗低。如美国国家标准局实验室用在液氮环境中超导的陶瓷材料制成一个灵敏度极高的磁探测器——超导量子干涉仪，这是用超导新材料制成的第一个实用器件。它可用于测量和跟踪生物磁信号，捕捉到人脑和心脏的微小磁场。图 6-9 所示为某一超导量子干涉仪。在医学上，可以制成心磁计、脑磁计测量心磁、脑磁及肺、神经等器官的微弱磁信号，日本已在 CT（计算机断层扫描）机上试用了超导元件，用于人体断层摄影。

图 6-9 超导量子干涉仪

6. 在通信与电子工业方面的应用

科学家们认为，超导体对通信与电子工业的影响也是革命性的。仅以电子计算机为例，用超导陶瓷薄膜制造集成电路，不仅节省能量，而且运算速度可成千倍地提高。2015 年 6 月 25 日，加拿大 D-wave 公司推出了将近 1000 量子比特的量子计算机芯片，如图 6-10 所示。这款处理器包含 128000 个约瑟夫森隧道结，据称是当时推出的"最复杂的超导体集成电路"，比上一代产品多出一倍的量子比特。

图 6-10 D-wave 公司的近 1000 量子比特的量子计算机芯片

6.3 等离子体技术

6.3.1 等离子体概述

等离子体是由部分电子被剥夺后的原子及原子团被电离后产生的正负离子组成的离子化宏观电中性电离气体,其运动主要受电磁力支配,广泛存在于宇宙中,常被视为除去固、液、气外,物质存在的第四态,是一种很好的导电体。因此,可以利用可控的磁场捕捉、移动和加速等离子体。等离子体物理的发展为材料、能源、信息、环境空间、空间物理、地球物理等科学的进一步发展提供了新的技术和工艺。

物质由分子构成,分子由原子构成,原子由带正电的原子核和围绕它的、带负电的电子构成。当被加热到足够高的温度或其他原因,外层电子摆脱原子核的束缚成为自由电子。电子离开原子核的过程称为"电离"。这时,物质就变成了由带正电的原子核和带负电的电子组成的均匀的"浆糊"——离子浆。离子浆中正负电荷总量相等,是近似电中性的,所以又称为等离子体。

1879 年,英国的克鲁克斯发现等离子体;1928 年,美国科学家欧文·朗缪尔和汤克斯首次使用"等离子体"(Plasma)描述气体放电管里的物质形态。在自然界里,火焰、闪电以及极光等都是等离子体作用的结果。用人工方法,如核聚变、核裂变、辉光放电也可产生等离子体。

21 世纪人们已经掌握和利用电场和磁场产生来控制等离子体。最常见的等离子体是高温电离气体,如电弧、霓虹灯和荧光灯中的发光气体,又如闪电、极光等。金属中的电子气和半导体中的载流子以及电解质溶液也可以看作等离子体。图 6-11 为人工等离子发生器。在地球上,等离子体物质远比固体、液体、气体物质少。在宇宙中,等离子体是物质存在的主要形式,占宇宙中物质总量的 99%以上,如恒星(包括太阳)、星际物质以及地球周围的电离层等,都是等离子体。图 6-12 为宇宙中等离子体示意图。为了研究等离子体的产生和性质,以阐明自然界等离子体的运动规律并利用它为人类服务,在天体物理、空间物理,特别是核聚变研究的推动下,近三四十年来形成了磁流体力学和等离子体动力学。

图 6-11 人工等离子发生器

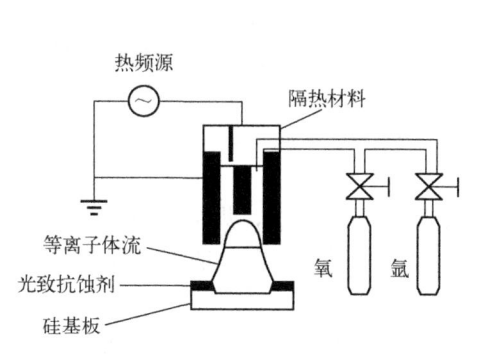

图 6-12 宇宙等离子体示意图

等离子体可分为两种:高温和低温等离子体。等离子体温度分别用电子温度和离子温度表示，两者相等则称为高温等离子体；不相等则称低温等离子体。高温等离子体只有在温度足够高时产生，恒星不断地发出这种等离子体，约占宇宙的 99%。低温等离子体是在常温下发生的等离子体（虽然电子的温度很高）。低温等离子体可以被用于氧化、变性等表面处理或者在有机物和无机物上进行沉淀涂层处理。

6.3.2 等离子体技术应用

目前，一些低温等离子体技术得到应用与推广，比如，等离子体切割、焊接、喷镀，磁流体发电，等离子体化工，等离子体冶金，以及火箭的离子推进等。当光照射在金属表面时，等离子体就会被激发，因此，等离子体可以被看作光子和电子的连接。

1. 等离子体传感器和癌症治疗仪

等离子体激发小金属层表面产生的米粒形状的粒子能量很大，在米粒状粒子弯曲顶端处等离子体电场比用来激发等离子体的电场强很多，并且它在很大程度上改进了光谱的速率和精确性。换一种说法，纳米数量级的等离子体不仅可以用来鉴定，还可以用来杀死癌细胞。

2. 等离子体显微镜

等离子体显微镜能够拍下来空间分辨率在 60nm 的物体（如果是实用材料，分辨率能达到 30nm），而用激光显微镜只能达到 515nm。巨大光极化和光传输方面，应用表面声子光激发技术制造的超棱镜显微镜的光波长仅为红外线光显微镜波长的 1/20。

3. 等离子体电路

未来等离子体电路将应用纳米数量级的电容、电阻和感应器，实现电路小型化；应用纳米天线探测光信号，比如，纳米波导、纳米传感器；并能实现纳米计算机、纳米存储、纳米信号和光分子接口。

4. 等离子体冶炼

等离子体可用于冶炼用普通方法难于冶炼的材料，例如高熔点的锆（Zr）、钛（Ti）、钽（Ta）、铌（Nb）、钒（V）、钨（W）等金属；还用于简化冶炼工艺过程，例如直接从 $ZrCl$、MoS、TaO 和 $TiCl$ 中分离获得 Zr、Mo、Ta 和 Ti；用等离子体熔化快速固化法可开发硬的高熔点粉末，如碳化钨-钴、Mo-Co、Mo-Ti-Zr-C 等粉末等离子体冶炼，产品成分及微结构的一致性好，免除容器材料的污染。

5. 等离子体喷涂

许多设备的部件应能耐磨、耐腐蚀、抗高温，需要在其表面喷涂一层具有特殊性能的材料。用等离子体沉积快速固化法可将特种材料粉末喷入热等离子体中熔化，并喷涂到基体部件上，再迅速冷却、固化，形成接近网状结构的表层，大幅提高喷涂质量。

6. 等离子体焊接、切割

等离子体可应用等离子体焊接钢、合金钢、铝、铜、钛等及其合金，焊缝平整，可以再加工，没有氧化物杂质，焊接速度快。应用等离子体切割钢、铝及其合金，切割厚度大。

7. 等离子平面屏幕技术

近几年来，等离子平面屏幕技术支持下的等离子体显示屏（PDP）是平面电视的最佳候选者。1964 年，美国伊利诺伊大学成功研制出了等离子显示平板——一种单色等离子显示器。现在的等离子面板拥有一系列像素，这些像素又包含有三种次级像素，分别呈红色、绿色、蓝色。在等离子状态下的气体能与每个次级像素里的磷光体反应，从而能产生红、绿或蓝色，进而得到丰富、动态的颜色。每种由一个先进的电子元器件控制的次级像素能产生 16 亿种不同的颜色，意味着能在显示屏上看到更真实的画面。

8. 磁流体发电

磁流体发电技术就是用燃料（石油、天然气、燃煤、核能等）直接加热成易于电离的气体，使之在 2000℃ 的高温下电离成导电的离子流，然后让其在磁场中高速流动，切割磁力线，产生感应电动势，即由热能直接转换成电能，由于无须经过机械转换环节，所以称之为直接发电，其燃料利用率得到显著提高，这种技术也称为等离子体发电技术。

6.3.3 聚变电工技术

1. 托卡马克聚变装置

在众多能源中，具有清洁、安全、不受环境影响、取之不尽等优点的核聚变能是未来的理想能源。为了和平利用核聚变，获得稳定可控的核聚变能源，世界各国自 20 世纪 40 年代陆续开展了大量的研究，提出了磁约束、惯性约束等多种控制核聚变的方法。具有稳定输出特点的磁约束核聚变得到了广泛的研究。截至 20 世纪 90 年代，托卡马克（Tokamak）装置中聚变反应的输出能量大于装置的输入能量，实现临界等离子体条件，意味着托卡马克是最接近未来聚变发电的可行方案。此装置需要维持强磁场以约束等离子体的电工技术。

托卡马克是由苏联库尔恰托夫研究所的阿齐莫维奇等人在 20 世纪 50 年代初发明，主要原理是通过外部线圈产生的环向磁场将完全电离的放电气体（等离子体）约束在一个环形真空室中（见图 6-13），再通过外部加热手段将这些等离子体加热到核聚变反应的条件。

人类想要成功可控开展能够产生巨大能量的核聚变反应，必须满足三个条件。第一，要有超高的温度，该温度足够将氘氚燃料转化为温度超过 1 亿℃ 的等离子体；第二，为提高氘氚核的量子隧穿概率，需要保证燃料超高的密度，以储存聚变中产生的 α 粒子的能量并继续参与聚变反应；第三，等离子体必须被限制在一个有限的空间内，且时间足够长。人类实现核聚变产能的两个困难是在数亿摄氏度的温度下点火和对长期约束的稳定控制。

目前全球正在研究的可控核聚变技术路线，主要包括磁约束路线和激光惯性约束路线。其中，磁约束路线需要利用装置，用特殊磁场来约束聚变物质（处于热核反应状态的氘、氚等轻原子核及自由电子组成的超高温等离子体）在有限体积内，使其受控地发生大规模的原子核聚变反应，释放出能量。目前典型的研究装置包括托卡马克、仿星器、反向场箍缩、磁镜等。该路线较多采用的装置是托卡马克和仿星器。托卡马克装置的名称 Tokamak 来源于其装置核心部分的名字——环形（Toroidal）、真空室（Kamera）、磁（Magnet）、线圈（Kotushka）。托卡马克装置曾被质疑存在安全问题，因为托卡马克装置内受到电流的控制，一旦电流或磁场中断，整个反应堆将会被破坏，影响安全。而仿星器的结构则非常复杂，形状扭曲就像麻花。它主要借助外导体电流等产生的磁场对等离子体进行约束，由一闭合管和外部线圈组成。闭合管呈直线形、"跑道"形或空间曲线形。常见的仿星器具有两对或三对螺旋绕组，前者磁面形状类似于椭圆，后者则近似于三角形（见图 6-14）。相邻螺旋绕组中通以大小相等、方向相反的电流，螺旋绕组产生的磁场和纵向磁场合成后，磁力线产生旋转变换，从而约束无纵向电流的等离子体。仿星器的最大优点是能够连续稳定运行。德国科学家认为其可能是最适合未来核聚变电厂的类型。

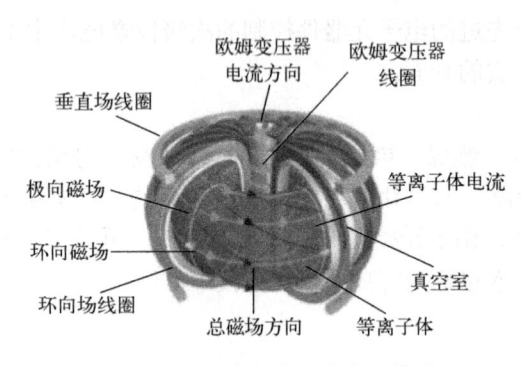

图 6-13 现代托卡马克物理模型

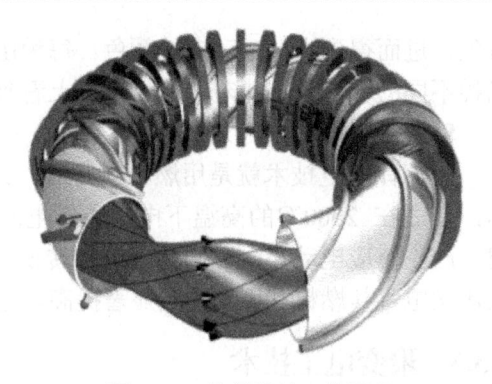

图 6-14 仿星器的工作原理

2. 核聚变技术的发展历程

目前世界多国正在单独或联合进行聚变能的研究，根据国际原子能机构数据，截至 2022 年末，全世界约有 130 个国有或私营实验性聚变装置，其中 90 个正在运行，12 个在建，28 个计划中。这 130 个装置中，约 76 个为托卡马克、13 个为仿星器、9 个为激光点火设施，另有 32 个所谓新概念装置。

1951 年 5 月，美国天体物理学家莱曼·斯必泽提出了仿星器的概念。仿星器的典型代表是 2015 年 10 月由德国马普等离子体物理学研究所建造的 Wendelstein7-X（见图 6-15）。该装置使用 50 个超导磁性线圈的极端复杂形式，将等离子体固定在一个闭合扭曲的环形磁笼中，只要注入少量的氢气并加热等离子体，就可以复制太阳内部的环境。2022 年 8 月 9 日，Wendelstein7-X 进入连续运行实验阶段。

图 6-15 德国 Wendelstein7-X 仿星器

2017 年，西南交通大学联合日本核融合科学研究所共同设计了一台准环对称仿星器——中国首台准环对称仿星器 CFQS（见图 6-16），并已开始装置的建造。2022 年 11 月 30 日，南华大学引进一台 H-1 仿星器，该仿星器由澳大利亚国立大学建造，将作为中国首台引进仿星器装置，用于研究湍流输运、磁流体不稳定性以及磁位型对等离子体稳定性和约束的影响等问题。

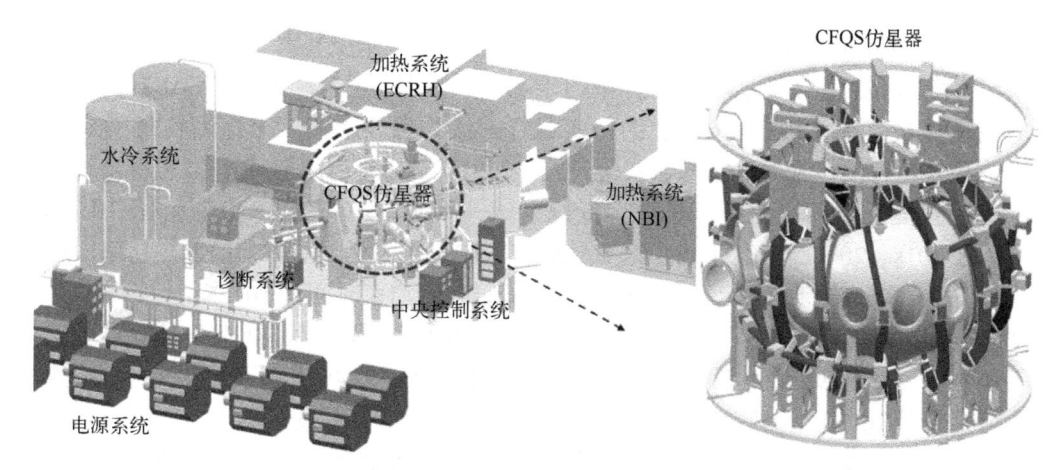

图 6-16 中国首台准环对称仿星器 CFQS

托卡马克聚变装置中最知名的有欧洲联合环（JET）、国际热核聚变实验反应堆（或称"伊特尔"人造太阳计划，ITER）和中国的东方超环（EAST）。目前世界上最大的托卡马克装置是欧洲联合环（JET），于 1984 年由多个欧洲国家建成，装置外圈半径 3m，真空室高 4m。2021 年 2 月，JET 实现了 5s 内产生 59MJ 的持续能量，创造新的世界能源纪录。

苏联于 1985 年 11 月在日内瓦美苏首脑峰会上首次提出 ITER 计划的倡议。2006 年，中国、欧盟、美国、俄罗斯、日本、韩国和印度七方签署协定，ITER 计划全面启动，目标是把等离子体加热到 10 亿℃，维持 500s 的核聚变实验，每小时利用 5 万 kW·h 的电能量可释放出 50 万 kW·h 的电能量。2008 年，中国全面开展 ITER 计划工作，承担了其中约 10%的研发制造任务。2020 年，在法国开始建设的国际合作项目 ITER 半径将是 JET 的两倍，体积更是 JET 的 10 倍。2022 年 11 月 22 日，中国团队在其核心部件中已率先突破，制造完成首件被誉为实验堆"防火墙"的增强热负荷第一壁。

目前，我国磁约束核聚变技术的研究已处于世界前列，托卡马克装置主要包括华中科技大学的 J-TEXT 装置、核工业西南物理研究院的 HL-2M 装置和中国科学院等离子体物理研究所的 EAST 装置（见图 6-17）。

图 6-17 中国科学院等离子体物理研究所的 EAST 装置

2006 年 9 月，我国自主设计、自主建造的新一代热核聚变装置 EAST 首次成功完成放电实验，获得 200kA、接近 3s 的高温等离子体放电。2017 年 7 月 3 日，EAST 在长脉冲高约束等离子体模式下实现了 101.2s 的稳定运行，成为世界上第一个在高约束模式下实现 100s 左右稳定运行的核聚变托卡马克实验设施。2021 年 12 月 30 日，EAST 实现当时世界上托卡马克装置最长时间高温等离子体运行纪录——7000 万℃高温下稳定运行 1056s，1.2 亿℃下运行 101s。2022 年 12 月 12 日，EAST 首次实现了 1 亿 kW 以上的加热功率，达到了 300kJ 的等离子体储能和 1 亿℃等离子体中心电子温度，约束时间为 101.2s。

2022 年 10 月 20 日，中核集团的 HL-2M——中国新一代"人造太阳"的等离子体电流超过了 100 万 A，跻身国际核聚变研究第一方阵。HL-2M，即中国环流器二号 M 装置，是中国目前参数最高的托卡马克装置，被定位为中国新一代的核聚变实验设施。该设施利用特殊的先进偏滤器（Divertor）位形，重点探索未来核聚变示范堆在高功率、高热负荷和强等离子体与物质相互作用条件下，消除粒子、热负荷、氦灰的有效途径和手段，作为 EAST 装置的补充，使中国堆芯级的等离子体物理研究和关键技术达到国际一流水平。

3. 聚变能的商业化展望

核聚变能在未来有望替代常规化石能源而成为新一代清洁能源。世界上已有许多反应堆和聚变堆方案，然而，这些方案由于技术复杂以及经济性差等而未能大规模推广应用。商业化可控核聚变的目标是建立以可控核聚变为能源的商业发电站。

自 2021 年开始，澳大利亚、加拿大、中国、法国、德国、以色列、意大利、日本、英国和美国共有约 30 多家私营核聚变公司在探索核聚变发电的商业可行性。国家队与创业公司的分工越来越明显：国家队研究大型托卡马克装置，最终建造可控核聚变发电站；创业公司主攻小型托卡马克，用较低的成本造出原型机，争取实现商业发电。

Commonwealth Fusion Systems 核聚变公司，希望能在 2025 年先建成一台基于 ARC（Affordable-Robust-Compact，经济、稳健、紧凑）设计方案的原型机 SPARC，2030 年建成一台百万千瓦级的 ARC 核聚变发电站。TAE Technologies 核聚变公司采用"场反位形"无中间线圈的磁约束装置，将极大地降低核聚变电站的造价。General Fusion 的加拿大公司，发明一种介于磁约束和惯性约束之间的新概念核聚变技术，利用机械泵压缩处于磁约束中的等离子体，于 2022 年在英国建造一台原型样机。

目前，国内也有一些民营企业在探索可商业化聚变能源技术。2022 年 2 月，能量奇点公司宣布融资主要用于研发和建设基于全高温超导材料的小型托卡马克实验装置，以及可用于下一代高性能聚变装置的先进磁体系统。同年 6 月，星环聚能公司对外宣布融资，所筹资金用于可控聚变能开发，在陕西省西咸新区建设球形托卡马克聚变装置。

6.3.4 磁流体发电技术

1. 磁流体发电原理

磁流体是由强磁性粒子、媒体以及界面活性剂三者混合而成的一种稳定的胶状溶液。该流体在静态时无磁性吸引力；当外加磁场作用时，才表现出磁性。磁流体发电是一种新型的高效发电方式。当带有磁流体的等离子体横切穿过磁场时，按电磁感应定律，由磁力线切割而产生电动势；在磁流体流经的通道上安装电极和外部负载连接时，则可发电。磁流体发电机没有运动部件，结构紧凑，起动迅速，环境污染小，有很多优点，特别是它的排气温度高达 2000℃，可通入锅炉产生蒸汽，推动汽轮发电机组发电。这种磁流体-蒸汽动力联合循环电站，一次燃烧两级发电，比现有火力发电站的热效率高 10%～20%，节省燃料 30%，是火力发电技术改造的重要方向。

为使磁流体具有足够的电导率，需在高温度、高流速的工作媒质中加入钠、钾、铯等碱性金属或加入微量碱金属的惰性气体，利用非平衡电离原理来提高电离度。前者直接利用燃烧气体穿过磁场的方式为开环磁流体发电；后者通过换热器将工质加热后再穿过磁场为闭环磁流体发电。磁流体发电按工作介质的循环方式分为开式循环、闭式循环和液态金属循环。开式循环磁流体发电机由燃烧室、发电通道和磁体组成，其工作过程是，在燃料燃烧后产生的高温燃气中，加入易电离的钾盐或钠盐，使其部分电离，经喷管加速，产生温度达 3000℃、速度达 1000m/s 的高温高速导电气体，导电气体穿越置于强磁场中的发电通道，做切割磁力线的运动，感生出电流。

2．磁流体发电的改进及应用

磁流体发电技术改进及应用的技术特点是，设计合适的磁场通道，把电解质溶液经泵的加压后，使其高速通过磁场通道，溶液中的正负离子相互分离，并产生无离子的水。此技术适用于海水淡化及综合利用、烧碱生产和造纸厂污水处理等领域。在污水处理中，可将污水中的酸、碱、可溶性盐类物质与水进行分离，同时为污水提供离子态的氧，加速污水的净化过程；在淡水养殖业中，可产生富氧水流；还可应用于氢气和氧气制备、重金属冶炼等方面。在重金属冶炼时，利用重金属盐的水溶性和重金属不易与水发生反应的特性，对重金属盐溶液进行处理，使重金属原子沉积到磁场通道的一定区域并进行收集，达到冶炼的目的。此技术与现有的蒸馏法、电渗析法、膜渗透法等海水淡化工艺相比，具有设备结构简单、节省能源、效率高、综合利用性强等优点。在水资源日益短缺的今天，此技术的运用有着极广的发展前景和巨大的经济效益。与燃煤磁流体发电技术相比，此技术有着本质的不同，运用领域广、无污染。

磁流体发电本身的效率仅 20%左右，但其排烟温度很高，从磁流体排出的气体可送往一般锅炉继续燃烧生产蒸汽，驱动汽轮机发电，从而组成高效的联合循环发电系统，总的热效率可达 50%～60%。此外，它可有效地脱硫并控制 NO_2 的产生，属于低污染的煤气化联合循环发电技术。

在磁流体发电技术中，高温陶瓷不仅关系到在 2000～3000K 磁流体温度下能否正常工作，而且涉及通道的寿命，这也是燃煤磁流体发电系统能否正常工作的关键。目前高温陶瓷的耐受温度最高已可达到 3090K，这也解决了磁流体发电的一个技术瓶颈问题。

3．磁流体发电的推广

新型的磁流体发电机是根据洛伦兹力产生磁偏转的原理制成的。它将高温等离子体喷射入磁场，在洛伦兹力的作用下，等离子体中带正电和带负电的粒子将向相反方向运动，聚集在磁场中的两个电极上，使两电极之间产生电势差，从而将等离子体的内能直接转换为电能。

在磁流体发电机中，气流的温度高达 2000～3000℃，喷射速度可达 800～1000m/s。气流中还混有约 1%腐蚀性极强的电离剂，这就要求电极材料既要能耐高温，经得起高速离子的不断冲击，还要能抗钾离子的腐蚀。另外，磁流体发电设备起动速度快，从点火起动到满负载工作只需几十秒。这又要求电极材料能经受骤冷骤热的急剧变化。陶瓷是新兴工业材料之一。它抗腐蚀、耐高温、硬度高，能经受冷热骤然变化，绝缘性能也很好。如果能使陶瓷在不改变其他优良性能的同时成为电的良导体，那么这种能导电的陶瓷作为磁流体发电设备的电极材料是非常理想的。

氧化锆陶瓷是一种性能良好的工业陶瓷材料。在氧化锆陶瓷中加入10%的氧化钇制成一种耐高温、抗氧化的复合氧化物陶瓷。这种复合氧化物陶瓷具有良好的导电性能,它能像金属一样把电能转换为热能、光能,能耐2000℃以上的高温,且寿命在1000h以上。

近年来,人们又研究了液态金属磁流体发电设备,它巧妙地避开了难以克服的"高温困难"。这项新技术的特点是放弃带来许多工程困难的高温等离子体而以低熔点液态金属(如钠和钾、锡、水银等)为导电液体。由于液态金属黏滞性较大,故在液态金属中掺进易挥发的流体(如甲苯、乙烷、水蒸气等)。这些液体一旦加入液态金属中,立刻沸腾成气泡。膨胀的气泡像多级活塞泵一样推动液态金属快速流过发电管道。

这种低温磁流体发电机不仅保持了等离子体磁流体发电设备的优点,而且可以使用低热源发电。同时,由于低熔点金属和易挥发液体种类较多,选择余地大,价格也不贵,从实验装置运行的情况估算,成本比目前商业用电还略低。若在工业生产中利用工厂废热发电,则成本可进一步降低。

4. 磁流体发电未来展望

燃煤开环磁流体发电将对节能和减少 CO_2 排放做出重大贡献,实现电力行业的绿色生产。因为其工作温度较低,适合于 100~300MW 中型机组,在以煤为燃料的燃气发电行业中具有巨大的潜力。液体金属式闭环磁流体发电,从工作温度范围和能源种类的适应性及高导电率看,可适用于小型发电装置,发展前途广阔。

6.3.5 等离子发动机

等离子发动机的主要工作机理是,在发动机的阳极和阴极间施加轴向的电场,由带电线圈产生径向方向的磁场,电子被磁场束缚,做周向的霍尔(Hall)漂移,与通道内的中性原子碰撞,产生离子,离子被电场加速,高速喷出,从而产生推力。由于离子的质量与电子的质量相比较大,离子运动几乎不受磁场的影响。

迄今已有多个太空探测任务采用等离子发动机,如美国宇航局探测小行星的"黎明号"(Dawn)探测器、日本探测彗星的"隼鸟号"(Hayabusa)探测器及欧洲空间局撞击月球的 SMART-1 探测器。这些已经实用的离子发动机都很小巧,多属于辅助发动机,推力和加速度都很小,要使航天器达到预定的飞行速度,用时极长。图 6-18 和图 6-19 分别为 SMART-1 探测器和"黎明号"(Dawn)探测器。

图 6-18 SMART-1 探测器　　　　　图 6-19 "黎明号"探测器

2003 年 9 月 27 日,首枚采用太阳能离子发动机作为主要推进系统的探测器 SMART-1 开始星际之旅。该发动机利用探测器自身的太阳能帆板所产生的电流喷射持续的带电粒子束产生动力,从离开地球到最终到达观测轨道,只消耗了 75kg 的惰性气体燃料——氙,燃料利用的效率比传统化学燃料发动机高 10 倍。虽然产生的动力不够强劲,但它可以连续多年给飞行器提供动力,满足其在太空深处进行长期探测的需求,同时,较小的力可以使探测器飞行状态的控制更加精确,从而使其能更准确精细地观测月球。SMART-1 探测器等离子体发动机提供的加速度只有 0.2mm/s^2,推力只相当于一张纸对手掌的压力。

2007 年 9 月 27 日,"黎明号"小行星探测器发射升空,速度为 11.46km/h。在最初 4 天,速度提高到 96km/h,12 天后达到 300km/h,1 年后升至惊人的 8850km/h,消耗的燃料只有 15USgal(1USgal=3.785dm^3)。

等离子发动机的推力虽小,但优越的比冲量,意味着能用更少的燃料提供更多的动力,最终将传统的化学火箭远远抛在身后。等离子发动机的低推力、高比冲的性质更适合作为在轨卫星或空间站的位置保持、重定位和姿态控制。

6.4 高功率脉冲技术

6.4.1 高功率脉冲技术概述

高功率脉冲技术是研究高电压、大电流、高功率短脉冲的产生和应用的技术。该技术最初是为满足材料响应实验、闪光 X 射线照相及模拟核武器效应的需要而出现的。1962 年,英国核武器研究中心的 J. C. 马丁将 Marx 发生器与传输线技术结合起来,产生纳秒级的高功率脉冲,从而开辟了这一崭新的领域。随之,高技术领域中,诸如受控热核聚变、高功率粒子束、大功率激光、高功率相干辐射源技术的发展以及定向束能武器、电磁轨道炮的研制都对高功率脉冲技术的发展提出了新的要求,希望有高重复频率、长寿命的高功率脉冲出现。所以,高功率脉冲技术成为 20 世纪 80 年代极为活跃的研究领域之一。

1. 高功率脉冲系统工作原理

高功率脉冲系统工作原理如图 6-20 所示。高功率脉冲电源包括初级能源、中间储能和脉冲成形系统、转换系统等部分。首先,经过慢储能,使初级能源具有足够的能量;其次,向中间储能和脉冲形成系统注入能量;再次,能量经过储存、压缩、形成脉冲或转化等复杂过程之后,最后快速释放给负载。由一定的能量所转换成的脉冲持续时间越短,在负载上得到的功率越高。能源(如 DC 充电装置)所提供的可以是电能、磁能、化学能或其他形式的能(如巨型飞轮转动的动能),但大多数情况下是电能。

图 6-20 高功率脉冲系统工作原理

2. 高功率脉冲发生器

高功率脉冲发生器用得较多的是 Marx 发生器或电容器组。典型高功率脉冲发生器采用电容并联充电然后串联放电,来达到产生高功率脉冲的目的,如图 6-21 所示。充电电源把每个电容量为 C_0 的电容器(总数为 n)通过充电电阻 R 并联充电到电压 V_0,而后使得所有的开关 S(常用充气火花间隙开关)接通,这些电容器就会全部串联起来,建立起电压幅值为 nV_0 的高压,并在负载上产生一定脉宽波形的脉冲,通常可使初始功率提高几千万倍。由并联充电变成串联放电的操作靠气体开关电极来实现,开关同步性直接决定发生器的同步性能。电阻 R 在充电时起电路的连接作用,在放电时又起隔离作用。负载可以是强 X 射线二极管,或者是被加速的电子束、离子束等。

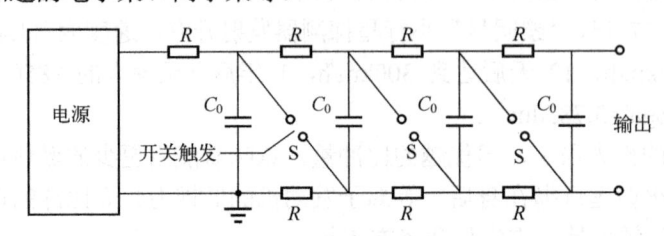

图 6-21 Marx 发生器结构示意图

6.4.2 高功率脉冲电源发展历程

高功率脉冲电源是为脉冲功率装置的负载提供电磁能量的装置,构成脉冲功率装置的主体。高功率脉冲电源是随着高功率脉冲技术的发展而发展的。

20 世纪 60 年代中期起,美国的圣地亚国家实验室一直引领脉冲功率发展的世界新潮流。美国武器军事实验中心建造了 4.5MJ 的脉冲电源系统;早期场发射公司生产了一系列小型 300～2000kV、3～5kA、20ns 闪光射线机;离子物理公司将静电加速器对传输线直流充电,生产了 FX50 到 FX100 型脉冲功率装置,并建造了大批规模越来越大的油介质和水介质传输线装置,其研究水平世界领先。

20 世纪 80 年代,建在英国的欧洲联合环(托卡马克装置),由脉冲发电机提供脉冲大电流。其中,脉冲发电机由两台各带有 9m 直径、重量为 775t 的大飞轮的发电机组成。发电机由 8.8MW 的电动机驱动,大飞轮用来储存准备提供产生大功率脉冲的能量。每隔 10min,脉冲发电机可以产生一个持续 25s 左右的 500 万 A 大电流脉冲。

美国的主要研究机构有圣地亚国家实验室、利弗莫尔实验室、洛斯阿拉莫斯实验室、海军研究实验室、海军水面武器中心、空军武器实验室、陆军实验室、康奈尔大学、马里兰大学、得克萨斯大学、物理国际公司、麦克斯韦公司等。他们的研究与制造分工明确,使用单位与研究单位关系比较协调,技术比较先进。

俄罗斯(苏联)的重要研究机构有库尔恰托夫原子能研究所、列别捷夫物理研究所、叶菲利莫夫电物理装置研究所、实验物理研究所、新西伯利亚的大电流研究所、电物理研究所和核物理研究所。俄罗斯在重复频率运行的脉冲功率装置和脉冲径向线加速器研究方面独具特色。所生产的基于 Tesla 变压器技术的 Sinus 和 Radan 系列脉冲功率装置,结构紧凑,易于重复频率工作。他们在高功率微波研究方面处于世界领先地位。

欧洲的研究所使用单模块储能的电容器建立了高效灵活的脉冲成形单元,可以储能 50kJ、峰值电流 50kA。德国从 1998 年开始研究能量密度为 214MJ/m³ 的高能放电电容器,并在 2002 年研制了紧凑式高功率放电装置。韩国在 2000 年建立了 300kJ 脉冲电源模块，充电电压为 22kV、电流为 150kA，整个系统的总储能为 214MJ。

我国的主要研究机构有中国工程物理研究院、中国原子能科学研究院、西北核技术研究所、中国人民解放军国防科技大学、中国科学院电子学研究所和电工研究所、清华大学电机工程系等。20 世纪 80 年代以来，我国相继进行了离子加速、准分子激光、自由电子激光、高功率微波、电磁轨道炮、抗核加固、闪光射线照相等高新技术研究，据公开资料显示，先后建造了 20 余台强脉冲电子束加速器，为开展强流束物理及应用研究创造了良好条件。现在已经有几十台高功率脉冲装置在运行，如中国工程物理研究院的 8MV、100kA、脉宽 80ns 的"闪光一号"相对论电子加速器以及 12MV 束流 2kA 的直线感应电子加速器、西北核技术研究所的 1.47MV、720kA、脉宽 70~80ns 的"闪光二号"相对论电子加速器等。弹道国防科技重点实验室自开展电热化学发射系统研究以来，经过多次改扩建，形成了目前用于中小口径电热化学发射研究的脉冲电源系统。这些都标志着我国在脉冲功率技术领域取得的进展。

6.4.3 高功率脉冲技术的应用

1. 脉冲功率技术的应用领域及发展趋势

脉冲功率技术的研究和应用的迅速发展给高等教育提出了要求。美国、日本、德国等国家的一些研究部门和高等院校开设了脉冲功率技术专业系列课程、实验和设计，不定期地举办国际性的有关脉冲功率技术的讲习班，编写了讲义和参考资料。

现在，脉冲功率技术在国民经济中也有着广阔的应用前景，涉及工业生产、科研实验、医疗诊断等多个领域。

在工业生产中，高功率脉冲电源常用于高速电机驱动、电火花加工、电磁加热以及金属材料的焊接、切割、熔炼等工艺，可提高生产效率和产品质量。

在科研实验中，高功率脉冲电源可以用于产生高能粒子束流、研制新型武器等，为科学研究提供强有力的支持。它可以用于雷达、电子对抗、高能激光器等军事设备的驱动电源，提供稳定可靠的高能量输出。

在医疗诊断中，高功率脉冲电源可以用于产生 X 射线、CT 等医学影像设备，提高医疗诊断水平，主要用于医学成像设备、激光手术器械等医疗设备的驱动电源，提供高能量、高稳定性的电源输出。

高功率脉冲电源的发展趋势主要是：

1) 高能量密度。随着科技的不断进步，高功率脉冲电源的能量密度将不断提高。通过采用新型的能量存储元件和先进的能量管理技术，可以实现更高能量密度的脉冲电源。

2) 高效能量转换。高功率脉冲电源的能量转换效率也是发展的重点。通过优化电路设计和控制算法，提高能量的转换效率，减少能量的损耗，从而提高整个系统的效率。

3) 多功能集成。未来的高功率脉冲电源将更加注重多功能集成。将多种功能模块集成到一个系统中，可以实现更高的系统集成度和更低的系统成本。

2. 电磁炮

电磁炮是利用电磁发射技术原理制成的一种先进的动能杀伤武器。与传统火炮依靠火药燃气压力作用于弹丸不同，电磁炮是利用电磁场的作用力，其作用的时间要长得多，可大幅提高弹丸的速度和射程，因而引起了世界各国军事家们的关注。自 20 世纪 80 年代初期以来，电磁炮在武器发展计划中越来越重要。强大的脉冲电源是电磁炮弹获得足够动能的基础，因此这也就成了电磁炮的最关键技术之一。电磁轨道炮的发展在很大程度上依赖于从几百千瓦至几兆瓦级高功率脉冲电源的发展。

线圈炮是最早出现的电磁炮，其工作原理如图 6-22 所示。它有一根炮管（图中未标示出），管中装有数个固定的加速线圈。当这些线圈被依次通入电流时，就产生一个运动的磁场，从而在弹丸线圈中感应出电流。这样，运动着的磁场将把洛伦兹力 F 施加到弹丸线圈的电流上，使弹丸加速。另外还有很多其他形式的线圈炮。从物理上说，它们基本上都是根据通电线圈之间的磁相互作用原理工作的。其中，某些类型的线圈炮用磁性材料弹丸代替弹丸线圈。

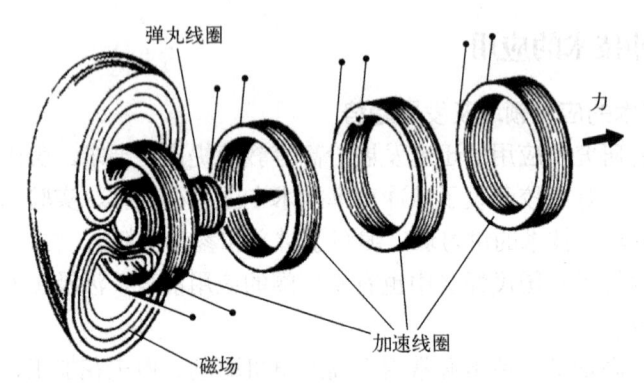

图 6-22 电磁线圈炮的作用原理

图 6-23 所示的轨道炮是一种更高级的电磁炮。它由两条平行的轨道组成，弹丸在两轨之间滑动。当两轨被接上电源时，电流通过一条轨道流向弹丸，又通过弹丸底部的一个导流转子流向另一条轨道。轨道电流产生一个磁场，该磁场将洛伦兹力施加到流过转子的电流上，使弹丸加速。轨道炮也可以制成很多种形式。

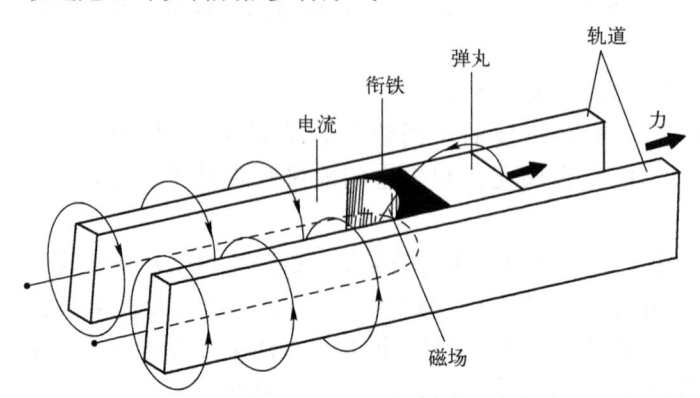

图 6-23 轨道炮的作用原理

3. 电磁弹射

电磁弹射是一种新型的舰载飞机起飞方式，它是利用电磁力将飞机从航母上加速起飞的一种技术。相比于传统的蒸汽弹射方式，电磁弹射具有更高的效率和更低的维护成本。

电磁弹射就是利用电磁感应原理，在航母上安装一条长达数百米的电磁轨道，将电能转化为动能，推动飞机从航母上加速起飞。电磁弹射系统由电源、电容器、电磁线圈和控制系统等组成。首先，电源将电能输入电容器中储存起来。然后，当飞机需要起飞时，控制系统向电磁线圈发送脉冲电流，产生强磁场。当飞机进入电磁线圈范围内时，由于电磁感应作用，飞机上的金属部件会受到电磁力的作用，产生加速度。最终，飞机以高速离开航母，完成起飞。

与传统的蒸汽弹射方式相比，电磁弹射具有以下优点：

1) 更高的效率。电磁弹射系统可以将电能转化为动能，因此效率更高，可以将飞机加速到更高的速度。

2) 更低的维护成本。电磁弹射系统不需要像蒸汽弹射系统那样使用大量的水和蒸汽，维护成本更低。

3) 实现更加精确的控制。电磁弹射系统可以通过控制电磁线圈的电流和磁场强度来实现对飞机的精确控制，从而提高起飞的安全性和可靠性。

4) 更加环保。电磁弹射系统不会产生废水和废气，因此更加环保。

电磁弹射技术已经被广泛应用于美国海军的福特级航母上，并且已经成为未来航母的标配。随着技术的不断发展，电磁弹射系统的效率和可靠性将会不断提高，为航母的作战能力提供更加强大的支持。

6.5 环境保护中的电工新技术

6.5.1 电磁环境技术

1. 电磁环境的概念

电磁环境是指由电磁场所构成的环境，即处于某个区域内，由电荷所产生、传播、传导以及与之相互作用的电磁场的总体。电磁环境不仅包括电场和磁场，还包括由这两种场所构成的空间和时间。电磁环境广泛存在于人类的日常生活之中，城市、乡村，甚至宇宙空间都充满了各种不同频率的电磁场。在现代社会中，电磁环境无处不在，电力线、通信网络、无线电设备、雷达等都是人们在生活和工作中常见的电磁环境的表现形式。

电磁环境由电荷所产生的电场和磁场相互作用而形成。当电子在带电体附近运动时，将产生磁场；当电子在单位时间内的位置改变时，就会产生电场。电磁环境以电磁波的形式传播，其在空间中传播的速度等于光速。电磁环境的形成和传播对人类的影响是非常广泛的，并且具有积极和消极两方面的影响。

在积极方面，电磁环境的形成和传播为人类的通信、交通、科学研究等方面提供了便利，促进了社会的进步和发展；还可以利用电磁波来进行无线传输、医疗放射、雷达探测、太阳能利用等。

在消极方面，由于电磁场的频谱越来越广，人们的生活、工作的环境也日益复杂化。例如，高压输电线路、手机基站、微波炉等都可能对人体产生一定的影响。

为了更好地管理和保护电磁环境，政府相关部门需要加强管理和监管，明确电磁环境的产生和传播标准。同时，科研人员需要继续深入研究电磁环境对人类健康和生态环境的影响。另外，人们需要提高对电磁环境的认知，采取相应的防护措施，减少电磁辐射对自身和周围环境的影响。

由于大部分电磁波发射都是有用的，环境中电磁能量密度增大、频谱增密，将是社会发展的必然趋势。但当环境中电场强度和磁感应强度超过一定限值时，将成为一个重要的环境污染要素，对公众的身体健康有着潜在的、长期的影响，对家用电器、医疗设备、军用设施等都有一定的干扰。所以，电磁波既是有益于社会发展的信息载体和能量流载体，又是潜在的环境污染要素，其危害效应已受到国际环保领域的高度重视。既要把电磁能作为一种资源，充分加以利用；又要加强管理，将其负面效应控制在最小的程度。

2. 电磁辐射与电磁环境污染的概念

变化的电场会引起一个变化的磁场，变化的磁场亦会引起一个变化的电场。不断变化的电场和磁场，就会形成一个向空间传播的电磁波。电磁辐射一般指频率在 100kHz 以上的电磁波，是变化的电场和变化的磁场相互作用而产生的一种能量流的辐射。GB/T 4365—2003《电工术语　电磁兼容》中将电磁感应也引申包括在电磁辐射中。所以，环境保护中的电磁辐射应包括辐射和感应。

环境中产生电场、磁场、电磁场的设施大致可分为五类。
1）广播电视发射系统：电视发射塔、广播传播台站等。
2）无线通信发射系统：手机基站、雷达等。
3）高压送变电系统：如高压线、变电站、换流站等。
4）电气化铁道：如磁悬浮列车等。
5）工业、科学、医疗用电磁能设施：如高频冶炼炉等。

电磁环境污染，是指相关的设施在环境中所产生的电磁能量或强度超过国家规定的电磁环境质量标准，并影响他人身体健康或干扰他人正常生活和工作的现象。

电磁环境污染有如下特点：
1）有用信号与污染共生。水、气、声、碴等污染要素是与其产品是分开的。而电磁辐射不同，发射的就是有用信号，但其对公众健康来讲，同时具有污染的特性。在一定程度上，电磁波的有用性和污染是共生的，其污染不能单独治理。
2）产生污染的可预见性。电磁辐射设施对环境的辐射能量密度可根据其设备性能和发射方式进行估算，具有可预见性。在设计阶段，对于不同方案，可以初步估算出对环境污染的不同结果，由此可以进行方案的比较取舍。
3）产生的污染具有可控制性。电磁辐射设备向环境发射的电磁能量，可以通过改变发射功率、改变增益等技术手段来控制，而且与周围建筑物的布局和人群分布有关，一旦断电，其污染立即消除。为了科学的管理，最大限度地发挥电磁辐射的经济性能，减少对环境污染，必须对电磁辐射设施的建设项目进行环境影响评价。

目前我国电磁环境的整体状况比较好，大部分情况都基本保持在本底水平的涨落范围内。但在一些大型电磁辐射设施周围，也有超标甚至严重超标的情况。对于这些设施，要采取相应的管理措施,消除污染。但随着经济的高速发展,电磁辐射设施急剧增加,电磁辐射环境管理的任务将越来越重。

3. 电磁环境污染的危害

当环境中电磁场水平超过一定程度时,就会对周围的人和设施产生一定的影响,其危害主要包括两方面:对人体的危害和对其他电信设施的影响。

1)对人体及生物的热效应危害。人体内所含的蛋白质和水分子等都是不均匀电介质,在变化的电磁场中,随电场的变化而不断振动,分子之间相互摩擦产生热量。一般情况下,人体对这种热量有调节和扩散功能。但如果热量产生的速度太快,超过人体正常的调节能力时,这种热量就会在人体中积累,从而使蛋白质温度升高。人们日常使用的微波炉就是利用电磁辐射热效应原理工作的。

2)对人体及生物的非热效应危害。非热效应是指电磁场对人体产生的,除了由于热量积累而引起的生理效应以外的其他生理病症。例如,人体长期处在强磁场中,则会影响神经系统正常功能,导致做噩梦,产生幻觉,甚至神经紊乱等。目前,科学研究对热效应已有定量的结论,而对非热效应只有定性的结论。不同的人,对电磁辐射的抵抗能力不同,孕妇、老人、儿童、病人称为脆弱人群;同一个人,不同的器官,抵抗能力也不同。

3)对电器设施的影响。环境中电磁本底水平的增高,会对其他用电设施或信号系统产生影响和干扰,即电磁兼容问题。现代战争中的电子战就是电磁环境对战场中通信、装备的干扰与反干扰的对抗。

4. 电磁环境污染指标的确定

电磁场的来源有自然和人工两类。地球本身就是一个大磁场,太阳光也是电磁波,还有雷电和其他星球产生的电磁波,这都是自然产生的。人类在这种环境中进化过来,与自然形成了一种和谐。所以,天然本底水平的电磁环境,对人体没有任何危害。然而,随着科学的发展,人类发明出许多利用电磁能工作的设施,这些设施在工作时,会向环境中发射大量的电磁辐射,或产生电场、磁场,使环境中的电磁本底水平极大地增高,从而产生了电磁环境保护问题和电磁辐射(含电磁感应)防护问题。

这样,由电磁场本底水平对人体没有任何影响,到电磁场本底水平超过一定强度而对人体产生一定的生理危害,这一强度称为阈值。根据该阈值再考虑其他社会因素,留有一定的安全余量后,确定的环境控制限值就作为对电磁场的控制标准。超过控制标准值的电场和磁场称为电磁环境污染。

5. 电磁辐射暴露限值及标准的制定

国际非电离辐射防护委员会(ICNIRP)组织专家评述了目前国际上已取得并已经过专家认可的科学实验,综述了不同频率电磁场对人体影响的机理,提出了各频率电磁场对人体影响的阈值。然后,取阈值 1/10 作为职业照射限值,1/50 作为公众照射限值。也就是说,国际非电离辐射防护委员会(ICNIRP)推荐的标准中,职业照射有 10 倍的安全余量,公众照射有 50 倍的安全余量。标准制定时,充分考虑了电磁场不同频率的作用机理的差异。

1)频率 1Hz~10MHz 的电磁辐射(电磁感应),是根据预防神经系统功能影响的电流密度作为确定基本限值的基础。

2)频率从 100kHz~10GHz 的电磁辐射(电磁感应),采用能量比吸收率 SAR 来预防全身的热效应以及局部组织的过热；而在 100kHz～10MHz 范围内的电磁辐射（电磁感应），同时用电流密度和能量比吸收率 SAR 来确定限值。

3）频率 10～300GHz 的电磁辐射（电磁感应），采用基本限值功率密度来预防组织内和体表过热。

在频率从几赫兹到 1kHz，如果感应电流超过 100mA/m^2，中枢神经系统的兴奋程度可能会有急剧变化和其他的严重反应，如引起视觉颠倒等。所以，从安全角度考虑，在频率 4Hz～1kHz 范围内，职业暴露应限制在电磁场引起的感应电流密度小于 10mA/m^2，公众暴露应限制在 2mA/m^2。由此推导出 50Hz 高压线的职业暴露控制限值是，电场强度不超过 10kV/m，磁感应强度不超过 0.5mT；公众暴露控制限值是，电场强度不超过 5kV/m，磁感应强度不超过 0.1mT。

在 10MHz 到几吉赫兹频率范围内，是根据体内温度升高超过 1℃来确定的。这一温升水平是个体暴露在一般环境下，全身的能量比吸收率 SAR 阈值大约为 4W/kg 并维持 30min 的结果。所以，职业暴露限值的能量比吸收率 SAR 为 0.4W/kg，公众暴露限值为 0.08W/kg。

6. 我国的电磁环境标准

国际非电离辐射防护委员会（ICNIRP）关于电磁辐射暴露限值的推荐标准，是基于热效应和即时效应的科学数据基础上制定的，推荐给各个国家参考。我国考虑到电磁辐射的非热效应和各种设施建设的历史原因，采取国际上对未知因素可能产生不利影响而推荐的"谨慎的预防原则"，并留有较大余量，制定了比 ICNIRP 的暴露限值相对严格的标准。

50Hz 高压线的公众暴露控制限值是，电场强度不超过 4kV/m，磁感应强度不超过 0.1mT。100kHz～3GHz 的能量比吸收率 SAR 阈值大约为 1W/kg，职业暴露的能量比吸收率 SAR 限值为 0.1W/kg，公众暴露限值为 0.02W/kg。各频段的电磁场限值由 GB 8702—2014《电磁环境控制限值》判断。

也就是说，我国的电磁环境标准，比 ICNIRP 标准留有更大的安全裕度。但在管理措施方面，只要超过我国标准，就要对相关设施进行管理，采取措施，使之符合标准的要求。这些标准和规定有助于对产生电场、磁场、电磁场的设施进行合理规划和科学利用。

7. 电磁辐射的防护措施

根据电磁辐射污染的特点，可以采取如下的防护措施：

1）屏蔽防护。对电磁辐射的屏蔽难度较大。只有在一些特殊情况下，采用专业的设施对职业人群进行屏蔽防护，或者对设施本身进行屏蔽，适当降低电磁场强度。一般在公众中难以广泛推广。

2）距离防护。电场强度和磁感应强度随发射源距离增大而急剧减少。所以增大与辐射源的距离，能有效地起到防护作用。对大型电磁辐射设施，划定规划控制区可保持公众活动区域的较低电磁场水平。

3）时间防护。尽量缩短受到电磁场暴露的时间，如减少手机通话时间等。

4）科学管理。合理规划大型电磁辐射设施布局，减少大型设施电磁辐射高场强区域叠加而导致超标的概率。

5）源头控制。从环境影响评价入手，对发射电磁能的设施有关指标进行管理并采取措施。

6）"规划控制区"管理。由于大功率电磁波发射设施，尤其是中波发射台，其产生的电磁辐射衰减较慢，在较大范围内电场强度和磁感应强度都很高。而业主所能控制的土地范围是有限的。所以，必须划定规划控制区（包括控制区和限制发展区两部分），在土地规划部门的配合下，要求在其"控制区"内，严禁公众进入，而外围的"限制发展区"内土地上不得修建居民住房或其他敏感建筑。

电磁辐射对人体和环境的影响，是在一定的程度上发生的。只要合理规划，制定出合适的管理指标，并采取严格的管理措施，就可以实现既保护环境和公众，又发展经济的目标。

6.5.2 输变电工程电磁环境控制关键技术

输变电工程是指电能从发电厂到用户之间进行输电和变压的工程，是电力系统的重要组成部分。电磁环境控制是指在输变电工程建设和运行过程中，对电磁辐射、杂散电磁场等进行控制，以保护人体健康和电子设备的正常工作。输变电工程电磁环境控制的关键技术包括电磁辐射控制、电磁场屏蔽技术、地下输变电工程的电磁环境控制、电磁辐射安全标准和监测技术等。

1）电磁辐射控制。输变电工程中，电力线上的电流会产生电磁辐射，若电磁辐射超过一定限值，就可能对身体健康和电子设备产生不良的影响。控制电磁辐射是保护人体健康和设备安全的重要任务之一。电磁辐射控制的关键技术包括合理设计电力线路的布置、选择减小辐射的设备和材料、进行电磁辐射测量和评估等。

2）电磁场屏蔽技术。保护人体健康和电子设备的正常工作需要有效地屏蔽电磁场的干扰。电磁场屏蔽技术主要通过建设合理的金属屏蔽结构来实现。金属屏蔽结构可以将电磁场的干扰效应限制在一定范围内，从而减少对周围环境和设备的干扰。电磁场屏蔽技术的关键在于设计合适的屏蔽结构并选择合适的材料，以提高屏蔽效果。

3）地下输变电工程的电磁环境控制。地下输变电工程将变电站地下化，可以减小建筑体量，和周围环境融为一体，减少电磁辐射对周围环境和人体的影响。但是地下输变电工程也面临着电磁辐射控制、地下磁场控制等方面的难题，需要通过合理设计、选择合适的材料和技术手段解决。

4）电磁辐射安全标准和监测技术。电磁辐射的影响和安全限值是电磁环境控制的重要依据，制定适当的电磁辐射安全标准可以确保人员和设备的安全。通过电磁辐射监测技术，可以实时地监测和评估电磁辐射水平，及时调整控制措施，保持电磁环境的安全性。

6.5.3 环保电工技术

1. 土壤环境污染治理中的电工技术

近些年，土壤环境的污染越来越严重。针对不同类型的土壤环境污染问题，需要结合不同的监测技术。土壤环境污染问题一旦出现，治理难度相对较大，必须提前监测并进行预防，因此土壤环境污染监测逐渐成为行业的重点。

常见的土壤环境污染类型有放射性污染、化学污染和物理污染。放射性污染可导致土壤产生物理和化学作用，并让土壤成分含量等发生剧变，同时有害物质还能从土壤扩散到环境和人体中，导致环境污染和人体疾病。化学污染可引起土壤性质发生严重变化，主要由部分化工企业生产中排放的废水和废弃物等逐渐渗入土壤而导致，分为有机污染和无机污染；有机污染主要指化肥、农药等逐渐在土壤中积累产生，无机污染涉及酸雨、工厂生产废水、汽车尾气等，污染物中含有多种重金属，容易导致土壤氧化物和硫化物产生，严重污染土壤环境。物理污染主要是由于建筑工程、矿山开采过程中产生的一些废弃物，这些物质以城市垃圾的形式聚集。这些污染物通常不容易被分解，长期以固态的形式存在，需要漫长的时间风化瓦解。

下面介绍土壤环境污染监测应用中的主要电工、电子信息技术。

（1）地理信息系统的应用

地理信息系统在土壤环境污染监测技术中能够进行数据管理，能对相关区域数据进行精确统计，对相关数据进行科学管理，并对土壤环境情况进行动态监测，为相关的土壤环境污染评估工作提供科学依据。图 6-24 为地理信息系统功能图。

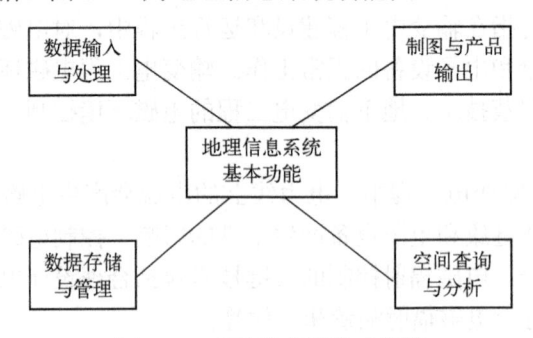

图 6-24 地理信息系统功能图

将土壤环境污染监测和地理信息系统相结合，可更加全面地分析土壤污染中的相关数据。地理信息系统蕴含的丰富资源能够更加方便地为土壤环境污染防治工作服务，相关信息被抽取出之后利用网格方法综合到一起，以人机互动的形式将数据模型化。在这个系统中，数据输入与处理模块需要执行繁重的数据测量及传输任务，这需要电工技术的强力支持。

（2）遥感技术的应用

遥感技术在土壤环境污染监测中逐渐得到应用，主要通过电磁波采集不同的污染信号并进行处理，实现对地表环境的检测和识别。这种技术对土壤环境污染进行监测，能够实现地形、地表等不同元素的实时管理，工作效率很高。该技术的主要原理是不同的物质和状态会以不同的方式影响电磁波的传播，通过分析这些信号的变化，可以推断土壤环境污染的性质和程度。主要有四种方式：一是光谱分析，通过分析土壤和植被反射的光谱特性，识别污染物造成的光谱特征变化，如重金属污染会使土壤反射率降低；二是多光谱和超光谱遥感技术，可以获得更详细的地表光谱信息，有助于识别不同的土壤类型和污染物；三是雷达遥感，可穿透云层和植被，获取地表的几何和物理信息，如土壤湿度、植被覆盖等；四是热红外遥感，通过热红外遥感可以监测土壤的温度变化，间接反映土壤污染状况。遥感器拍摄图片并扫描，处理所得图像，并对地表情况进行分析，为下一步工作提供准确的数据。根据不同的土壤条件选择红外线、X 射线等不同的技术手段，监测区域宽广，并能实时采集数据，不受空间和时间的限制。

（3）生物监测技术

不同土壤中的微生物所造成的土壤环境污染情况不同，根据污染物可判定污染性质。通过生物监测技术能够对不同类型的微生物污染实施监测，可通过生物个体以及群落的定期变化来反映区域土壤环境状况。该技术具备一定的灵敏性，但由于以生物学的观点来进行监测，存在一定复杂性，并且生物种类较多，因此要结合土壤的总体情况来选择合适的监测方式。目前生物监测技术在土壤环境污染监测中运用逐渐广泛，工作人员结合不同区域的植物和生物特性选择合适的方式开展大面积调查，并能提升监测的准确性。这种技术有助于监测技术的不断提升，并能在数据整理等方面取得实质性的进展。

（4）信息技术的应用

信息技术近年来在各行各业的运用广泛，对行业发展有积极的促进作用。信息化技术也可用于土壤环境污染监测中，主要使用无线传感技术。该技术监测规模较大且可无人值守，通过分布式无线传感器网络（WSN）系统进行土壤污染监测，将传感器安装于监测现场，相关信息就能被采集并传输到数据处理中心，从而加快数据分析审核速度，总体工作效率也得到提升。

2. 空气环境污染治理中的电工技术

工业的快速发展，以及汽车的不断普及，产生了大量废气排放至大气内，形成空气环境污染。空气污染的主要的废气污染源是 CO、HC（碳氢化合物）、NO、SO_2。治理废气污染需要实时识别监测废气污染源，及时发现废气污染源，主要的方法有双重归一算法、长程差分光学吸收光谱法。近年来，智能算法逐渐应用到废气污染检测中，提升废气污染源智能识别监测效果。该方法的技术框架如图 6-25 所示。

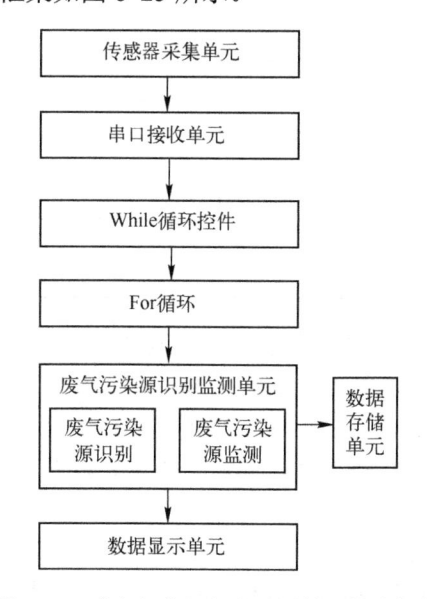

图 6-25 废气污染源智能识别检测技术框架

利用传感器采集单元采集生态环境中的气体数据和废气污染源数据，经过串口接收单元传至计算机智能算法的 While 循环控件内，通过该控件分析与处理采集的气体数据，获取等待触发的数据包；通过 For 循环结构分离等待触发的数据包，得到废气污染源数据，传输至废气污染源识别监测单元；废气污染源识别监测单元利用随机森林算法在废气污染源数据与影响因素数据内，选择废气污染源的主要影响因素，结合 K-Means 聚类算法识别废气污染源的排放类别，通过贝叶斯算法分析废气污染源数据，得到废气污染源的方位监测结果；利用数据存储单元记录废气污染源识别监测结果；通过数据显示单元呈现废气污染源识别监测结果。其中，贝叶斯算法是按照每个监测位置的先验概率，以及每个传感器采集的气体数据内分离出来的废气污染源数据，求解每个方位的后验概率，通过后验概率得到废气污染源的方位，实现废气污染源方位的实时监测。

利用传感器采集单元，实时采集气体数据与废气污染源影响因素数据。传感器采集单元内包含数个传感器，需解决单个传感器采集数据存在的局限性与不确定性的问题，提升数据采集的全面性与准确性。传感器采集单元利用多个传感器采集气体数据与废气污染源影响因素数据，并进行多传感器信息融合，能够全面使用各个时间与空间传感器采集的气体数据与废气污染源影响因素数据，为后续废气污染源识别监测提供更为精准的数据支持。徐州市新沂环境监测站在生态环境保护中应用图 6-25 所示的技术框架建立废气污染源智能识别监测系统。该系统的传感器采集单元内用于采集气体数据的传感器为 SK303 气体传感器。SK303 气体传感器的参数见表 6-1。

表 6-1　SK303 气体传感器参数

参数	数值
加热电压/V	6.0±0.1
回路电压/V	6.0±0.1
负载电阻/Ω	可调
敏感体电阻/Ω	5～250
使用温度/℃	-25～55
存储温度/℃	-25～75
湿度（%）	<96
气体条件	空气
电路条件/V	6.0±0.1
预热时间/h	≥24

该传感器具备低成本、高灵敏度等优点，在采集气体数据时，气体浓度改变，传感器的输出也会发生改变。当电流经过金属氧化物晶粒边界时，吸附的氧会产生一个势垒，阻碍载流子自由移动，进而通过势垒形成传感器的电阻。在采集到气体数据情况下，带有负电荷的氧表面浓度下降，则势垒下降，即阻值下降，此时传感器负载电阻两端的电压会随之改变。

3. 噪声污染防治中的电工新技术

根据《中华人民共和国噪声污染防治法》的相关规定，噪声污染，是指超过噪声排放标准或者未依法采取防控措施产生噪声，并干扰他人正常生活、工作和学习的现象。噪声污染是一种能量污染，与其他工业污染一样，是危害人类环境的公害。我国根据噪声排放标准规定的数值区分"噪声"与"噪声污染"，在数值以内的称为"噪声"，超过数值并产生干扰现象的称为"噪声污染"。噪声污染达到一定程度可能会造成对个人隐私权中生活安宁等相关人身权益的侵害，因此需要对噪声进行监测。

噪声的常用监测指标包括噪声的强度（即声场中的声压）和噪声的特征（即声压的各种

频率组成成分）。噪声测量仪器主要有声级计、频率分析仪、实时分析仪、声强分析仪、噪声级分析仪、噪声剂量计、自动记录仪、磁带记录仪。

声级计是在噪声测量中最基本和最常用的一种声学仪器。在声级计中装有国际标准频率计权网络。计权网络是在声级计内设置的，为模拟人耳听觉特性，把电信号修正为与听感相近值的网络。

计权网络是一种为使声级计的读数接近人耳对不同频率的响应特性，对所测量的噪声进行听感修正的滤波网络，该网络参照等响度曲线设置。计权网络一般有 A、B、C 三种。其中，A 计权声级模拟人耳对 55dB 以下低强度噪声的频率特性；B 计权声级模拟人耳对 55～85dB 的中等强度噪声的频率特性；C 计权声级模拟人耳对高强度噪声的频率特性。三者的主要差别是对噪声高频成分的衰减程度，A 衰减最多，B 次之，C 最少。A 计权声级因其特性曲线接近于人耳的听感特性，在噪声测量中应用最广泛，B、C 计权声级已逐渐不用。

6.6 生物、医学中的电工学新技术

6.6.1 生物领域电工新技术

电工理论与新技术主要涉及电磁现象的基础理论研究及新技术的开发与应用，以电磁能量和电磁信息的处理、控制与利用为目的，与其他学科交叉、融合，发展形成多种新技术。随着现代科学技术各学科的相互渗透，电工理论与新技术同生物学、医学等学科联系越来越紧密，生物电工技术应运而生。生物电工技术将电工学科众多理论和新型技术应用到与生物和医学相关学科中，主要研究生命体本身和外加电磁场等干预所产生的电磁现象、特征和规律，以及医疗等相关仪器中的电气科学基础问题。

生物电工技术作为电气科学与生命科学、医学、信息科学等交叉融合催生的产物，其发展动力源自人类生命健康需求的巨大牵引力，以及由学科交叉带来的新理论、新方法所产生的创新推动力。生物电工技术在生命信息检测、活动干预、健康诊断与疾病治疗等方面发挥着重要作用，例如，生物电磁效应及机制、生物电磁特性与电磁信息检测技术、生物电磁干预技术以及生物医学中的电工新技术等几个主要领域。比如，2021 年，《电工技术学报》编辑了"生物电工技术及应用"专题，展示了我国生物电工技术的最新成果。

6.6.2 生物医学领域电工新技术应用

1. 生物医学信号及其特点

因为电工理论新技术包括完整的信号采集、处理、分析和仿真等工具，所以在生物医学的各种信号处理分析中应用广泛，包括生物体分子水平、细胞水平、器官水平和系统水平的信号处理分析。比如，测量基于细胞电活动产生的心电、脑电、肌电、眼电、胃电和神经电等信号，测量伴随体内电荷运动产生的心磁、脑磁、肌磁、眼磁等生物磁场信号，测量生命活动中产生的血压、血流、脉搏、呼吸、心音、体温等非电磁生理信号等。

生物医学信号因受到人体诸多因素的影响，有着其他信号所没有的特点：

1）信号弱。例如，从母体腹部取到的胎儿心电信号仅为 10～50μV；脑干听觉诱发响应信号小于 1μV。

2）噪声强。由于人体自身信号弱，加之人体环境复杂，信号易受噪声的干扰。如胎儿心电混有很强噪声，一方面来自肌电、工频等干扰；另一方面，在胎儿心电信号中不可避免地含有母亲心电信号，母亲心电相对于要提取的胎儿心电则变成了噪声。

3）频率范围一般较低。除心音信号频率成分稍高外，其他电生理信号频率范围一般较低。

4）受外界干扰大。各种生物体处在一定的环境中，当环境发生变化时，生物体能主动地做出相应的反应，极易受到外界的干扰，比如环境电场、磁场和电磁场的干扰，外界刺激对信号测量的干扰。

5）随机性强。生物医学信号不但是随机的，而且是非平稳的。正是因为生物医学信号的这些特点，使得生物医学信号处理成为当代信号处理技术最可发挥其威力的一个重要领域，电工理论新技术作为完整的工具正在广泛应用到医学信号采集、处理和分析中。

2. 生物医学信号的采集

基于电子技术、传感器技术、单片机技术和数字信号处理器（DSP）技术的生物信号采集系统专门用于采集和传输各种类型的生物信号。以生物体电、磁信号及其相关领域为研究对象的生物电工理论离不开信号采集系统，获得生物信号是研究生物医学信号的前提与基础。特别是随着生物医学传感器的发展，获得各种各样的生物信号正在成为可能。

从信号源的角度看，信号采集系统可以分为生物电信号采集系统和生物磁信号采集系统。生物电信号采集系统的研究已经取得了很多的成果，能够实现脑电、心电、肌电、胃电、神经电的采集，但生物磁信号采集系统的研究才起步不久，现在只能对脑磁、心磁信号进行初步采集。未来生物信号采集系统应向高灵敏性、高抗干扰性、高集成化、智能化方向发展。

3. 生物医学信号的处理

针对生物医学信号弱、噪声强、随机性强等特点，为得到真实反映人体的生理数字信号，必须要对其进行处理。按处理的流程不同分为前端处理和后端处理。

生物医学信号的前端处理主要是针对从医学传感器出来的信号。由于信号都很微弱，要根据各种不同医学信号的特点对其选择不同的放大倍数，比如心音信号的第一、二、三、四心音的幅度不一样，有必要对其自适应放大。另外，根据生物医学信号的噪声和频率不同，要选择不同的滤波方式。根据实际情况，还需要用到数字滤波、陷波和极限漂移电路，如采集心电信号时。

生物医学信号的后端处理是指利用现代信号处理技术，对得到的生物体的各种图像和信号进行接收、压缩、存储、分析、对比、降噪和重现，主要包含医学信号的处理、生物影像的处理和动态图像信号的处理三方面的内容。

生物医学信号是指由信号采集仪器与系统采集的有关生物体组织器官的电、磁信号，如脑电、磁信号，心电、心音、磁信号，胃电、磁信号，肌电信号等，实现这些信号的可视化，对这些信号的变异进行分析处理，以诊断或辅助诊断生物体组织器官的病变。主要方法有非线性法、多维法、谱分析法、高阶统计法、生物体结构建模法、生物系统的混沌方法等。

生物医学影像是指通过现代医学中的超声波、磁共振、X射线、CT、血管造影、核医学成像及最新的基于阻抗异物原理的电阻抗断层成像等技术获得有关生物体及其组织器官的医学图像，通过对这些图像的分析和处理，能够获取生物体组织器官的病变信息，实现外科手术和无创伤治疗的区域定位,也为创建生物体模型和设计制造医疗仪器提供原始有效的生物体结构信息。

动态图像信号的处理是指在高分辨率前提下,对各种信号实现四维动态重现,更准确地为临床诊断服务,这是医学信号处理的主方向。

4. 生物医学信号的传输

随着通信技术的发展,生物医学信号的传输不满足于仅在病房或医院内部的采集和传输。电话线传输监护技术已经日益普及;无线通信模块在嵌入式系统的控制下可以实现遥测医学信号,生物医学遥测系统已经广泛地应用于临床监护、生理研究及运动康复与功能测试等领域;CAN(控制器局域网)总线在医院内部为医学信号的传输提供了高质量的效果;Internet 技术的快速发展更是为远程传输医学信号的传输提供了方便,这样也就为远程医疗的发展打下了坚实的基础;利用卫星通信系统实现远程生物医学信号的传输和远程诊断,其覆盖面更广,通用性更强,能够更多更快地传送医学信息。

5. 电工理论新技术在医学仪器中的应用

医学仪器在临床医学中用得越来越广泛,从用途上可以分为辅助诊断仪器、监护仪器和辅助治疗仪器三大类。

医学辅助诊断仪器已经得到了长足的发展,已有各种诊断仪器应用于临床医学上,大体上可以分为医学影像系统、信号采集系统和生物检测仪器。医学影像系统是指采用核辐射技术、超声技术、射线技术、磁共振技术、光学成像技术、介入成像技术获取生物体及其组织的平面或三维的影像信息信号。采集系统主要用于获取生物体电、磁信号,如脑电图仪、心电图仪、脑磁仪、呼吸信号仪、眼震仪等。生物检测仪器主要用于检测生物体组织样本、体液样本等,对生物组织机理进行功能鉴别。

医疗监护仪现阶段主要用于临床中的手术监护和护理监护。而家庭监护仪是未来监护类仪器的发展方向,可用于患者手术后或老年人的日常监护,但必须实现仪器的非专业化、无创化、实时化、智能化、小型化、遥控化、网络化,这也是实现医疗监护仪家庭化的前提。

医疗辅助治疗仪已经用于临床的有各种放射治疗仪、体外碎石机、电刺激仪、磁刺激仪、激光治疗仪等。医学辅助治疗仪是未来医学仪器发展的重点与主流,神经刺激仪、药物介入性治疗仪、激光治疗仪、红外与远红外治疗仪有待进一步开发与改进。家庭护理和自理类辅助医疗仪器是今后治疗仪器研究与开发的重点。

6. 电工理论新技术在医学仪器中应用的发展趋势

发展无创性和微创性测量技术是医学仪器发展的一个趋势,即继续提高生物电和各种生理参数的体外检测技术,开发研究体外生物磁检测技术,研究新的人体信息无创检测与成像方法。比如运用异物扰动原理和电磁原理进行成像的电阻抗断层成像技术是一种无创的检测技术。生物体本身也是一个电磁辐射源,但生物电磁辐射信号非常微弱,频带很宽,频率向甚低频和甚高频扩展,需进一步深入与完善生物电磁理论和技术,准确地采集到生物体的微弱电磁信号,并依此来建立生物体及其组织器官的模型、影像信息,用于组织器官的定位和疾病的诊断,开发各种各样的电、磁刺激型医疗仪器与设备等。

医学仪器发展的另一个趋势是仿造生物体自身的功能,提出测量技术的新方法、新思路和发现新的测量原理。要实现这种功能,就先要进行理论研究,也就是生物系统的数学建模与计算机仿真,该领域以生物学、计算机科学、数学和信号处理技术为基础,综合多门学科知识与技术。自适应性、定量性、客观性和系统性是生理系统模型的显著特点，利用建立的模拟生理系统模型可以用来准确地诊断疾病，实现手术或治疗中的准确定位，进行虚拟手术实验、新药品药效分析、治疗或手术方案的优化选择等。目前，已经建立了多种生物系统模型，并在临床上取得了很好的效果，如神经系统模型、循环系统模型、心血管系统模型、视觉系统模型、听觉系统模型、体感系统模型等，建立新的生物系统模型和对已有生物系统模型的优化仍然是生物医学的一个广阔的研究领域。

7. 传感器技术在康复医学中的应用

传感器技术是现代信息技术的重要基础技术之一，随着现代检测、控制和自动化技术的发展，传感器技术日趋成熟，人们对其重视程度也越来越高。其中，传感器技术在康复医学领域中的应用为康复评定与治疗技术的发展提供了新的动力。

（1）在运动功能康复中的应用

功能评定主要是针对患者的肌力、肌张力、关节活动度、平衡、协调以及步态等功能情况进行评估，为后期康复治疗方案的制定与修订提供可靠信息。传感器的应用可简化评估过程，提升评估结果的客观性和准确性。

步态分析是运动评定中重点评估项目，三维步态分析系统是目前能够客观、定量地评定人体步态的最精密的仪器之一，如图 6-26 所示。该动力学分析系统的主要设备是三维测力板，均匀分布在测力板四个角的 10 万多个压力传感器可以实时反映步行时垂直、水平和侧向作用力。患者在上面行走，可获得步长、步幅、步速、步频、步宽、足偏角、步行周期等时空参数。但因其价格昂贵，难以在临床环境中普及推广。

图 6-26 三维步态分析系统

SAGGIO 设计的一款基于电阻传感器的膝关节屈曲角度测量系统，通过安装于可穿戴护膝中的电阻传感器记录运动过程中的电阻变化进而推算出膝关节的屈曲角度，可供康复专业人员和膝关节功能障碍的患者在训练过程中实时监测膝关节角度。

VIQUEIRA 研制的一款由压力和弯曲传感器组成的集成传感器鞋，可将步行过程中的步态信息发送到服务器，使医生可直观地观察到患者步行时足部的负重及踝关节角度变化情况。

VANROY 在偏瘫患者健侧肱三头肌中点处放置一个 SWP2A 系统，通过加速度计、皮肤电反应传感器、热量传感器、皮肤温度传感器和环境温度传感器监测患者每天能量消耗，并结合患者的个体条件，对受试者每项运动的强度进行计算，以达到监测偏瘫患者能量消耗的目的。

MONCADA-TORRES 利用惯性和气压传感器制作成类似于腕表的装置，根据传感器接收的信息对患者日常生活活动的代谢当量进行实时监测,且不会影响患者的活动。2023 年 8 月 10 日,小米智能生态推出小米手环 8 Pro,手环内置全球定位系统(GPS)模块,可脱离手机记录运动轨迹,支持全天心率检测、血氧饱和度检测。

LIBERSON 首次将电刺激应用到中风患者中,通过低频脉冲电刺激腓总神经治疗足下垂。CHUNG 将刺激电极分别放置在胫骨前肌和臀中肌部位,通过脚踏开关传感器控制,使功能电刺激在步行周期中不断交替地刺激胫骨前肌和臀中肌,改善偏瘫患者的步速、步长、步态等参数,提升患者的步行能力。

日本 HANDA 研发一款完全植入式的电刺激系统,该系统有 30 个电刺激通道及预先输入的电刺激程序,根据被试者抓握时肌电强度而设置电刺激强度,较为精确地训练手抓握功能。第三代智能型电刺激,可实时捕捉患者动作意愿并提供电刺激,协助治疗师及患者完成完整的功能性治疗。

康复机器人系统是通过关节角度传感器、生物电信号检测器、足底压力传感器等设备提取患者自主意识信号,利用该信号控制外部设备辅助中枢神经系统损伤者进行训练。由以色列 Argo Medical Technologies 公司研制的人体下肢康复机器人 ReWalk,通过提取的肌电信号控制外部系统,可以使因功能障碍而不能运动的患者重新站立,进而实现行走和起坐,如图 6-27 所示。YOON 等开发一种拥有 6 个自由度的步态康复机器人,可以根据患者所处的地形情况和运动路径,实时更新步行速度。加拿大西蒙弗雷泽大学设计的简易便携的脑机接口(BCI)手臂康复系统,通过 Emotive 无线头套采集运动想象产生的脑电信号,然后通过蓝牙将数据传送到计算机,经进一步处理和识别后,驱动外骨骼机械手臂,辅助患者进行手臂康复治疗。

图 6-27 人体下肢康复机器人 ReWalk

(2)传感器在认知功能康复中的应用

CHANG 应用 Kinempt 系统模拟一套康复训练方案。Kinempt 系统利用 Kinect 传感器对患者手部及其腕部的动作进行干预,对动作的正确性进行验证。

CHEN 利用 Kinect 传感器,开发能提升老年人认知功能的体感交互游戏。试用者在 4 周的 Kinect 视频游戏体验后,反应速度和手眼协调能力均有明显的改善。

(3)传感器在吞咽功能康复中的应用

吞咽功能障碍是脑卒中常见的并发症之一,发生率高达 16%~60%。与颅神经损伤有关,表现为咽肌推进力弱、喉关闭不全、环咽肌功能障碍。HUCKABEE 利用压力传感器设计了一种评估因咽部启动顺序紊乱造成吞咽障碍的方法——咽部测压法。这种咽部测压法可以更清楚地发现咽部启动顺序紊乱的病理生理学特征,提高吞咽功能障碍的特异性,进而为制订针对性的康复治疗方法提供可靠的前期基础,弥补了吞咽功能障碍评估"金标准"电视荧光吞咽的许多不足。

(4) 传感器在康复工程中的应用

康复工程的目的是充分利用现代科学技术手段克服由各种原因造成的患者功能障碍,使其尽可能最大限度地恢复或代替原有功能。JUNG 为中风患者设计了一款带有压力传感器的拐杖,用于监测患者步行过程中下肢负重情况。拐杖与患者的股骨大转子同高,当患者的健侧负重超过预设阈值时,便会发出"嘟嘟"声提醒,改善患者的患侧负重能力,提升步态。

RAZAK 等通过在肘关节前、后、左、右侧放置 F-Scan 传感器,对肱骨截肢患者佩戴不同假肢后肘关节处的生物力学原理进行了评估。研究发现,截肢患者佩戴自身力源性矫形器、肌电性矫形器、空气夹板性矫形器后,肘关节处的生物力学特征及接受腔处的压力有很大差异。穿戴矫形器时,作用于接受腔处的压力决定了残肢以后的形状和特征,矫形器师根据患者残肢情况选择最为合适的上肢矫形器。为控制接受腔处的压力,RAZAK 又设计一款空气夹板接受腔系统,其中 FSR 压力传感器采用矩形印刷技术制成,厚度仅 0.18mm,不影响患者的穿戴,传感器感受接受腔处的压力并传送到微处理器控制气泵,使空气夹板接受腔的压力保持在 40kPa 左右,从而减轻残肢的疼痛、水肿及不适感。

思 考 题

6-1 什么是超导现象?试举例说明超导技术发展过程中的典型事件。

6-2 试说明常温绝缘高温超导电缆的结构。

6-3 试说明低温绝缘高温超导电缆的结构。

6-4 举例说明高温超导电缆在电工技术领域的应用。

6-5 什么是等离子体?简述等离子技术具体应用示例。

6-6 什么是核聚变?典型的核聚变实验装置有哪些?

6-7 举例说明我国在核聚变领域的研究贡献。

6-8 简述磁流体发电的基本原理。

6-9 简述等离子发动机的工作原理及应用事件。

6-10 什么是高功率脉冲技术?高功率脉冲发生器的基本原理是什么?有哪些应用?

6-11 什么是电磁环境?电磁环境对人类和设备的影响有哪些?

6-12 电磁污染的特点有哪些?对人体生物和设备的危害有哪些?怎样进行电磁防护?

6-13 环境污染监测与防治中采用了哪些技术?

6-14 电工理论新技术在医学中的典型应用有哪些?

参 考 文 献

[1] 教育部高等学校教学指导委员会. 普通高等学校本科专业类教学质量国家标准[M]. 北京：高等教育出版社，2018.

[2] 王先冲. 电工科技简史[M]. 北京：高等教育出版社，1995.

[3] 戈宝军，陶大军，付敏，等. 电气工程及其自动化专业导论[M]. 北京：机械工业出版社，2020.

[4] 范瑜. 电气工程概论[M]. 3版. 北京：高等教育出版社，2021.

[5] 贾文超. 电气工程导论[M]. 西安：西安电子科技大学出版社，2014.

[6] 肖登明. 电气工程概论[M]. 2版. 北京：中国电力出版社，2013.

[7] 中国大百科全书总编辑委员会电工编辑部. 中国大百科全书：电工[M]. 北京：中国大百科全书出版社，1992.

[8] 中国电力百科全书编辑委员会. 中国电力百科全书：综合[M]. 3版. 北京：中国电力出版社，2014.

[9] 中华人民共和国教育部高等教育司. 普通高等学校本科专业目录和专业介绍：1998年[M]. 北京：高等教育出版社，1998.

[10] 中华人民共和国教育部高等教育司. 普通高等学校本科专业目录和专业介绍：2012年[M]. 北京：高等教育出版社，2012.

[11] 李润生，孙振龙，张祥军. 供配电技术[M]. 北京：清华大学出版社，2017.

[12] 唐志平，邹一琴. 供配电技术[M]. 4版. 北京：电子工业出版社，2019.

[13] 江文，许慧中. 供配电技术[M]. 北京：机械工业出版社，2011.

[14] 匡洪海，曾进辉. 现代电力系统分析[M]. 武汉：华中科技大学出版社，2021.

[15] 黄威，夏新民. 电力电缆选型与敷设[M]. 3版. 北京：化学工业出版社，2017.

[16] 狄富清，狄晓渊. 配电实用技术[M]. 4版. 北京：机械工业出版社，2022.

[17] 王磊，曾令琴. 供配电技术[M]. 3版. 北京：高等教育出版社，2022.

[18] 姜磊. 供配电技术与应用[M]. 北京：电子工业出版社，2020.

[19] 邵玉槐，秦文萍，贾燕冰. 电力系统继电保护原理[M]. 3版. 北京：中国电力出版社，2018.

[20] 刘自强. 电机与变压器[M]. 成都：西南交通大学出版社，2021.

[21] 张明金，张旭涛. 电机与电气控制技术[M]. 北京：中国铁道出版社，2021.

[22] 刘丽平，牛迎水. 电力变压器运行损耗与节能[M]. 北京：中国电力出版社，2018.

[23] 朱永强，赵红月. 新能源发电技术[M]. 北京：机械工业出版社，2020.

[24] 刘洪正. 高压组合电器[M]. 北京：中国电力出版社，2014.

[25] 王建华，张国钢，闫静，等. 高压开关电器发展前沿技术[M]. 北京：机械工业出版社，2020.

[26] 刘进军，王兆安. 电力电子技术[M]. 6版. 北京：机械工业出版社，2023.

[27] 王廷才. 电力电子技术[M]. 北京：高等教育出版社，2006.

[28] 黄俊，王兆安. 电力电子变流技术[M]. 3版. 北京：机械工业出版社，1994.

[29] 陈伯时. 电力拖动自动控制系统[M]. 2版. 北京：机械工业出版社，2021.

[30] 林渭勋. 现代电力电子技术[M]. 北京：机械工业出版社，2006.

[31] 吴广宁. 高电压技术[M]. 3版. 北京：机械工业出版社，2022.

[32] 邱昌容，曹晓珑. 电气绝缘测试技术[M]. 3版. 北京：机械工业出版社，2004.

[33] 李志民. 电气工程概论[M]. 2版. 北京：电子工业出版社，2016.

[34] 赵智大. 高电压技术[M]. 4版. 北京：中国电力出版社，2022.

[35] 张仁豫，陈昌渔，王昌长. 高电压试验技术[M]. 3版. 北京：清华大学出版社，2014.

[36] 李长明. 高分子绝缘材料化学基础[M]. 哈尔滨：哈尔滨工业大学出版社，2007.

[37] 金建勋. 高温超导电缆与输电[M]. 北京：科学出版社，2020.

[38] 程小亮，戴少涛，王邦柱，等. 高温超导直流输电电缆结构研究[J]. 低温与超导，2016，44（4）：38-42.

[39] 韦森，等. 托卡马克：原书第4版[M]. 王文浩，等译. 北京：清华大学出版社，2021.

[40] 许根慧，姜恩永，盛京，等. 等离子体技术与应用[M]. 北京：化学工业出版社，2006.

[41] 居滋象，吕友昌，荆伯弘. 开环磁流体发电[M]. 北京：北京工业大学出版社，1998.

[42] 刘锡三. 高功率脉冲技术[M]. 北京：国防工业出版社，2005.

[43] 范丽思，崔耀中. 电磁环境模拟技术[M]. 北京：国防工业出版社，2012.

[44] 李刚，林凌. 生物医学电子学[M]. 北京：电子工业出版社，2020.